성공하는 **중국 유학**

성공하는

중국유학

김준봉·김성준 공저

어문학사

열악한 대한민국 교육 제도에 떠밀려서
더 높은 이상과 푸른 미래를 펼치고자 머나먼 중국으로
건너온 청운의 젊은이들.
그러나 이 열악한 중국 땅에서 스러져가고 있는 수많은
우리 어린이와 젊은이들에게 이 책을 바친다.

며칠 전 SBS 「그것이 알고 싶다」의 PD로부터 다급한 전화가 왔다.

"교수님! 중국 베이징공업대학 건축과 교수님 맞으시죠?"

"네 맞습니다. 그런데 무슨 일이지요?"

"최근 중국 유학 붐이 일고 있잖아요. 그런데 실패하거나 잘 안 되어 오도 가도 못 하는 사람이 많다던데, 중국 관련 유학원을 몇 군데 취재를 했지만, 취재도 힘들고요…….."

"아, 예!"

"도무지 진실을 알 수가 없어서요. 교수님께서는 중국 현지에서 직접 학생들을 가르치고 계시니까 가능하다면 취재에도 응해 주시고, 중국 유학 실패 사례를 채록할 수 있게 도와주세요. 부탁입니다."

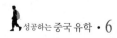

사실 몇 달 전에도 베이징의 주중 한국 영사관에서 주관하는 재중 한국인을 위한 모임에서 중국 생활과 유학에 관한 강의를 요청받아 강의를 한 적이 있지만, 워낙 유학원에 관계하는 사람들의 반발이 있어 곤욕을 치른 적이 있어 내심 마음이 편치는 않았다.

그러나 돌이켜보면 누구를 탓하랴. 한국 교육 현실에 적응하지 못하는 것이 어찌 아이들만의 탓이겠는가. 그렇다고 이런 열악한 국내 현실을 이겨내고자 자식의 장래를 위해 험한 중국에까지 어쩔 수 없이 나 홀로 유학 보내는 부모의 심정은 어찌 다 헤아릴 수가 있을까?

사실 얄팍한 정보나 그나마 상술에 파묻혀서 다른 방도 없이 중국으로 가는 우리 아이들을 그냥 보고만 있을 수만은 없었고 더 이상 침묵할 수 없었기에 이 책을 쓰기로 결심하였다. 사실 그간 연우 포럼에 계속 연재하던 글이 이미 준비되어 있었기에 쉽게 출판할 수 있었다. 연우 포럼장인 김연우 선생님께 우선 감사한 마음을 전하고 싶다. 그리고 이 책은 중국에서 한국인임을 잃지 않기 위해 그리고 유학 생활의 징검다리 역할을 하고자 했기에 다른 유학 관련 책에서는 얻지 못하는 부분에 초점을 두었다.

중국 유학을 준비하고 있거나 현재 유학을 하는 이들에게는 도전과 희망을 주고 중국 유학의 의미를 다시 한 번 재점검할 수 있도록 하였다. 즉 오늘과 같은 내일을 보내지 않기 위해서 가능하면 쉽게 현지 교육경험자의 시각과 유학생 자녀를 둔 부모의 입장에서 유학의 실제를 파헤쳐 성공적인 유학 생활의 지침서가 되도록 글을 써내려 갔다.

중국을 향해 유학을 준비하는 이들에게는 어제와 같은 오늘을 만들지 않기 위하여, 진정한 내일을 위하여 오늘 무엇을 어떻게 준비해야 하는지를 알려주는 중국 유학 교과서라고도 할 수 있다.

부디 이 책이 중국 유학을 계획하고 있거나 중국 유학 중에 있는 학생과 학부모들께 많이 읽혀 더 이상의 실패와 낭비가 줄어들고 효율적이고 성공적인 중국 유학의 밑거름이 되기를 간절히 기대한다.

그리고 이 책을 중국 유학 전문가인 김성준 원장과 같이 쓰게 되어 기쁘다. 김 원장은 다년간 한국 국제학교 교학부장 경험이 있어 중국 유학을 생각하는 이들에게 많은 도움이 되리라 생각한다. 2006년에 쓴 글을 지금까지 여러 번 다듬어 많은 부분을 업그레이드 해서 여러분께 더 확실한 정보를 제공하게 되어 기쁘다.

이 책에 기꺼이 원고를 제공해주신 여러 학부모님들과 유학생 준이 그리고 사랑하는 딸 희진이와 희람이, 아들 희석이게 고마운 마음을 전한다. 그리고 이 책이 나오기까지 상하이 「좋은아침」 편집장인 김구정 자매의 도움이 가장 많았다. 그리고 재중국 한국인회 학부모자원봉사모임의 박정렬 회장, 안병렬 교수님, 노용악 LG 명예고문, 재중한국인회 운영위원인 박제영 박사, 연변과학기술대학 대외 부총장 이승률 회장, 베이징 CBMC 회장 김기열 변호사, 헤이룽장신문 베이징지사장 김진근 사장, CNI 함태경 대표의 격려 또한 큰 힘이 되었다.

또한, 한국국제학교 학부모 회장인 배내선 사장, 베이징 한인교회 박태윤 목사, 나진명 세무사, 이 책의 편집과 중국 자료 정리를 도와준 베이징 공업대학 석사연구생 제자인 류하오쵄(劉浩川), 씨에첸밍(謝全明), 쨩쬬(張嬌), 쬬펑(趙鵬) 그리고 한국유학 중인 제자 김철진, 채군, 김무택, 리광진 그리고 베이징공업대학 연구실 우영만 교수와 김용해, 권화나, 정범도, 박팔룡 연구원의 도움에 진심으로 감사한 마음을 전한다.

2014. 7. 2. 김준봉

한옥구들문화원 원장 /
베이징공업대학 건축도시공학부 교수 /
서울과학기술대학 주택대학원 겸직교수

인도네시아 자카르타 한국 국제학교에서 근무 중이던 2006년, 김영춘 교장 선생님께로부터 연락이 왔다. 중국 베이징에 교장으로 부임하게 되었는데 같이 일해보지 않겠느냐는 제안이었다. 당시 베이징 한국국제학교는 고3 학생들이 40명 정도에 불과한 작은 학교였으며 대학 입시에서 학생들을 충분히 지원할 수 없는 상황이었다. 거의 10년을 살아온 자카르타를 떠나야 한다는 생각에 힘들었고 새로운 세계를 만나 개척해야 한다는 것이 불안하여 오랜 시간 동안 기도하며 고민하였다. 하지만 나의 결정에 결정적으로 힘이 된 것은 단 하나의 생각, 우리 아이들이 중국어 하나는 배우겠구나! 하는 믿음이었다.

10년 동안 살던 초록색의 자카르타를 떠나 황사와 스모그의 도시, 회색의 베이징에 도착한 2007년 겨울은 너무 추웠고 다시 인도네시아로 돌아가고 싶은 마음이 간절하였지만, 지금 이 기회를 놓치면 영원히 오지 않을지도 모른다는 생각에 고3 학생들의 입시 지도에 매진하였다. 42명의 학생들과 담임선생님들과 함께 밤 10시까지 자율학습을 하며 쏟은 땀방울은 입시가 끝나면서 서울대, 연·고대, 이대, 한동대를 합쳐 19명의 합격생과 40명 전원이 서울에 있는 대학에 합격하는 기쁨을 누릴 수 있었다. 그리고 그다음 해 고3, 64명 역시 전원 서울 소재 대학에 합격하는 영광을 누렸고 베이징 한국국제학교는 고3 학생 정원을 100명으로 늘려도 다 수용하지 못하는 초유의 사태를 겪게 되었다.

이제는 한국 교육과학부가 인가한 해외 한국 학교 중에서 최고의 입시 성적을 자랑하는 명문이 되었으니 젊은 날의 땀과 수고가 헛되지 않았음을 교민의 한 사람으로 자랑스럽게 생각한다. 무엇보다도 베이징에 온 우리 자녀들은 영어와 중국어 모두 자연스럽게 구사할 수 있는 능력을 가지게 되었고 어릴 적 이슬람 국가였던 인도네시아 생활을 통해 문화적 다양성을 자연스럽게 수용할 수 있게 되었을 뿐만 아니라, 중국이라는 커다란 나라의 성장을 직접 눈으로 보고 느꼈으니 앞으로 자기들의 인생을 살아가는 데 있어 돈으로는 따질 수 없는 엄청난 경험들을 제공해 준 것 같아 매우 기쁘게 생각한다.

한국 학교를 나와서 지금은 베이징에 있는 영국계 사립학교인 Dulwich College Beijing에서 재학 중인 한국 학생들을 위한 카운슬러로 근무하고 있으며 '한국학원/교육 컨설팅'이란 기관을 통해 베이징에 주재 중인 부모를 따라와 공부하는 한국 학생들의 귀국 입시 지도에 매진하여 해마다 서울대, 연대, 고대 등의 주요 대학 입학생을 꾸준히 배출하고 있다. 중국에 있는 대학으로 진학하지 않고 한국 대학으로 가는 것이 '재외국민 입시'라는 제도로 인한 혜택 때문이기도 하지만 중국 대학에 대한 기대가 실제적인 만족을 주지 못한다는 현실적인 판단 때문이기도 하다. 또한, 한국 기업에 취직하는 문제가 중국 대학을 졸업하는 것으로는 해결되지 못한다는 부모님들의 판단도 있다고 생각한다. 그렇다면 더 나은 방법은 무엇일까? 중국에서 공부하는 것은 지금도 절대적으로 가치 있는 투자라고 생각하지만, 그 방법에 있어서는 현지에서 바뀌는 분위기와 중국 당국의 정책 변화와 유학 오는 학생들의 상태 변화를 지켜보며 지금도 고민하면서 다양한 해결책을 찾으려 하고 있다. 부디 이 책이 중국 유학을 생각하는 많은 분들에게 제대로 된 길을 가르쳐 줄 수 있는 나침반이 되기를 소망한다.

2014. 6. 30. 김성준
베이징 한국학원/교육컨설팅 원장

중국 유학을 성공으로 이끄는 길잡이

현재 한국인으로서 중국에 유학하고 있는 숫자는 중국 교민의 15% 정도인 약 10만 명 정도로 추산된다. 그 가족을 합하면 무려 20~30만 명 정도의 우리 국민이 중국 유학과 관련되어 중국에 현재 거주한다고 볼 수 있다.

한국 교육 현실의 대안으로 급부상하는 기회의 땅 중국. 그러나 우리는 얼마나 중국에 대해서 알고 조기유학을 결심하고 떠나는가? 중국 유학이 과연 인생의 새로운 기회가 될지 쓸데없는 노력과 시간의 낭비로 되돌아올지는 종종 다른 의견과 이해관계로 뒤섞여 논란이 벌어지기도 한다. 어떤 이는 중국 교육체계의 밑받침이 되는 사회주의 체제가 선진적인 교육체계를 받아들이기에는 역부족이라고 한다. 그럼에도 불구하고 우리의 유학생들이 증가하는 것은 중국의 놀라운 경제성장과 세계 속에서의 중국이 큰 몫의 역할을 당당히 해내고 있기 때문일 것이다.

이 책의 저자인 베이징공업대학교 김준봉 교수는 오랜 기간 베이징공업대학교 현직 교수로 있었으며, 현재에도 중국의 석사 박사생 지도교수로 중국 대학원 학생들을 가르치면서 한국 서울과학기술대학에서도 겸직교수로서 주택대학원생들에게 강의를 하고 있는 명실상부한 중국 교육에 관한 한 전문가라고 볼 수 있다. 또 김 교수의 전작인 『다시 중국이다』와 『중국 속 한국 전통민가』, 역서인 『중국 경제성장의 비밀』을 읽어보신 분들은 중국에 대한 다양한 정보와 올바른 한·중 관계 및 그 발전 방향에 대한 김 교수의 비전에 감동을 느끼셨으리라 짐작한다.

본인 역시 동북아 특히 중국에 관심을 가진 사람으로서 김준봉 교수의 시각에 전적으로 공감한다. 이번 발간을 통하여서도 대중국 교육 정책과 중국 유학을 준비하거나 유학 중에 있는 분들에게도 큰 도움이 되고 중국 유학에 대한 나아갈 길을 새롭게 정립하는 훌륭한 계기가 될 것으로 믿는다.

김준봉 교수의 이번 출간을 다시 한 번 축하드리며 이 책을 통하여 실패하지 않는 중국 유학 생활이 되기를 진심으로 바란다. 마지막으로 지금 이 시각에도 열심히 공부하는 유학생들과 우리 사회와 중국 사회 곳곳에서 활약하시는 한인 동포 여러분의 건승을 기원하는 바이다.

이수성

(서울대학교 명예교수, 민족화해협력범국민협의회 고문,
새마을운동중앙회 회장, 전 국무총리)

중국의 경제성장과 교육체계를 혼동해서는 안 된다

2007년 3월 김준봉 교수가 출간한 저서로서 중국 관련 지침서이자 권장 도서라고 할 만한 『다시 중국이다』를 본인도 매우 흥미롭게 읽은 바 있습니다. 이번에 김 교수가 중국과 한국을 수시로 왕래하면서 강의와 연구를 하는 와중에도 우리 젊은 학생들을 위하여 또 하나의 책을 내놓았다는 소식을 매우 기쁜 마음으로 접하게 되었습니다.

이 책은 본인과도 관련이 있기 때문에 특히 반가운 일이 아닐 수 없습니다. 국회의원 신분이 아닌 탐라대학 교수로서 일하고 있을 때, 연변과학 기술대학 건설공학부 교수로 재직 중이었던 김 교수와 처음 만났습니다. 당시 본인은 그 이전부터 중국에 관심이 있던 차에 여러 차례 중국을 방문하였었고 당시 모 방송 프로인 「느낌표! 책을 읽읍시다」의 진행을 맡고 있을 때였습니다. 그로부터 학술교류와 대중국 관계의 여러 일 등 잦은 왕래와 만남을 통해 김 교수와는 깊은 신뢰와 교감을 갖게 되었습니다.

세계 경제에서 주도적인 위치를 점하는 중국의 성장은 분명 우리에게는 기회의 신호입니다. 그러나 국내 정치는 사회주의 체제이므로, 교육 여건은 우리의 유학생들이 견뎌내고 꿈을 펼치기에는 곳곳에 많은 역경이 도사리고 있는 게 사실입니다. 중국 교육은 중국공산당의 정치적 이데올로기에 심하게 영향을 받고 있기 때문입니다. 중국으로의 유학을 결심하기 전에 이 점을 꼭 염두에 두고 마음의 준비를 단단히 하길 바랍니다. 유학을 가기 전에 매우 유용한 지침서가 될 이번 김준봉 교수의 책은 어둠 속에서의 횃불과도 같은 존재가 되리라 봅니다. 중국 교육계에서 매우 성공적인 교육자로 인정받는 한국 교수가 쓴 글이기에 더욱 소중하고 그 가치가 발휘되리라 믿어 의심치 않습니다.

이 책을 집필한 베이징공업대학교 김준봉 교수는 10여 년 이상을 중국과 한국을 오가며 인재를 양성하고 있으며, 비단 대학뿐 아니라 문화 등 여러 분야에서 힘차게 활동하는 그야말로 민간대사 역할을 하는 분입니다. 특히 국제온돌학회 회장을 맡고 있으면서 우리 전통문화인 구들의 연구와 전파에 열성을 가지고 그 우수성을 세계에 알리는 데도 많은 힘을 쏟고 있습니다. 본인 역시 국제온돌학회 상임고문이자 대한민국 국민의 대표인 국회의원으로서, 뿐만 아니라 동북아 특히 중국에 관심을 가지고 있는 사람으로서 김준봉 교수의 열정에 찬사를 보냅니다. 이번 책 발간을 통하여서도 중국 유학에 대한 정책이나 생각들을 다시 한 번 되돌아보고 우리 대한민국의 나아갈 길을 새롭게 정립하는 계기가 되리라 믿습니다.

또 김 교수의 전작인 『다시 중국이다』와 역서인 『중국 경제성장의 비밀』을 읽으신 분들은 중국에 대한 다양한 정보와 올바른 한·중 관계 및 그 발전 방향에 대한 김 교수의 비전에 공감하시리라 생각합니다. 김준봉 교수의 출간을 다시 한 번 축하드리며, 이 책이 중국 유학을 계획하고 있거나 유학 중인 이들에게 큰 도움이 되리라 믿으며, 관심 있는 분들에게 일독을 적극 권장하는 바입니다.

김재윤
(대한민국 국회의원)

영어권 지침서는 많지만, 만족스런 중국 유학 가이드는 없었다

내가 김 교수를 알게 된 것은 이곳 중국 연변에 있는 '연변과학기술대학'에서 같이 근무하면서부터다. 그러나 처음엔 그저 얼굴이나 겨우 익힌 정도였다. 그러던 어느 날 학생들의 연극을 보고 나서 괜찮다고 여겨져 지도교수가 누구냐고 물어보았더니 김준봉 교수라고 하였다. 그리고 건축과 교수라 하기에 적잖이 놀랐었다. 그러다 언제부터인가 김 교수는 보이지 않았다. 베이징에 갔다고 했다. 좀 아쉬운 생각이 들었지만, 어찌 장래가 유망한 젊은 분을 이 시골에 어이 오래 붙잡아두랴, 하는 마음으로 지나갔다.

그런데 어느 날 갑자기 『중국 속 한국 전통민가』와 『온돌, 그 찬란한 구들 문화』라는 두 저서를 출간하였다며, 출판기념회에 참석해달라는 연락을 받고 또 한 번 크게 놀랐다. 어느 겨를에 그러한 연구 성과를 거두었을까 하는 마음에서였다. 그날 가서 거질(巨帙)의 두 권 역저(力著)를 받으며 부러운 마음과 아울러 자신의 초라한 모습에 부끄러움을 느꼈었다. 같은 곳에서 같은 생활을 하면서도 그는 이런 학문의 큰 성과를 이루는데 나는 기껏 잡문이나 쓰고 있느냐, 하는 자괴감이 든 것이다. 거기에다 훈춘에 있는 발해 첫 도읍지 서고성 복원 작업에도 참여했다고 한다. 또, 중국 정부 당국의 요청으로 그곳 이주민들의 민속촌 설계도 한다고 한다. 그 왕성한 활동에 놀라움을 금치 못하며 다시 한 번 부러움과 동시에 부끄러움을 느꼈다.

그러던 그가 또다시 연우 포럼에 중국 생활, 특히 자녀 교육에 관한 글을 올리기 시작하였다. 참으로 다재다능한 분이라 여기며 관심을 두고 흥미 있게 읽어 보았다. 처음엔 자신의 자식을 중국 학교에 보내며 실제로 겪었던 사실들을 진솔하게 써서 많은 정보를 제공하며 공감을 자아내더니 급기야는 중국 유학 전반에 대한 문제를 심도 있게 다루어 중국 유학에 관한 한 중요한 가이드 역할을 담당하고 있었다. 나 역시 손자들이 여기와 있고 또 많은 분들로부터 중국 유학에 관한 질문을 받는 터라 이 글들이 매우 유용하였다. 고마움을 느끼며 이런 이야기들을 더 많은 분들에게 알리고 또 읽혔으면 했다. 드디어 나의 바람이 이루어지게 되어 이 이야기들이 한국 SBS 방송사의「그것이 알고 싶다」프로에 방영되고 또 책으로도 출간하게 되었다니 참으로 반가웠다.

요즘 얼마나 많은 어린이와 청소년들이 유학을 가는가? 영어권 못지않게 중국으로도 많이 간다. 그런데 영어권에 대한 정보는 많으나 상대적으로 중국에 관한 정보는 아주 미약하다.

이러한 현실에서 김 교수의 저술은 목말라 하는 많은 분들에게 갈증을 해소시켜 줄 것이라 믿어 의심치 않는다. 그리고 이 귀한 책에 불초한 사람으로 하여금 모두(冒頭)를 장식하게 하니 더욱 기쁘다.

아무쪼록 많은 분들, 특히 중국 유학에 관심을 가지신 분들이 열심히 읽어 길잡이로 삼았으면 하는 마음이 간절하다.

　바라건대 연부역강(年富力强)한 저자가 중국에 머무는 동안 학문에도 더 많은 성과를 쌓고 또 나아가 이번처럼 실제로 필요한 좋은 일을 많이 하시기를 바란다. 다시 한 번 이 귀한 책의 출간을 축하하며 중국 유학의 길잡이로서 적극 추천하는 바이다.

안병렬

(중국 연변과학기술대학 연구실에서)

"교육이 미래고 사람이 전부다"

베이징에 살면서 가장 유명한 인사 중 한 분인 김준봉 교수를 모르는 것은 있을 수 없는 일처럼 보입니다. 베이징 내 한국어로 발간되는 거의 모든 매체에서 그를 만날 수 있기 때문입니다.

경제 분야에서, 우리 민족의 정체성 분야에서, 교육 분야에서, 심지어는 철학과 종교 분야까지 그의 전문 분야인 건설 이외에 다양한 주제의 논고를 거의 매주 여러 인쇄물에서 보게 됩니다. 그러다 보면 한 번도 만나본 적 없지만 괜히 아는 듯한 아주 친숙한 느낌이 드는 그런 분입니다. 외모는 숱이 모자라는 시원한 이마에 적당히 뚱뚱한 동네아저씨 같은 김 교수님의 활력 넘치는 행보를 보면 혀를 내두를 지경입니다.

김준봉 교수 자신의 자녀 이야기와 평생 교육 분야에 종사한 전문가적인 시각으로 중국 조기유학에 관한 책을 펴내게 되어 매우 반갑고 기쁩니다. 저는 무엇보다도 한국 교육계를 바라보는 긍정적이고 따뜻한 그분의 시각이 마음에 듭니다. 모두가 "한국 교육은 절망적이다."라고 말하고 어디로 간들 한국 교육보다 못하겠느냐며 낙담하고 있을 때, 한국 인재들에 대한 그의 폭넓은 시각과 희망적인 기대감에 동조합니다.

그리고 한국에서의 교육만이 아닌, 전 세계 각국에서 현지 감각을 지닌 글로벌한 인재로 키우려는 중국 내 '한국국제학교'에서 김 교수의 사명감과 전 세계를 네트워크화한 교육으로 변화의 큰 소용돌이 속에서 우리 아이들 미래에 대한 대비를 강조하는 그의 교육관에 전적으로 찬사를 보냅니다.

현장에서 바라보는 '조기유학'은 상상하는 것 이상의 엄청난 스트레스를 동반하는 일입니다. 우리가 IMF를 견딘 것처럼 우리 아이들은 험난한 과정을 견뎌내는 것입니다. IMF를 겪으면서 수많은 기업이 도산하고 빈익빈, 부익부 현상이 심화되어 위기 상황에서 경쟁력 있는 기업들만이 살아남은 것처럼 유학 생활도 힘든 고비를 견딜 수 있는 학생들만이 생존하는 것입니다. 대나무가 풍파를 겪고 드디어 단단한 마디 하나를 생성하는 것처럼 말입니다. 힘든 고비를 넘기고 굵은 새 마디를 만들어가는 그들이 바로 미래의 리더가 될 것임을 믿어 의심치 않습니다.

"교육이 미래다, 사람이 전부다"

김준봉 교수의 슬로건처럼, 우리와 밀접한 관계인 중국을 알고자 하고, 중국에서 공부하여 중국통이 되고 또한 글로벌한 인재가 되기를 바라는 모든 유학생과 중국 유학에 대한 막연한 장밋빛 희망과 불안감을 지니고 있는 유학 예비생들에게도 실질적인 체험 보고서가 될 것입니다. 생생한 체험담과 많은 자료가 녹아 있는 이 책이 중국 유학에 관한 시행착오를 줄일 수 있는 실질적인 이정표가 될 수 있기를 간절히 바랍니다.

김윤희

(중국인재시장 한국사업팀 팀장)

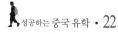

이 책은 항해하는 배의 나침반이다

하나님 안에서 귀한 동역자인 김준봉 교수님이 중국 유학과 관련된 책을 집필하신 것을 축하드립니다. 저 또한 대만과 중국 등 중화권에서 유학했던 경험을 갖고 있던 터라 김 교수님의 연구 테마에 대해 남다른 관심을 갖고 있었습니다. 올바른 조기유학 가이드라인을 제공하기 위해 2008년에 차이나네트워크연구소(China Network Institute) 이름으로 관련 세미나 및 설명회를 개최하기도 했습니다.

그때 많은 사람들이 조기유학을 비롯해 유학에 관심을 갖고 있지만 일정한 툴을 갖고 있지 못함을 보고 아쉬움이 컸습니다. 자녀의 미래를 위해 꼼꼼히 따져 보시는 부모들을 보면서 올바른 유학 가이드라인의 필요성을 절감하였습니다. 특히 눈앞의 이익만 바라보는 일부 비즈니스맨들에게 현혹되지 않도록 '부모의 심정으로' 유학을 이끌어줄 준비된 사람들이 더욱 많아져야 한다는 생각 또한 했습니다. 그런 점에서 김 교수님의 이 책은 가뭄 속의 단비임이 틀림없습니다.

하나님은 우리 민족의 미래를 준비하시기 위해 많은 사람들의 유학을 허락하셨다고 생각합니다. 조기유학도 더 이상 늦출 사안이 아니라 대세임이 분명합니다. 그런 점에서 중국으로 가는 조기유학도 예외가 아닙니다. 분명 중국 조기유학은 기회의 바다를 항해하는 것임이 틀림없습니다. 그러나 중국은 우리가 생각하는 것처럼 오아시스를 제공해주는 곳이 아니라는 것입니다. 자칫 잘못 발을 디뎠다간 걷잡을 수 없는 나락으로 떨어지는 '사구'와도 같은 곳입니다.

현재 중국 어디를 가든지 한국인 유학생을 만날 수 있습니다. 문제는 어느 곳에, 어떻게, 어떤 자세로 가야 하는지 제대로 된 지침서 하나 없이 간다는 데 있습니다. 특히 목적이 불분명하기 때문에 외화 낭비라는 인상을 주기도 합니다. 무분별한 조기유학은 국적 없는 교육으로 이어지고 개개인의 잠재력을 축소시킬 수 있습니다. 더 나아가 가정과 사회, 국가의 손실이기도 합니다. 하지만 건강한 목적이 이끄는 조기유학을 실천해 나간다면 개인은 물론 국가에도 큰 보탬이 될 것입니다.

그런 점에서 중국에서 10여 년간 생활하면서 안타까운 마음을 갖고 이 문제에 대해 깊이 고민하셨던 김 교수님이 용기를 내서 펜을 드신 것은 퍽 다행스러운 일이라 생각합니다. 저는 중국에서 많은 시간을 보낸 한국 사람들이 쓴 책을 보고 기쁘기보다는 실망한 적이 더 많았습니다. 피상적인 이해를 토대로 한 중국 읽기가 자칫 잘못된 지식을 전하는 것이 아닌가 해서 아쉬움이 적지 않았습니다. 김 교수님이 쓰신 이 책은 이 같은 우려를 말끔히 가시게 해주는 수작(秀作)이라 생각합니다.

수많은 사람들이 미지의 땅 중국을 향해 갑니다. 그러나 나침반 없이 항해하는 배처럼 보입니다. 중국은 더 이상 우리에게 호락호락한 땅이 아닙니다. 처음부터 한국인들에게는 벅찬 상대였던 것입니다. 이런 시점에서 제대로 된 조기유학 관련 서적이 나오게 되니 기쁩니다. 독자들은 이 책을 통해 중국 유학의 참된 의미를 파악할 뿐 아니라 분명한 해답을 얻기를 바랍니다.

　알고 떠나십시오. 저 같으면 자녀만 보내는 유학을 선택하지는 않을 것입니다. 각자가 처한 환경이 다르기에 자녀만의 유학을 극구 만류할 수는 없겠지만, 독자들이 명확한 관점을 갖게 되기를 바랍니다. 저는 확신합니다. 이 책이 중국 유학의 필독서가 될 것이라고!

함태경

(국민일보 차장, 차이나네트워크연구소 실행이사, 베이징대학교 정치학 박사)

딸과 함께 쓰는 중국 조기유학 단상

중국이 기침하면 우리나라는 몸살감기가 걸리는 시대가 되었다. 재외 교포가 가장 많은 나라가 이제는 미국이 아니고 중국이다. 중국은 우리나라의 최대 수입국이며 또한 최대 수출국이다. 우리나라가 일본, 미국과의 무역 적자를 모두 메우고 최대 무역 흑자를 내는 나라가 중국이다.

1500년 조선 시대에 '10만 양병설'을 부르짖던 율곡 이이의 말을 귀담아듣지 않았던 당시의 조정 대신들 때문에 한반도는 왜놈에게 유린당하고 말았던 가슴 아픈 기억이 우리의 뇌리 속에 있다. 이제 우리가 2020년을 준비하지 않으면 우리의 금수강산은 중국에게 또 한 번 뼈아픈 경제·문화적인 침탈을 당할 수밖에 없다는 사실이 불을 보듯이 명백하다.

이 책은 단지 중국 조기유학의 길라잡이가 아니다. 중국 조기유학은 실로 처절한 백병전과 같은 전투라고도 할 수 있다. 그러한 치열한 생존 전투에서 살아남기 위해 봐야 할 실제적인 중국 조기유학 생활의 교과서이 자 지침서다. 그동안 막연한 동경으로 조기유학을 지망하던 많은 학부모 들에게 이제부터라도 중국 조기유학의 실태를 파악하고 철저히 대비하 라는 의도로 부끄럽지만 우리 가족의 경험담을 수록하였다.

이 책의 많은 내용은 중국 조기유학을 체험한 우리 아이들 희석, 희진, 희람이와 또래 친구들의 이야기고 대부분 그들의 경험담을 바탕으로 하 여 쓰어졌다. 그리고 중국 조기유학을 경험한 다른 부모의 글도 포함되어 있다. 중국으로 내몰리는 우리의 어린 학생들을 보면 참으로 가슴이 아프 다. 부모들은 조기유학을 결정하기 전에 한 번 더 숙고하고 아이들의 고 민을 들어줘야 할 필요가 있다. 중국은 미래의 나라고 아주 넓은 시장을 가지고 있는 것이 분명하지만, 그리로 들어가는 문은 좁고 매우 험난하기 때문이다.

중국 조기유학을 향한 우리 부모들의 꿈

1950년~60년대에는 일본 유학파들이 한국을 움직였고, 1970년대~80년 대에는 미국 유학파들이 한국의 경제적 발전을 선도했다. 90년대에는 유 럽, 호주, 대만 등지의 유학파가 나라의 부흥을 선도했다면, 이제 2000년 대는 국내파와 중국 유학파의 시대가 오리라는 것이 자명하다. 그러나 중 국에서 10여 년을 교육에 몸담은 한 사람으로서 중국 조기유학의 현실을 보면 무거운 마음을 금할 길이 없다.

사실상 중국은 공산당 일당 독제인 철저한 사회주의 국가로 중국(중화) 사상 위주의 교육을 하기 때문이다. 다시 말하면 인민의 교육을 중국공산당을 위한 배양정책으로 일관한다. 그래서 중국에서는 '교육'이라는 말보다는 '배양'이라는 말을, 그리고 졸업 후에는 '취업'이라는 말보다는 '배치'라는 말을 쓴다. 외국인에 대한 배려나 진정한 인성 교육은 애초에 안중에도 없다.

중국 사람은 원래가 자본주의적 성향을 가진 민족이다. 어디를 가나 돈으로 모든 일을 처리하고 계산하는 데 익숙한 민족이다. 그래서 그들은 다만 돈벌이를 위한 도구로 우리 조기유학생들을 대할 뿐이다. 더욱이 일부 중국 유학원들이 돈벌이에 급급해서 중국 학교와 결탁하여 무분별하게 중국 유학을 독려하고 있다. 그래서 작금의 사태를 보면 한·중 양국 간에 한국의 이미지를 크게 훼손하면서 좋지 않은 결과를 양산하고 있다.

물론 중국은 지리적으로 우리나라와 가까울 뿐만 아니라 피부색마저 똑같고 역사적으로도 우리 민족과는 가장 밀접한 관계였기 때문에 유학을 결심하기가 쉬울 뿐만 아니라, 문화적으로도 우리 한류의 영향이 큰 영향을 끼친 것은 사실이다. 유학 경비 면에서도 미주와 유럽에 비하면 훨씬 저렴한 장점이 있기 때문에, 다른 어떤 나라보다도 유학을 결정하기 쉽다. 그러나 베이징대학교나 칭화대학교만 들어가면 모든 것이 성취될 것과 같은 무지갯빛 생각과는 달리 중국 조기유학이 너무나도 많은 문제가 있음을 간과하고 있기에 이 글을 쓰게 되었다.

공부를 못 하면 유학도 못 가나

이런 말은 대부분 한국 조기유학생을 모집하는 중국 유학원들의 항변이다. 이는 얼핏 들으면 일견 설득력이 있는 말처럼 들린다. 한국의 무능하고 부패한 교육에 적응하지 못하는 우리 어린 학생들을 그냥 보고만 있으란 말인가? 이러한 처지에 있는 우리 학부모들에게 중국 조기유학은 복음(?)처럼 들릴 수도 있을 것이다.

"한국에서 대학도 못 갈 바에야 한국과 같은 비용 정도라면 중국 유학이라도 해서, 중국 대학을 다니는 것이 훨씬 더 낫지 않겠는가?"

미국이나 유럽 유학을 비용 때문에 엄두도 못 내던 학부모들의 생각에 견주어 본다면 그럴듯한 의견이다. 중국은 일단 중국 내국인에 비해 외국인의 교육비가 터무니없이 비싸기는 하지만, 한국의 교육비와 비교하면 거의 비슷한 등록금으로 어지간한 학교는 다 들어갈 수 있다. 특히 세계적인 명문대학인 베이징대학교나 칭화대학교, 푸단대학교 등도 외국인 특별전형으로 한국인들끼리만 경쟁하면 들어갈 확률이 매우 높다. 사실 서양 학생들은 지원자가 별로 없어 영어가 모국어라는 조건 때문에 특별한 시험과 경쟁 없이 모두가 입학이 허용되는 실정이다.

물론 베이징대학이나 칭화대학은 세계적인 대학임이 틀림없다. 또한, 학생들의 실력도 만만치 않고 교수의 수나 인프라 면에서는 능히 우리나라의 최고 대학을 웃돈다. 그러나 중국 대학이나 교육자들이 한국 사람을 배양할 준비는 전혀 되어 있지 않다는 데 그 문제의 심각성이 있다.

중국의 대학생들은 정해진 시간표에 따라 일률적으로 고등학교 시절과 비슷하게 엄청난 주입식 교육을 받는다. 우리 한국 학생들이 비록 그들과 함께 배운다 하더라도 선진국에서 받는 그런 창의적인 교육과는 거리가 멀다. 특히 자국인도 아닌 외국인 특히 한국인에게는 더욱 그러하다. 중국의 중·고등학교와 대학은 우리나라 사람들이 일반적으로 생각하는 그런 대학 교육의 풍토가 아니다. 초·중·고 학년마다 덕육(德育-반

공도덕 같은 공산주의 사상 과목)이 필수고, 매 학기에 공산당 혁명사, 마르크스주의 이론, 덩샤오핑 사상 등의 정치 과목이 필수 과목이다. 근본적으로 중국은 인격을 형성하는 등 교육의 기본 목적에는 아예 관심을 두지 않는다. 다만 공산주의 국가에 필요한 인민을 배양하는 데에만 중점을 쏟고 있을 뿐이다. 더욱이 모든 수업은 거의 콩나물시루 같은 교실에서 천편일률적으로 배양되고 있을 뿐이다.

물론 외국인들에게는 그런 사상 교육을 배우지 않아도 되는 여러 제도를 두고 있지만, 이것은 그들과 기숙사도 같이 쓰지 못하고 또한 학습까지도 외국인(주로 한국인)들끼리만 모여 배우는 제도적 모순을 낳고 있다. 중국에 와서 중국인들과 함께 기숙사 생활도 하지 못하면서 더군다나 수업까지도 따로 편성을 받는다면 이 어찌 바람직한 중국 유학이라 할 수 있겠는가? 무늬만 중국 유학이지 이것이 HSK(중국어능력검정시험)나 기사시험 정도를 가르치는 한국의 학원과 무엇이 다를 바 있겠는가?

중국은 우리가 생각하듯이 학생들에게 참된 사람으로서 가져야 할 기본적인 지식이나 소양을 가르치지 않는다. 중국 학교 현실을 보면 가히 상상을 초월할 정도다. 입시학원과 같이 기계적이고 주입식인 암기 교육 위주이고 이에 낙오하면 가차 없이 처리해 버리는 교육 풍토가 있다. 매 학기 학생들의 성적이 게시판에 공개되는데, 낙제생은 물론 일반 학생들의 명단과 성적이 버젓이 학기마다 게시판에 공고된다. 꿈과 낭만이 스며 있는 다른 외국 대학이나 우리나라 대학과는 비교도 되지 않는 교육 풍토다. 다시 말하건대, 중국은 잘하는 학생들만 추려내도 그 수가 넘치는 나라다. 우리 같은 외국인은 그들의 교육 목표에는 안중에도 없을 뿐만 아니라 그들은 우리가 유학비로 쓰는 돈만을 필요로 한다. 따라서 중국 대학에 입학하는 것이 목표의 전부가 아니고, 이제부터는 그 치열한 경쟁과 배양의 시작점에 선 것에 불과하므로 특히 외국인인 우리나라 학생들은 더욱 비장한 각오로 정확한 상황인식을 해야 한다.

중국에서 외국인 교육은 애초에 안중에도 없었다. 단지 돈으로 외국인을 대할 뿐이다

중국의 교육 환경을 충분히 이해하지 않고 막연히 "한국 내 교육사정이 워낙 좋지 않으니까 이곳보다는 낫겠지" 하고 중국 조기유학을 택한다면, 그야말로 최악의 상황을 맞이할 수밖에 없다.

또한, 유학원 말만 믿고 중국 조기유학을 결정하고 내 아이를 맡기는 것은 최악의 결과를 낳을 수도 있다. 수많은 중국 조기유학원들이 우후죽순으로 난립하고 있다. 그중 일부는 좋은 마음으로 출발한 곳도 없지는 않으나, 유학원 역시 경제적인 이유로 설립된 곳이기에 어쩔 수 없는 한계를 지닐 수밖에 없다. 중국은 선진국의 교육 풍토와는 전혀 다르다. 돈이면 거의 입학과 졸업이 해결되는 나라고 특히 외국인에 대해서는 더욱 그렇다.

다시 강조하건대, 결론적으로 말하면 중국은 외국인의 교육은 안중에도 없다는 것이다. 물론 티끌만큼도 외국인에 대한 배려는 찾기 힘들다. 단지 돈으로 외국인을 대할 뿐이다. 청소년이건 어린 학생이건 다 마찬가지다. 언어상 핸디캡을 가진 외국인에 대한 배려는 전혀 없다는 것을 깊이 새겨두어야 한다.

세 아이를 모두 중국에서 초·중·고등학교와 대학까지 보낸 부모의 안타까운 심정으로 그리고 중국 대학 교육의 중심에서 일하는 현직 교수로서 뼈저리게 느끼는 바를 이 책에 밝히게 되었다.

중국은 피할 수 없는 우리의 대안이다. 그러나 중국 교육에 대한 이해나 충분한 준비 없이 중국에 조기유학을 온다면 최악의 사태를 피할 수가 없다. 그래서 우리가 중국의 대학에서 공부한다면 한국 학원에서처럼 공부한다 생각하고 그에 대한 대비와 철저한 준비를 통한 자기계발을 해야만 중국에서의 대학생활이 한국이나 선진 외국에서의 대학생활과 비슷해질 수 있다.

베이징대학교이나 칭화대학교 졸업장이 한국의 시시한 대학 졸업장보다 낫다(?)

결코 그렇지 않다. 중국에 환상을 가진 이를 현혹하는 유학원들의 달콤한 유혹일 뿐이다. 중국에 온 많은 조기유학생 중에서 3~4년 이상 중국에서 학교에 다닌 우리 조기유학생들을 조사해 보면 대부분 첫 번째로 희망하는 대학이 한국 대학이나 중국이 아닌 다른 외국 학교로 가기를 원한다. 중국에서 대학을 졸업해도 한국 대학을 졸업한 것보다 훨씬 대접이 좋지 않기 때문이다. 물론 그러한 희망이 있더라도 본인의 실력이나 유학비용을 댈 수 없는 경제적인 이유 때문에 중국 대학을 선택하기도 한다.

보통 청강생으로 알려진 진수생이 있고, 정식 본과생도 그냥 졸업증을 받은 경우와 학사학위증을 받는 경우가 서로 다르다. 우리나라의 경우에는 정상적으로 졸업하여 졸업장을 받으면 학사학위를 받은 것이 되지만, 중국은 졸업장을 받았다고 해서 학사학위를 취득한 것이 아니다. 졸업장과 학사학위증은 별개이다. 학사학위 시험을 다시 통과해야만 하는 것이다.

사실 이 이야기를 아는 사람은 다 안다. 그러나 유학원의 달콤한 선전과 무책임하고 편협적인 정보 전달과 한국에서의 어찌할 수 없는 교육 환경 때문에 다급해진 학부모들이 그것을 모르고 다시 중국으로 아이들을 내보내는 것이다.

"설마 한국의 시시한 지방대학을 다니는 것보다는 그래도 베이징대학교나 칭화대학교 졸업장이 훨씬 더 나을 거야……."

결코 그렇지 않다. 중국에 유학 온 많은 한국인 졸업생들이 그걸 증명하고 있다. 이미 중국에서 2~3년 정도만 살았다면 누구나 다 알 만한 사항이다. 그 이유는 간단하다. 명문대학에 입학만 하면 되는 한국과 비슷하리라고 중국을 생각했기 때문이다. 그러나 천만의 말씀이다. 이곳 중국에서도 가장 기를 펴고 사는 유학생들은 다름 아닌 한국 대학생으로 중국에 온 교환 학생들이다. 그리고 차라리 한국에서 대학을 졸업하고 이곳 중국에서 어학연수를 하는 학생이거나 중국에서 대학원을 다니는 학생이 비교적 한국인으로 대접받고 기를 펴고 살고 있을 뿐이다. 아니면 최소한 한국에서 군 복무라도 마치고 그나마 한국인의 정체성을 유지한 예비역 대학생들이 그나마 꿋꿋이 버티는 정도다.

중국 명문대학에 다니는 한국 학생들은 실상 그들에 비하면 별로 기를 펴지 못하는 실정이다. 사실 한국에 가면 중국의 명문대학을 다닌다는 것만으로도 대접을 받을지 모른다. 그러나 그것은 순전히 이곳 중국 실정을 모르는 국내의 국한된 얘기일 뿐이다. 이러한 현실을 중국 명문대학에 다니는 한국 학생들은 대부분 느끼고 있다. 그래서 중국의 명문대학에 다니는 우리 학생들은 기회만 된다면 한국이나 중국 이외의 다른 대학 입학을 대부분 희망하고 있다. 아니면 고민 중에 정체성이라도 찾기 위해 입대를 대안으로 생각하고 있으니 이 얼마나 안타까운 현실인가? 실력과 경제적인 문제만 해결된다면 능히 미주나 유럽 혹은 호주 등을 택할 것임은 모두가 다 아는 사실이다.

물론 일부 똑똑하고 실력 있는 졸업생이 전혀 없는 것은 아니다. 그러나 그들은 입학 후에도 역시 피나는 훈련으로 현지 중국 학생들과 같이 보조를 맞추기 위해 엄청난 노력과 대가를 지불한 경우지만, 극히 일부분의 졸업생들에 지나지 않는다는 것을 마음속에 새겨두어야 한다. 극히 일부의 졸업생이 영웅처럼, 베스트셀러 작가가 되어 있을 뿐이다. 이 영웅들도 그나마 중국에 온 유학생 중 극히 소수로 우리 눈에 잘 띄지도 않는다. 기본적인 실력을 갖추고 있다면 차라리 중국 대학원을 선택하는 것이 훨씬 더 현명한 선택이다.

이러한 현실을 직시하고 충분히 대비하여 중국 조기유학길에 오르기를 간절히 바란다. 이제 바야흐로 21세기는 중국의 시대라고 해도 과언이 아니다. 중국은 넓은 시장을 가진 나라이다. 그러나 거기로 들어가는 문은 아주 좁다는 것을 잊어서는 안 된다. 중국 조기유학을 원하는 부모들은 이제부터라도 이 책의 내용을 숙지하고 단단히 각오하여 준비하기를 진실로 바란다. 중국 조기유학은 단지 보랏빛 꿈이 아니다. 중국의 명문대학에 입학하는 것은 성공의 출입문에 들어간 것이 결코 아니다. 성공을 위한 문 근처에 도달한 것에 불과할 뿐이다. 이제 처절하고도 철저한 준비만이 그 좁은 문으로 들어갈 수 있음을 명심해야 한다.

미래를 내다본다면 중국 유학 생활은 꼭 필요하다고 할 수 있으나 다른 어떤 외국보다 힘들고 열악한 환경임을 간과해서는 안 된다. 이곳은 경제적인 시각으로 보면 자본주의 국가의 틀을 따르는 듯하지만, 체제상으로는 엄연한 공산주의 국가로 인재의 대규모 계획 배양과 사회주의 혁명이 최우선인 나라이기 때문이다.

김준봉

한옥구들문화원 원장 /
베이징공업대학 건축도시공학부 교수 /
서울과학기술대학 주택대학원 겸직교수

| 목 차 |

Chapter **1** 중국이 인정한 한국 교수의 생생 체험기

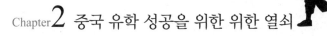

Chapter **2** 중국 유학 성공을 위한 위한 열쇠

Chapter 1

중국이 인정한 한국 교수의 생생 체험기

단지 막연한 가능성에만 기대어 중국행을 결정한다면
많은 시간을 낭비할 수도 있다. 중국 현지에서의 현실적 전망이
그리 밝지만은 않다는 얘기다. 중국어 습득은 하나의
수단이지 목표가 되지는 못하기 때문이다. 현장에서 일을 하다 보면,
막상 업무 처리나 사업상 사용되는
언어는 아니러니 하게도 중국어가 아닌 영어다.

01 유학 열풍, 왜 중국인가?

어쨌든 중국이 세계적으로 부상할수록, 중국 유학 물결은 한동안 거세게 일 것으로 보인다. 중국이 가진 잠재력은 그 누구도 예상치 못하고 있다. 일제강점기에는 일본 유학파가, 미 군정 이후에는 미국 유학파가 득세했듯이 지금 자녀 세대가 사회를 이끌어갈 20여 년 뒤에는 중국 유학파가 미국 유학파를 대체할 것으로 보인다. 그렇기 때문에 모든 전문가는 유학 이후까지 내다봐야 할 것이다. 어쨌든 중국으로 떠나는 학생들이 기하급수적으로 늘고 있다. 미국 다음 가는 유학 대상국으로 떠올랐을 정도다. 유학생 열 명 중 한 명이 중국으로 떠나고 있다. 개방 이후 겁 없이 성장하는 중국은 언제 용솟음칠지 모르는 경제 대국 후보 0순위 국가다. 우리 학생과 부모들이 중국에 관심을 갖는 건 어쩌면 당연한 이치다. 해외 유학의 새로운 물결이 돼버린 중국 유학, 어떻게 하면 잘 보낼 수 있을까?

2012년 중국 내 한국 유학생은 6만 2,855명(중국 교육부 소속 국가유학교육기

금관리위원회 통계). 전 세계 175개국의 유학생 두 명 중 한 명가량이 한국인인 셈이다.

이제 중국(26%)은 미국(31%) 다음 가는 유학 대상국이다. 교육부 발표로는 2002년에 이미 해외 유학생 15만 9,900여 명 가운데 중국 유학생은 1만 8,267명. 유학생 열 명 중 한 명 이상(약 11%)이 중국으로 떠나는 셈이다. 2012년 한국 학생이 가장 선호하는 베이징대학교의 경우 120명을 모집하면 1,000명가량의 인원이 원서를 제출할 정도니 그 열기는 가히 짐작할 수 있다.

이 열기를 반영하듯 한국의 경희대학교가 2003년 3월 베이징대학교와 협약을 맺고 고등학교 3학년 학생을 상대로 1년 6개월 과정의 베이징대학교 진학반을 만들었다. 연세대학교도 2005년 3월부터 칭화대학교, 푸단대학교, 난징대학교, 상하이교통대학교 등과 협약을 맺고 언어연구교육원 안에 '중국 유학 특별프로그램'을 만들었다. 사교육에도 중국 유학 열풍이다. 국내 중국어학원에 유학반이 인기 상승인가 하면 중국 현지에서도 한국 유학생들을 상대로 한 진학반이 성업 중이다.

중국 유학이 이처럼 급부상하는 이유로는, 영어권 국가에 비해 상대적으로 저렴한 학비를 꼽을 수 있다. 대부분의 부모들이 중국을 선택하는 이유도 바로 이 때문이다. 대학의 경우 본과 진학은 대체로 문과보다 이공계열이 더 비싸고 예능계의 경우 학비가 연간 700만 원 가까운 곳도 있지만, 대도시 학교를 기준으로 했을 때 연간 학비는 300만~400만 원 선이다.

전문가들은 이와 함께 최근 중국의 경제적 성장에 이은 세계 무대에서의 도약이 중국 붐을 이끌고 있다고 분석했다. 중국은 더 이상 '못 사는 나라'가 아니라 세계 강국 중 하나가 되었다는 것이다. 실제 여러 학자들이 중국이 2015년이 지나면 세계 최대의 제품 생산과 서비스 국가로 도약해 미국을 능가하는 경제 대국이 될 것이라고 예측하고 있다.

한국에서도 각 기업과 정부기관이 중국투자를 늘리면서 자연스레 중국어와 중국 관련 지식 전문가를 필요로 하게 되었다. 삼성은 미국 유럽 중심의 지역 전문가 제도를 중국 중심으로 바꿔 중국 전문가 비중을 높이고, LG 전자와 포스코 등도 중국 지역 전문가 양성에 주력하고 있다. 또한 기업은행은 베이징대학교에서 한국 유학생을 상대로 신입 행원 채용 설명회를 열기도 했다.

이제는 중국 내 해외 유학생 중에서 2명 중 1명이 한국인이다. "20년 후 우리 자녀세대는 '중국 유학파' 시대가 도래할 것이다. 하지만 중국 유학이 장밋빛인 것만은 아니다. 중국 유학에 대한 관심은 어느 때보다 뜨겁지만, 아직 한국 유학생들의 성공 사례는 드물다. 2005년 송병국(16세)이 베이징대학교 자연계에 최연소 수석 입학해 화제가 됐지만, 재학생들 중에서 뚜렷하게 두각을 나타내는 사례가 나오지 않고 있다.

칭화대학교에서는 2001년 처음으로 2명의 졸업생이 나올 정도다. 중도에 스러지는 경우가 허다하기 때문이다. 게다가 중국에서도 명문대 입학은 한국에서의 대학입시 못지않다. 최근 한 언론 보도에 따르면, 중국에서도 명문대 입학을 위해 한국 학생을 상대로 하는 과외가 성행하고 있다 한다. 유학원에서는 고액 족집게 과외까지 등장하고 중국 대학들까지 '시험 보는 요령을 가르쳐주는 강의'로 한몫을 하고 있다.

또 경제적인 면도 꼼꼼히 따져봐야 한다. 일단 유학 보내면 평소 사교육비에 사용하는 비용보다 더 많은 돈이 지출되는 경우가 많기 때문이다.

실제 한국 학생들이 유학을 많이 가는 후이자 중학이나 55중학, 19중학 등 베이징의 명문 사립학교(외국인 특설반이 있는 국제부에 입학했을 경우)의 학비는 연간 미화 9,000~10,000 달러이고, 생활비까지 합하면 우리 돈으로 2,000만 원 이상이 소요된다.

이제는 강화된 명문대 입시로 중국에서도 과외 열풍이 대단하다. 최소 5년은 내다보고 마스터플랜을 세워야 한다. 대학 진학은 물론 이후 진로에 대해 자신이 어떠한 방향으로 나아갈 것인지에 대한 대략적인 계획을 세운 후에 유학을 준비해야 한다는 것이다. 어느 분야의 '중국통'이 되겠다면 최소 5년간의 마스터플랜은 꼭 필요하다. 보다 전문적인 지식습득과 현지 인적 네트워크 확보, 중국문화에 대한 충분한 이해가 있어야 '진정한 중국통'이 될 수 있으며 중국은 지방마다 경제 규모나 자원의 차이가 크기 때문에 이제는 '중국 전문가'가 아니라 '지역 전문가'가 되어야 한다는 것이다.

02 중국 유학 실정

한국 학생이 급증하면서 중국에서도 학원 전쟁이 불붙고 있다. 자녀 교육이라면 돈을 아끼지 않는 한국의 부모들은 중국에서도 자식 교육에 돈을 쏟아 붓고 있다. 국내의 기존 학원들도 이를 배경으로 중국 진출에 발 벗고 나서고 있다. 중국 대학 입시학원에서부터 최고급 어린이 영어유치원, 국내 대학 특례입학을 위한 전문학원, 중국 내 정규교육기관 진출에 이르기까지 학원 전쟁은 전방위로 확산하고 있다.

1) 베이징에 밀집된 한국 학원들

중국에 뛰어드는 학원 자본과 어학 시장의 치열한 경쟁(학원 전쟁)은 베이징을 주 무대로 벌어지고 있다. 베이징 거주 한국 교민은 8만 명 정도다. 유동 인구까지 합하면 12만 명을 넘어서는 것으로 추정된다. 중국에 거주하는 한국인의 3분의 1이 베이징에 모여 있는 셈이다. 2015년이면 20만 명을 넘어설 것이라는 전망도 나오고 있다.

　베이징 서북쪽의 우다오커우(五道口) 거리. 이곳은 베이징대학교, 칭화대학교, 어언문화대학교 등 베이징의 유명 대학이 모여 있는 곳이다. 이 지역은 한국 학원사업이 처음 시작된 곳이기도 하지만 학원 전쟁이 불붙고 있는 곳이기도 하다. 2003년 7,500명 수준이던 베이징의 한국 유학생은 2004년에는 1만 명 안팎으로 늘었다. 베이징 어언문화대학에서 공부하는 한국유학생만 약 2,000명에 이른다. 어느 곳이나 학생이 모이는 곳에는 학원이 들끓게 마련이다.

　발 빠른 국내 학원 사업자와 일부 중국인은 1990년대 중반 이 거리에 중국어 회화와 어학시험(HSK)을 준비하는 학원을 열었다. 지구촌학원과 해연학원, 신교외국어학원이 초창기 외국어를 가르친 대표주자인 셈이다.

　최근 몇 년 사이에는 우다오커우와 한국인 밀집 거주 지역인 왕징을 중심으로 중국어와 영어를 가르치는 학원이 우후죽순으로 생겨나고 있다. 이들 지역 학원은 10여 곳에 이른다. 외국어 교육 사업이 호황을 누리자 중국 대학들도 관심을 갖고 너도나도 뛰어들고 있다. 베이징의 어언문화대학은 물론 왕징에 있는 경제간부관리학원과 청년정치학원 등도 중국어 교육프로그램을 만들어 한국인 끌어들이기에 한창이다.

2) 중국 내 학원 전쟁의 새 흐름

　최근 중국 내에서 한국인을 둘러싼 학원 전쟁은 어학 이외의 분야로 확산되고 있다. 국내의 내로라하는 입시전문학원이 중국에 잇달아 발을 내디뎠고 유명 학습지의 상륙도 시작했다. 4~5년 전부터 일기 시작한 조기 유학 열풍이 이제 대학입시로 이어지고 중국에 진출하는 국내 기업도 많이 늘어난 상태다.

청산학원 관계자는 "베이징의 학원 시장은 어학연수에서 입시 위주로 변하고 있다"며 "갈수록 유학 연령이 낮아지면서 이 같은 경향은 더욱 확산될 것으로 보인다"고 말하고 있다. 교육 시장이 그만큼 커지고 있다는 뜻이다.

베이징에는 중국의 최고 명문인 베이징대학교, 칭화대학교, 런민(人民)대학교 입학을 목표로 하는 전문 입시학원이 생기고 있다. 2001년 문을 연 청산학원과 고려학원, 성문학원 등이 모두 중국 대학 입학을 전문으로 하는 학원들이다. 청산학원의 경우 국내 유학생은 물론 칭다오, 옌타이, 다롄 등지에서 중국 고등학교에 다니던 한국 학생들이 모여들고 있다.

온·오프라인 인터넷교육업체도 이미 중국시장에 진출하였다. 학습지 시장도 본격적으로 개막되고 있다. 대교의 눈높이가 지난해 왕징에서 사업 시작에 발을 내디뎠다. 갈수록 늘어나는 기업 주재원 자녀를 목표로 해서다. 교육 시장 개방에 보수적인 중국 내 상황에 따라 내수 시장보다는 한국 교민에 국한되어 있다. 중국의 교육 환경이 열악한 데다 반독점적인 성격마저 띠면서 이들 학습지 가격은 국내보다 오히려 더 비싸다.

중국의 명문대학은 한국의 명문대학보다 세계적으로 더 알아준다. 베이징대학교와 칭화대학교, 상하이 푸단대학교는 세계 100대 명문에 든다. 한국의 교육 경쟁력이 떨어지면서 중국으로 건너가는 한국 유학생은 앞으로 더 많아질 것으로 보인다. 그러므로 한국 학원 자본의 중국 내 전쟁도 더 치열해질 전망이다.

그러나 중국 유학시장 진출의 문제점은 대부분 소자본이라는 데 있다. 소자본으로 중국에서 학원사업을 시작하면 실패 가능성은 매우 커진다.

더욱이 한국 정서를 기본 바탕으로 한국식 어학교육을 시작한다면 중국 실정과는 전혀 맞지 않아 더욱 고전을 면치 못할 것이다.

최초의 한·중 합작 고등학교인 베이징 신교외국어학교는 베이징 우다 오커우 거리에 있는 지구촌학원이 설립한 것이다. 이미 베이징의 한인 타 운인 왕징에도 그 분소를 설립하였다. 이와 같이 중국에 크고 작은 한국 계 학원이 곳곳에 생기면서 살아남기 싸움도 치열해지고 있다. 적은 자본 으로 중국시장에 진출한 학원일수록 특히 그렇다.

중국의 교육 시장은 현재 완전히 개방되지 않은 상태다. 베이징의 경우 200만 위안(약 2억 8,000만 원) 이상 투자한 경우에 한해 교장을 중국인으로 선임하는 것을 조건으로 합자교육법인을 허용하고 있다. 투자 금액이 이 보다 적을 때에는 중국인이 대표로 나서는 경우가 많다.

중국인이 대표인 만큼 소유권 분쟁에서부터 잡음이 뒤따를 소지가 많 다. 10년 전 한·중 합작 형식으로 정식 고등학교인 베이징 신교외국어학 교의 문을 연 이교준 이사장은 "중국 학원 진출은 적은 자본으로 진출하 는 데 가장 큰 문제가 있다"며 "투자금이 너무 적을 때는 잘되면 법적인 문제가 발생하고, 안 되면 어려움이 계속되는 상황이 벌어진다"고 말하 고 있다. 그는 "투명해도 성공할까 말까 한 중국시장에서 적은 자본으로 이루어지는 편법 투자야말로 실패의 지름길"이라고 지적하고 있다. 이 이사장은 "특히 어학교육의 경우, 언어 구조상 한국과 중국의 교육 방법 이 전혀 다르다"며 "한국의 교육프로그램을 그대로 중국에 들여오면 십 중팔구 실패할 것"이라고 조언하였다. 이제는 역으로 방학기간을 통해 한국으로 족집게 과외를 나가는 경우도 적지 않은 실정이다.

3) 중국 유학 실태

요즘 취업이 어렵다 보니 중국 의대, 중국 한의대 유학에 귀가 솔깃한 분들이 많을 거다. 중국 의과대학을 무시험으로 입학해서 100% 졸업을 한다면 믿을 수 있겠는가? 국내 유학원의 이런 말에 속아서 중국으로 갔다가 낭패를 보는 경우가 속출하고 있다.

다음은 한 유학원의 중국 대학 설명회이다.

(유학원 원장 : 한·중 간의 전문가 육성만이 한국 경제가 살길입니다.)

원장이 단독 협정을 맺었다는 중국 명문 의대와 중의대를 선전하고 있다.

(유학원 원장 : 한국에서 의대나 한의대 가기 굉장히 힘들죠? 베이징대학교 의학부
　　　　　　 하고 20명 무시험 추천 인원을 확보하고 있습니다.)

중국어를 전혀 못해도 여섯 달만 준비하면 의학 공부를 따라가는 데 별문제가 없다고 말한다. 낙제를 해도 졸업만은 보장한다는 것이다.

(유학원 원장 : 학점 못 따면 중국 애들은 바로 퇴학이에요. 그렇지만 우리가 추천
　　　　　　 한 애들은 퇴학이 없어요. 끝까지 졸업할 수 있도록 해 줍니다.)

무시험 입학에 100% 졸업이 가능한 일인가. 유학원이 선전한 베이징 의대에 찾아가 OO 유학원을 통해서 온 학생들이 많은지 물어보았다.

(베이징 의대 직원 : 예, 중국어를 거의 못 알아듣고 말도 못 했어요. 처음엔 어학
　　　　　　　　 연수 온 줄 알았는데 의대라고 하더군요.)

기숙사에서 유학원 출신 학생을 만났다. 오후 2시, 한창 강의 시간인데 자고 있었다. 이렇게 강의를 빼먹는 일은 다반사였다.

(유학원 출신 학생 : 수업도 어차피 못 알아듣고 우리한테는 아무 소용이 없거든요)

성적이 좋을 리 없었다. 시험은 통과했는지 물어보았다.

(유학원 출신 학생 : 다 불합격했죠. 세 과목 다 통과한 애가 여덟 명 중 한 명인가

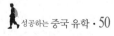

있을 거예요. 그런데도 학원에서는 아무 대책이 없어요.)

지금 상황이 이런데도 유학원 말처럼 졸업을 할 수 있을까? 유학생을 담당하는 대학 직원 말은 전혀 다르다.

(베이징 의대 직원 : 퇴학에는 예외가 없습니다. 시험 통과 못 하면 무조건 퇴학입니다. 일 년에 네 과목만 낙제하면 강제 퇴학입니다. 실제로 그동안 입학했던 한국 학생 40명 가운데 졸업한 학생은 다섯 명뿐입니다. 나머지는 학점을 따지 못해 모두 퇴학당했습니다.)

(베이징 의대 직원 : 한국 학생들은 최근 몇 년 동안 학교에 남아 있는 학생이 없어요. 여기저기 돈 쓰지 말고 차라리 먼저 언어연수 하는 게 순서일 겁니다.)

한국 유학생들이 중국 대학에 속는 경우도 비일비재하다. 한의학으로 유명한 베이징 중의대 약대에서도, 이 학교 신입생 300명은 이곳에 와서야 한국인끼리만 따로 수업한다는 사실을 통보받았다.

(베이징 중의대 유학생 : 부모님들은 중국인이랑 같이 공부하는 줄 알아요. 만약에 한국인끼리 따로 공부하고 있다면 진짜 당장 한국으로 돌아오라고 할 거예요.)

국내 유학원에 다시 찾아가 보았다. 현지 유학생들의 실정을 들이대자 슬그머니 말을 둘러댔다.

(유학원 원장 : 모든 사후 대책을 완벽하게 세우고 사업을 이룬다는 것은 불가능하다고 생각합니다. 설명회를 하면서 실수가 있었다면 사과를 드리겠습니다.)

(베이징 중의대 유학생 : 돌아가고 싶은데 어떻게 해요. 엄마 얼굴 볼 면목도 없고……)

무분별하게 중국으로 떠나는 한국 유학생들 정말 이제는 재고해 보아야 할 것이다.

03 중국 조기유학의 질을 한 차원 높이자

"그래도 중국에 가면 중국말 하나는 끝내주게 할 거 아닙니까?" "미래는 중국의 시대입니다. 중국제가 아닌 게 어디 있나요? 중국에서 대학만 나오면 이제 여기저기서 모셔가는 시대가 분명히 올 겁니다."

"아무리 중국이 어려워도 한국의 교육 현장만 하겠어요?"

중국 조기유학의 옳고 그름을 따지기 전에 중국 조기유학이 이미 우리 앞에 가까이 다가왔음을 부인할 수 없는 현실이 되었다. 중국에는 베이징, 상하이, 칭다오, 선전 등 큰 도시는 물론이요 선양, 다롄, 난징, 웨이하이, 옌타이 등 어느 도시를 가나 한국 유학생이 없는 곳이 없다.

외국생활에서 언어 구사 능력의 중요함은 두말할 필요가 없다. 그리고 언어를 조기에 배우는 것이 언어 습득에 상당히 유리하다는 것은 모두 인지하고 있는 사실이다. 그에 따라 무분별한 조기유학에 따른 언어 지상주의가 팽배한 것도 사실이다. 그러나 이렇게 단순히 언어만을 위한 공부가 얼마나 비정상적인가를 깨닫지 못하고 있어 안타까울 뿐이다. 다시 말해 언어란 '어떤 것'을 표현하는 수단임을 간과해서는 안 된다. 즉 표현할 '어떤 것'이 없으면 언어는 무용지물이 된다는 사실이다.

우리나라 어머니들의 외국어에 대한 무조건적인 열정은 정말 대단하다. 외국어는 하나의 '어떤 것'을 표현하는 수단일 뿐인데도, 그 자체 외국어 점수가 하나의 목적이 되어 버렸다. 한국 대학 내 중문학과의 인기는 말할 것도 없고, 중국으로의 어학연수 또한 거의 필수적인 코스로 간주되어 한국인들이 중국 어느 도시를 가나 가히 폭발적으로 많다. 이제 조기 영어 열풍만으로도 모자라서 중국의 잠재 가능성 때문에 중국어가 제2외국어가 아닌 필수 공용 언어로 자리 잡아가고 있는 듯하다.

필자가 중국에서 10여 년을 생활하고 중국 학생들을 가르치고 중국의 기업들과 함께 일하면서 돌이켜 생각해 보면, 중국어에 대한 이러한 맹목적인 열정들은 허무함 그 자체다. 알맹이 없는 포장에 불과하기 때문이다. 중국어를 배우려고 하는 사람들은 왜 중국어를 배우려는지 그 목적을 한 번 꼭 돌이켜 보기를 권한다.

중국에는 수많은 소수 민족이 있어 한국인 역시 소수 민족의 하나인 조선족으로 취급될 수가 있다. 또한, 우리 한국인이 중국어를 유창하게 현지인처럼 잘한다면 그들은 '존경'한다기보다는 '신기'해 한다. "소수 민족이 중국어도 징그럽게 잘하네……" 하면서 어쩌면 더 이상스럽게 바라볼지도 모른다. 그러나 만약 영어를 유창하게 구사한다면 중국인들은 금방 존경의 눈초리로 바라본다.

필자도 중국에서 교수직을 맡은 것은 중국어를 잘해서가 결코 아니다. 비록 중국어는 유창하지 못하지만, 중국인들이 그 분야에서의 필자의 전문성을 인정해 주고 있기 때문이지 중국어와는 전혀 상관이 없다. 물론 기본적인 의사소통이나 필요한 정도의 중국어는 필수지만, 그 이상으로 중국어를 잘하더라도 전공에 대한 지식이 밑받침되어 있지 않다면 사상누각에 불과하다는 얘기다.

예를 들면 한국에서 금발인 미국인이 너무도 유창하게 한국어를 구사한다면 친근감이나 신뢰성을 느끼기보다는 어딘가 모르게 불안하고 그들과의 거래가 미심쩍은 것과 같은 이치라고나 할까. 중국인의 문화와 습성을 이해하는 것과 우리가 그들과 같아지려는 것은 전혀 다른 문제다. 그들의 문화 풍습을 이해한다고 해서 그들과 모든 것을 같이 한다면 우리는 이미 중국에서의 소수 민족이 되어버릴 것이고, 그들과의 경쟁에서 능력을 상실할 수밖에 없는 것이다.

그래서 단지 막연한 가능성에만 기대어 중국행을 결정한다면 많은 시간을 낭비할 수도 있다. 중국 현지에서의 현실적 전망이 그리 밝지만은 않다는 얘기다. 중국어 습득은 하나의 수단이지 목적이 되지 못하기 때문이다. 현장에서 일을 하다 보면, 막상 업무처리나 사업상 사용되는 언어는 아니러니 하게도 중국어가 아닌 영어다. 한·중·일 세 나라 간 국제회의를 하더라도 결국 공용어는 영어가 될 수밖에 없고, 중국과 한국이 같이 합작해서 회의를 해도 공용어가 영어인 것은 물론이다. 모든 서류에서부터 관계 업자들과의 만남도 대부분 영어를 쓰고 있다. 요즘 중국 대졸 사원들 영어 실력은 대단하다. 중국은 대학을 졸업하기 위해서는 국가에서 치르는 영어 4급 시험을 통과해야만 하며, 대학원 진학은 영어 6급 정도의 실력이 있어야 입학할 수 있는데 대략 IBT 토플 100점~105점 수준과 맞먹는다.

물론 중요한 일을 할 때 어설픈 중국어를 쓰면 바보 취급을 당할 수 있다. 또한, 중국어를 전혀 모르고서는 중국에서 택시조차 타기 힘들다. 하지만 중국인들은 외국인이라면 중국어가 아닌 영어로 소통하려 하며 중국어는 술자리나 현지에서의 쇼핑, 그리고 간단한 의사소통에만 필요할 뿐이다. 외국과 관련된 중요한 회의나 서류는 모두 영어로 통용하고 있다. 필자 또한 심도 있는 강의 내용을 전달하려 하거나, 한국적 상황을 얘기하고자 할 때는 영어로 말하든가 고급 통역을 쓰고 있다.

　중국에 진출한 현지 기업들 또한 중국에서 채용하는 한국인 직원에 대한 선호도가 그리 높지 않다. 그것은 회사가 한국 조직을 갖춘 회사이기 때문에, 채용 후 회사에 대한 기여도나 충성도가 국내보다 현저히 떨어진다고 판단하고 있기 때문이다. 그러한 판단이 주류를 이루고 있어서 현지에서 취업 목적으로 중국어를 배운다 해도 취업 사정이나 제반 여건이 그다지 밝지는 않다. 한국 회사들은 한국인으로서의 정체성이 충분하면서 중국에 대한 이해와 사업 능력을 갖춘 인재를 원하지, 중국인과 비슷해진 한국인을 결코 원하지 않는다는 얘기다.

　전에 필자도 중국 현지에서 회사에 입사하려는 한국인 유학생들을 면접한 적이 있는데, 물론 그 한국인 유학생은 중국에서 본과를 졸업하였기에 어느 정도 중국어로 의사소통에는 문제가 없는 무난한 수준이었다. 하지만 전공 수준은 한국의 동 계열 전공 졸업생과는 비교할 수 없이 처지는 실력이었다.

　물론 어려운 중국어와 중국 문화를 배우는 일에 치여 전공은 그럴 수도 있겠구나 하는 생각이 들었지만, 그다음에 필자는 실망을 크게 느끼지 않을 수 없었다. 그 회사가 중국 내 여러 지역과 거래를 하고 있었기 때문에 대학 다니는 동안 중국인 친구를 얼마나 사귀었는가 물어보았다. 그러나 중국 각 지역별로 연계나 활용이 가능한 중국인 친구를 5명 이상 적어내는 지원자가 없었다. 중국에서 3~4년 이상 유학하고서도 연락 가능한 그리고 믿을 만한 친구를 네다섯 명도 사귀지 못했다니, 현지에서 신뢰 가는 직원으로 어떻게 채용하겠는가?

중국어만 잘하면 보통의 중국인과 다를 것이 하나도 없다는 것을 알아야 한다. 즉 중국어를 구사하는 한족들이 중국에는 넘쳐나고 있는 실정이다. 즉 우리는 한국인으로서의 정체성을 잃지 말고, 전공 관련 전문서적들은 모두 영어로 공부할 수 있는 영어 실력을 갖추고 있어야 한다. 중국어 활용 능력은 그 활용도가 영어에 비해 현격히 떨어진다는 게 명백한 중국의 현실이기 때문이다. 중국어는 '필요' 조건이지 '필요 충분'한 조건이 아님을 명심해야 한다. 그렇기 때문에 중국어 선생이 될 것도 아니면서, 단지 막연한 기대감으로 중국어를 위해 엄청난 비용과 시간을 들이고 있는 현지 유학생들을 들여다보면 안타까운 생각이 절로 든다. 또한, 이것은 외화 낭비와 엄청난 국력 손실이라는 생각을 지울 수가 없다.

사실 영어를 잘하면서 중국어를 잘한다면 그에 대한 인식은 올라가는데, 중국어를 잘하면서 영어를 못한다면 그냥 현지의 중국인 정도로밖에는 인식되지 않는다는 것이다. 어쨌든 국제 공용어는 영어이기 때문에 중국과의 거래에서도 중국어로 작성한 후에 다시 영어로 번역하여 공증하여야 한다. 그래서 중국에 진출하여 국제적인 업무를 꿈꾼다면 영어가 우선시 되어야 하며, 그다음 제2외국어가 중국어라고 생각하면 된다. 그러나 영어 역시 수단이지 목적이 아님은 두말할 나위가 없다.

어떤 일을 할 것인가 하는 전공과 관련된 전문지식이 필요하고, 나중에 중국에서의 사업을 위해서도 꼭 필요한 좋은 친구나 파트너 관계를 형성하는 것이 중요한다. 대부분 학생들이 그런 목적의식 없이 무작정 발전 가능성에 대한 막연한 기대와 중국어를 배우면 뭔가 쓸모가 있겠지 하는 추상적인 목적만으로 엄청난 열정을 쏟아 붓고서 결국에는 중국 내 소규모 한국 업체에서 생산 관리 등 단순 업무만 하게 되면서 회의를 느끼는 경우를 수없이 보았다.

대학을 졸업한 인력은 분명 고급 인력이다. 중국에서 단순히 구멍가게 수준의 일을 할 생각이 아니라면 고급 인력에 준하는 전공 실력을 갖추어야 함은 당연하다. 그리고 중국에서 일하려면 많은 중국 친구들의 도움이 필수적이다. 그래서 중국 유학을 와서 중국어를 배우는 것은 전공 실력을 갖추기 위함이고 또한 많은 중국인 친구를 사귀기 위함이다. 중국어를 모르고 중국 진출을 꿈꾸는 것만큼이나 중국어만으로 중국을 대적하려는 것은 아주 무모한 일이 될 때가 많다.

그 나라에 가면 그 나라 언어를 배워야 한다. 중국에 왔으니 중국어를 배워야 함은 당연하다. 그러나 이제는 단순히 중국어만 배우면 된다는 생각에서 우리의 생각의 틀을 한 차원 높여야 할 때다. 우리 자녀들이 미래의 고급 인력이 되려 한다면 말이다.

04 중국 조기유학 성공 지침 20가지

중국 조기유학을 성공적으로 이루기 위해서는 어떻게 해야 하나? 그럼 중국 조기유학의 성공이 무엇을 의미하는가를 먼저 생각해 봐야 할 것이다. 그리고 중국 조기유학의 단점을 최대한 줄이고 장점을 최대한 살리기 위해서도 중국 조기유학의 장단점에 대해 정확한 인식을 전제로 해야 한다. 마지막으로 유학하는 학생의 개인적 조건 및 환경적 요인이 다르기 때문에 구체적으로 중국 조기유학의 성공적 방안을 찾기에는 일정한 한계가 존재하는 것 또한 염두에 두어야 할 것이다.

성공적인 중국 조기유학을 위해서 그러면 어떠한 준비와 노력이 있어야 하는가에 대해 심도 있게 고려해보고 한·중관계의 미래와 한국의 교육 환경을 꼼꼼히 체크해 봐야 한다. 돌아보건대 중국 조기유학에 대한 철저한 준비는 아무리 강조해도 지나치지 않는다.

조기유학 성공 Check-list 20

1. **철저한 사전 조사**—꼭 직접 학교를 확인하라.

2. **조기유학생 본인이 가고 싶어하게 하라**—떠밀어서 가면 무조건 실패다. 본인이 결심해도 힘든 것이 조기유학이다.

3. **가격이 비싸다고 무조건 좋은 것은 아니다**—상대가 돈이 많으면 무한정 비싸지는 것이 중국의 가격 시장이다.

4. **국제부가 있는지를 확인하라**—맨 처음 중국 학교에 바로 입학하는 것은 적응이 매우 어렵다. 유치원이나 초등학교 저학년이라면 몰라도 초등학교 고학년 이상, 중학생은 학원 등 언어학교를 거치지 않고 곧장 적응할 수 있는 환경이 절대 아니다.

5. **직접 다닌 학생이나 부모의 말을 참고하라**—유학원 말은 단지 참고해야 한다. 그 반대일 경우가 허다하다.

6. **대도시만 고집하지 마라**—지방의 도시들도 가격 경쟁력 있고 훌륭한 학교가 많다.

7. **기숙사라고 무조건 믿으면 안 된다**—중국의 기숙사는 항상 한국 학생들만 따로 수용한다. 홈스테이보다 더 위험한 경우도 많다.

8. **홈스테이일 경우라도 수시로 체크하고 돌봐야 한다**—보호자의 역할이 중국에서는 아주 많이 필요하다.

9. **가능하면 부모와 같이 있거나 최소한 친척과 같이 있어야 한다.**

10. **유학원 말만 믿으면 안 된다**—망하는 지름길이다.

11. **중국어만 잘한다고 되는 것이 아니다**—중국어에 능통한 중국인에 가까워질 뿐이다.

12. **남이 가니까 나도 가선 안 된다**—친구가 망하면 같이 망한다.

13. **중국 학교에 입학하였다고 해서 안심하면 안 된다**—입학은 돈만 내면 된다. 졸업은 입학과는 사정이 너무도 다르다.

14. **졸업만 하면 된다고 생각하는 것은 어리석은 일이다**—정규 졸업장을 받아야 한다.

15. **한국처럼 촌지가 통한다고 믿으면 안 된다**—공안에게 잡혀가거나 나중에는 더 많은 촌지를 요구할 것이다.

16. **중국 학교를 얕보지 마라**—좋은 중국 학교는 한국보다 훨씬 낫다.

17. **중국 학생을 지저분하다고만 생각하지 마라**—깨끗하고 멋있고 머리 좋은 학생들이 얼마든지 있다. 내가 중국인 친구를 '왕따'시키면 나 역시 중국인 친구들에게 '왕따' 당한다.

18. **겉만 보고 판단하지 마라**—중국은 겉을 봐서는 정말 모르는 나라다.

19. **1~2년 배운다고 해서 중국어는 정복되지 않는다**—인내하고 길게 봐야 한다. 어찌 언어가 그리 빨리 되겠는가.

20. **한국인의 강점을 살려라**—한국식이 좋은 게 얼마든지 많다.

체크 리스트를 정리하면 다음과 같다.

중국 조기유학의 목적과 성공 목표를 분명히 해야 한다

부모의 설득과 강요가 우선일 때, 학생 스스로가 조기유학의 목적과 목표를 설정할 수 있도록 함께 노력하는 과정이 필요할 것이다. 학생 스스로 선택할 수 있는 동기를 부여하자. 먼저 중국여행도 해 보고 중국의 발달한 도시를 직접 경험하도록 하자. 그리고 중국의 좋은 문화습관을 접하도록 해 보자.

사실 유학은 일반적으로 어떤 분야인가와 관계없이 자신의 목표달성 비율이 통상 15%~20% 정도라고 보고되어 있다. 특히 조기유학은 자기 선택이라기보다는 학부모에 의한 강요된 선택이 대부분을 차지한다. 이는 조기유학에서 더욱 구체적인 목적과 목표가 설정되어야 함을 의미하며, 설령 그것이 쉽지는 않더라도 조기유학 당사자에게도 동의 혹은 인지되어야 한다는 것을 의미한다. 뚜렷한 목적과 성공 목표 없이 진행되는 중국 조기유학에서 얻는 것은 저급한 중국어고, 잃는 것은 인생의 황금 시기다. 중국은 외국이며, 현재로는 교육에서도 전혀 선진국이 아니다.

중국과 중국인에 대한 올바른 이해를 위해 노력해야 한다

중국을 사랑하지 않고 중국에 오는 것은 수영을 모르는 이가 아무 연습 없이 험한 바다로 수영을 하려고 뛰어드는 모습이다. 중국어 학습이 한자 문화권에 속한 우리에게는 비교적 수월하다거나, 중국에서의 대학 진학이 한국에서의 대학 진학보다 상대적으로 수월하다는 막연한 환상을 가지고 중국 조기유학을 결정하는 것은 매우 위험한 발상이다.

중국 조기유학의 성공을 좌우하는 기본적 요소는 중국어에 대한 충분한 이해를 기초로 한 중국어 학습 능력이다. 중국의 역사·문화·사회에 대한 깊이 있는 이해와 중국인에 대한 진실한 애정 없이 중국어 실력의 향상을 기대한다는 것은 불가능하다는 의미다. 모든 언어는 해당 국가와 민족의 역사와 문화의 총화이자 산물이기 때문이다. 중국 조기유학을 성공적으로 달성하기 위해서는 반드시 중국인에게 동화되려는 기본적인 자세가 필요하다는 것이다. 먼저 중국을 사랑하고 중국을 이해하도록 하자.

정체성 확립을 게을리해서는 중국 조기유학에 성공할 수 없다

'아생연후살타(我生然後殺他)'라고 했다. 내가 먼저 서지 않고 남을 제대로 알 수는 없다. 지피지기면 백전백승이지만 나를 모르면 50% 승률, 남도 모르면 백전백패다. 조기유학의 유해성을 지적하는 논의의 핵심은 조기유학이 정체성의 혼란을 야기할 수 있다는 점 때문이다. 특히 사회적으로나 개인적으로 자아 형성기에 처한 어린 학생들이 이질적인 사회문화에 동화되면서 결국은 자기 자신에 대한 정체성을 상실하게 되고, 삶의 가치관이나 세계관 형성에 결정적인 부작용을 초래한다는 점에서 심각하게 고려해 봐야 할 것이다. 그러므로 균형 잡힌 교육 프로그램에 따른 조기유학이 절실한 것이다.

중국 조기유학의 경우 집중적인 기숙사 형태의 수업이기에 학업이 상대적으로 효과적일 것으로 생각하겠지만 실상은 전혀 그렇지 않다. 대학 진학을 위해서는 수학, 물리, 화학, 생물, 역사 등 중국 학생들도 모르는 한자로 된 교과목을 이수하기가 매우 어렵기 때문이다. 의미를 알아도 쉽지 않은 화학 문제를 중국말로 이해하고 풀어야 하는 것이다. 또한, 중국 학교의 수업을 정상적으로 따라가려면 하루 8시간 이상의 정규수업과 방과 후 숙제 및 보충학습, 그리고 각 과목에 대한 과외 등으로 하루 24시간이 부족하다.

2012년 베이징대학교 경쟁률은 약 10:1이었다. 약 120여 명의 한국 학생을 뽑는데 1,100명이 넘는 한국 학생이 시험에 응시한 것이다. 한·중수교 초기에는 구 HSK 6~7급만 받으면 베이징대학교, 칭화대학교 등은 마음대로 들어갈 수 있었다. 그러나 입학희망자의 수가 늘어남에 따라 각종 시험이 추가되었고 명문대 입성을 위한 경쟁이 상상할 수 없을 만큼 심해져 현재는 피땀 흘려 공부하지 않고는 이러한 명문대에 합격할 수 없게 되었다. 이처럼 중국 유학생들의 평균 유학 기간이 늘어나고 경쟁력이 날이 갈수록 심화됨에 따라 '중국에서는 쉽게 명문대에 진학할 수 있다'는 말이 이제 옛말이 되었으며 학생들의 수준도 점점 높아지고 있다.

중국 조기유학은 자신의 진로에서 중요한 결정이다. 중국 조기유학이 100% 보장하는 것은 아무것도 없다. 그러나 중국으로 조기유학을 결정하고 굳은 의지로 그리고 적극적으로 뛰어든다면 그 속에서 변화된 자신을 발견할 수도 있을 것이다.

기본 교과 교양수업을 경시해서는 안 된다

중·고등학생은 그 시절에 배워야 할 지식이 있다. 중국에서의 중·고등학교 수업은 언어 미숙으로 수업이 단절될 수밖에 없다. 조기유학을 선택하는 많은 동기 중 하나가 미래 사회에서 국제인으로 살아가기 위해서일 것이다. 비록 단기적으로는 외국어 학습과 대학 진학이 조기유학의 목표로 설정되겠지만, 이 역시 기본적인 학습 능력이 부족한 경우에는 달성될 수 없는 목표다.

사실 외국어는 목표를 달성하기 위한 좋은 도구는 될지언정 결코 그것으로 모든 것을 다 이룰 수는 없다. 또한, 기본적인 학습 능력이 부족한 학생을 원하는 대학은 어디에도 존재하지 않는다. 기본 학습 능력이 부족한 학생이 설사 대학 진학에 성공했다 하더라도 사회적으로 요구되는 기본 학문을 연구, 습득하기에는 많이 부족할 것이다. 특히 중국 조기유학은 최종적으로 한국과 중국이라는 지역을 기반으로 활약하는 국제인이 되고자 하는 것이 목표일 것이다. 이를 위해서라도 전문 분야에 대한 학습 이전에 기본 교과 과정이 전제되어야 하는 것이다.

초·중등교육에서 실행되는 기본 교과와 교양수업에 대한 충실한 학습이 중국 조기유학에서 반드시 필요함을 의미한다. 부모와 가족의 도움 없이는 기본 교과와 교양 수업 부분 학습이 불가능한 곳이 또한 중국이다.

중국어 학습은 단순한 말하기 능력이 아님을 인식하고 총체적 어학 능력 향상을 위해 노력해야 한다

말뿐 아니라 대부분의 사고 능력이 청소년 시절에 결정된다. 이처럼 외국어 구사 능력은 결코 말하기 능력만을 의미하지 않는다는 데 많은 언어학자들이 동의한다. 특히 중국어는 그 역사적 장구함과 문자의 특수성으로 일반적으로 습득하기 어려운 언어로 분류되어 있다. 따라서 중국인들에게 문맹률은 여전히 높다.

중국어에 대한 읽기, 쓰기, 말하기, 듣기 등 종합적 어학 능력의 향상과 더불어 중국인과 중국에 대한 심도 있는 지식을 배우려는 자세가 필요하다. 중국 일반 로컬학교에서의 수업으로는 이러한 지식을 골고루 습득하기가 매우 어렵다. 그러므로 가족의 전폭적인 배려와 관심, 그리고 지식이 풍부한 후다오(과외공부)선생만이 이를 효과적으로 보충해 줄 수 있다.

학업 및 유학 생활의 관리통제시스템을 준비해 두자

한국에서는 아무 일도 아닌 것이 중국에서는 큰일이다. 비행기 표를 사고 은행 가는 일조차 하루에 모두 할 수 없는 곳이 중국이다. 하물며 집을 얻고 과외선생을 정하는 일이 오죽하겠는가? 한국에서도 그 일은 쉽지 않다. 실제로 전문가들은 중국 조기유학의 장점 중 하나로 조기유학생의 안전과 관리통제의 용이성 그리고 미주 지역보다는 상대적으로 탈선의 가능성이 적다는 점을 지적하고 있다. 그러나 중국 조기유학생 역시 정서적으로 불안정한 상태에서는 탈선에 노출될 가능성이 적지 않다.

이는 감수성이 예민하고 '끼리 문화'에 특별한 무게중심을 두는 조기유학생들에게서 쉽게 발견되는 저해 요인들이다. 이는 중국 조기유학에서도 학생들의 관리 통제가 매우 중요하고 조기유학의 성공 여부를 결정짓는 중요한 요소이다. 효과적인 대처방안으로는 역시 학부모들의 지속적인 관심과 지도이며, 이것이 불가능할 때에는 조기유학생의 학업 및 생활 전반을 효과적으로 관리 통제할 수 있는 시스템을 지닌 교육기관을 통해 중국 조기유학을 시행해야 한다. 결론적으로 부모가 같이하지 않는 유학은 무리한 결정일 수밖에 없다. 무리한 결정에 따른 희생을 줄이는 길은 부모 중 한 명이 같이 유학을 가던가, 최소한 한 학기에 두세 번 이상 학생이 다니는 학교와 숙소 등을 직접 방문하기를 권한다.

목표에 대한 우선순위를 결정하고, 학습 능력이 부진한 학생들의 경우 포기할 것은 과감히 포기해야 한다

중국에 조기유학을 가는 학생들의 상당수가 한국에서조차 성적이 떨어지는 아이들이 많다. 이러한 아이들이 더욱 힘든 중국 교육 환경에서 버티기란 쉽지 않을 것이다. 이는 중국 조기유학의 목표 설정과 밀접한 관계에 있다. 중국 조기유학에서 얻고자 하는 바에 대한 순위를 결정하고, 이를 유학 생활에서 세심하게 점검해야 한다. 그리고 최우선 순위의 목표달성을 위해서는 차 순위의 목표를 포기할 수 있다는 자세가 필요하다. 이 경우 과감히 최하순위의 목표부터 포기해야 한다.

예컨대 중국 조기유학의 꽃이라고 이야기하는 것은 중국어와 영어를 동시에 학습할 수 있다는 점이다. 하지만 여러 가지 현실적 상황으로 중국어와 영어 중 어느 하나만 선택해야 한다면 중국 조기유학의 경우 당연히 중국어를 선택하고 영어를 포기할 것이다. 중국 조기유학에서 최선의 성공을 위한 목표 설정을 명확하게 하는 것만이 중국 조기유학의 성공을 보장하는 열쇠이다. 학생들의 취미와 적성에 맞게 학생들을 인도하는 것이 중국의 교육 환경을 잘 이용하는 길임을 명심하자.

이제 중국 조기유학은 우리나라 조기유학의 종착지로 각인되고 있다. 21세기 미래사회의 연대 중심축은 미국과 더불어 중국이 될 것이고, 국제적 공용어 역시 영어와 중국어가 될 것이라는 역사적 추세를 부정할 사람은 없다. 하지만 중국 조기유학을 성공적으로 실현하기 위해서는 다양한 방면에서 철저한 사전준비가 필요하다. 중국에서 학교에 아이를 입학시켰다면, 이제 어려움이 시작된 거다. 철저한 준비만이 그 어려움을 최소

화할 수 있다. 정부와 유학원 관계자 그리고 학부모 모두의 각성과 협력이 간절히 필요하다. 우리 모두 힘을 합해 우리의 자녀인 양 그들에게 각별한 관심을 가지기를 간절히 바라는 마음이다.

05 전문가가 제안하는 중국 유학 준비

1. 철저한 사전 조사—부모가 직접 학교를 확인해 봐야 한다.
2. 유학생 본인이 가고 싶어 해야 한다.—떠밀려서 가면 무조건 실패다.
3. 가격이 비싸다고 무조건 좋은 것은 아니다.
4. 국제부가 있는지를 확인하라.—처음부터 중국 학교에 바로 입학하면 적응하기가 어렵다.
5. 직접 다닌 학생이나 부모의 말을 참고하라.
6. 학교가 모든 책임을 지는지 확인하라.—선생님이 외국 학생을 가르친 경험이 있어야 한다.
7. 대도시만 고집하지 마라.—지방의 도시들도 훌륭한 학교가 많다.
8. 기숙사라고 무조건 믿으면 안 된다.—중국의 기숙사는 항상 한국 학생들만 따로 수용한다.
9. 홈스테이일 경우라도 수시로 체크하고 돌봐야 한다.—중국에서는 보호자의 역할이 많이 필요하다.
10. 가능하면 부모와 같이 있거나 최소한 친척과 같이 있어야 한다.

우리나라 최초의 중국 조기유학생

우리나라 역사에서 볼 때 신라의 최치원은 '중국 조기유학'에서는 거의 선구자라 할 수 있다. 당시 최치원을 돌아봄으로써 우리의 지금 상황을 돌이켜보자. 당시 그는 서기 869년(경문왕 8년), 어린 나이로 당나라에 유학한 지 6년 만에 과거에 급제, 선주 율수현위가 되고 승무랑(承務郞), 시어사(侍御史), 내공봉(內供奉)에 올라 자금어대(紫金魚袋)를 하사받았다. 지금으로부터 1137년 전에, 불과 12세의 어린 나이로 신라 땅에서 이억만 리 떨어진 타국 땅 당나라로 유학을 떠난 우리나라 최초의 중국 '조기유학생'이었다.

그때 최치원의 부친은 어린 아들 최치원에게 이르기를 "네가 20세 이내에 급제하지 못한다면 너를 자식으로 생각하지 않으리라"고 했고 아들에게 당나라 주류 사회의 일원으로 입신할 것을 요구했다. 최치원은 유학 6년 만에 사생결단으로 학문에 전념한 결과 겨우 18세 나이에 당나라 과거에 급제, 동아시아 최고의 지성과 통찰력을 갖춘 당당한 지식인으로 성공했다. 그는 뛰어난 문체로 당나라 헌강왕을 매료시켰을 뿐만 아니라, 879년 '황소의 난'을 맞이하여 종사관 신분으로 쓴 『토황소격문(討黃巢檄文)』은 오늘날 읽어도 그 문체가 웅대하고 화려하다. 최치원이 고변의 종사관으로 있을 때 지었던 20권의 책이 바로 그 유명한 『계원필경』이다. 그러나 그는 신라 귀족들의 다툼으로 인한 난세(亂世)를 비관하여 각지를 유랑하다 가야산 해인사(海印寺)에서 여생을 마쳤다. 그는 당시 신라가 필요로 했던 통치 이데올로기인 유교에 정통한 학자였고, 당시로써는 진보적이었던 유교 정치의 핵심을 신라 국정에 합리적으로 반영하려 했다. 하지만 불행히도 그는 과업 완수에 실패했고, 가야산 초야에 묻혀 살다 어느 날 신발과 갓을 벗어놓고 홀연히 사라져, 미국의 대문호인 헤밍웨이처럼 스스로 목숨을 끊었는지도 모를 일이다.

중국은 당시 세계 속에서 뛰어난 문명국으로 변방 신라에게는 등대와 같은 존재였지만, 신라는 중국의 문명을 배우고 그것을 통해 국가를 개혁 하려는 지혜를 발휘하지 못했다. 중국과 신라 교류의 첨병에 섰던 최치원 은 변방 신라의 자기 소모적이고도 비주체적인 국가 운영에 환멸을 느끼 며 비극적인 지식인의 모습으로 남게 된 것이다.

현재 국내 교육에 대한 환멸과 혼란, 그리고 시대적 우울함이 국민들에 게 부정적인 시너지 효과로 엄습하고 있다. 모든 대한민국 국민은 사교육 비를 늘려 자녀를 좋은 대학에 입학시키는 것을 제일의 목표로 추구하고 있지만, 명문대학을 나온 젊은이들이 집단적으로 놀고먹고 있다면 그 환 멸감을 어찌할 것인가. 이제라도 우리는 중국에서의 자녀 교육이라는 주 제에 대해 면밀하고도 치밀하게 살펴보아야 한다.

이제 문제는 교육이다. 중국에 대한 전문적인 인재를 제대로 양성하는 것이 시급하고 우리 교육의 전반적인 틀을 다시 한 번 생각해보는 것이 중 요하다. 우리의 교육은 말하자면 '운명에 맡기는 식'의 교육이었다. 그러 나 미국이나 유럽 등 선진국의 사장들은 매우 정밀하게 직업의 미래 지도 를 그리고 있다. 그들은 인재를 구하고 직업 세계를 예측하는 데 있어서 정확한 시스템을 가동하고 있다. 가급적 우연이나 근거 없는 예측이, 직 업의 수요와 공급을 결정하는 요소가 되지 않도록 조정하고 연구하는 것 이다. 그들이 예측 가능한 삶을 살아가고 있다면 우리는 운명에 맡기는 식의 삶을 살고 있는 것이다. 투자자와 투기꾼은 분명하게 구별된다. 즉 투기꾼은 여러 가지 현상적인 요소들에 얽매여 단기투자로 이익을 보려는 사람을 지칭한다. 이에 반해 투자자란 기업에 대한 철저한 분석을 토대로 이익배당금을 기대하며 유망한 기업에 투자하는 사람을 지칭한다.

교육은 백년지대계(百年之大計)

이렇듯 미래를 예측하고 백 년의 대계를 세워야 하는 것이 교육이지만, 우리는 2~3년 앞도 내다보지 못하는 교육 시스템을 운영해 왔다. 우리의 교육이 놓치는 점이 바로 예측 가능한 미래에 대한 비전 교육이다. 부모의 전적인 후원을 업고 미국 유학을 다녀오기도 하지만 스스로 적응력을 가지고 변화하는 세대에 대비할 비전이 없는 까닭에 석·박사 유학 실업자가 즐비한 것이다. 과감하게 자신을 던져 스스로 일거리를 찾는 용기와 비전이 없는 것이다. '이 길만이 살 길'이라는 선견지명을 가지고 있든가 아니면 '뭘 해도 잘해낼 수 있다'는 용기라도 지니고 있어야 한다.

이제까지의 우리 교육은 이런 대비책을 갖지 못한 정신적 무능력자를 대량 생산해온 시스템이었다. 이제 한국 사회는 이른바 일류대학 졸업만으로는 신분의 상승도 어렵고 호구지책도 만만치 않은 분위기가 형성돼 있다. 그 극명한 자기 고백이 현재 대학가에 퍼지고 있는 고시 열풍으로 나타났다. 즉 일류대 공대나 자연계 학생들이 고시 준비를 하고 역시 인문대학에서 박사학위를 받은 학생들이 고시촌의 문을 두드리고 있다. 그래서 나온 개탄할 만한 현상이 IMF와 신자유주의의 물결과 더불어 찾아온 현지 영어 연수, 미국 대학으로의 유학 붐이었다. 그 막대한 비용 산출은 둘째치고라도 그렇게 많은 미국 대학 졸업생들을 도대체 어떻게 수용할 것인가에 대한 국가 차원의 교육적 예측이나 분석은 전무했다. 그와 마찬가지로 많은 부모들이 유학 중계상들의 달콤한 말만 듣고 자녀를 내보내는 중국 조기유학 열풍 역시, 대책 없는 중국 유학생활의 시작이라 할 수 있다.

이제는 그냥 남들이 가니까, 내지는 한국 교육 실정이 맘에 들지 않아서 중국말만 배워도 앞으로 급성장하는 중국 시장경제에서 한몫할 수 있겠지 하는 막연한 기대감으로 유학을 보내서는 안 된다. 철저한 준비와 대책을 다시 세워야 할 때가 되었다. 중국에 정통한 인재를 제대로 양성하는 것이 매우 시급하며 우리 교육의 전반적인 틀을 다시 한 번 생각해 보는 것이 중요하다.

Chapter 2

중국 유학 성공을 위한 열쇠

현재 유학생으로서 이미 중국에 와 있거나 중국에 가야 하는
많은 이들을 위해 중국 조기유학에 대한 대안이나
참고 자료를 정리하였다. 이미 중국 생활을 시작한 유학생들은
더욱 성공적인 유학 생활을 할 수 있기를 바라고,
수많은 유학 준비생들은 더욱 선명하게 중국 유학을 대비할 수 있도록
12개 장으로 나누어 살펴보았다.

01 가장 성공적인 중국 조기유학을 위하여 무엇을 할 것인가

••• 날로 급증하는 중국 유학에 관하여

중국이 기침을 하면 우리나라는 몸살감기에 걸리는 시대가 되었다. 재외 교포가 가장 많은 나라가 이제는 미국이 아니고 중국이다. 중국은 우리나라의 최대 수입국이며 또한 최대 수출국이 되었다.

2012년을 기준으로 중국에 유입되는 외국 유학생의 수가 장·단기 어학연수생을 포함해 매년 5만 명을 넘어서고 있다. 이중 한국 유학생이 절반 이상을 차지하고 있다. 이러한 현상 이면에는 지리적으로 가깝고 유럽에 비해 유학비 부담이 상대적으로 덜하다는 이유도 있겠지만, 그보다는 중국의 국제적 위상이 날로 높아지고 있고 한중 양국이 교육을 비롯해 경제적인 면에서도 다양하게 밀착되어 있기 때문일 것이다.

현재 매년 상하이를 비롯한 지방도시에서 외국 유학생을 받고 있고, 중국의 수도이자 교육과 문화의 중심지이며, 중국 교육의 심장부로서 77개의 명문대학이 집중된 베이징의 65개 대학교에서도 규모를 갖추고 유학생을 받고 있다. 이 중 10여 개 학교가 1,000명 이상의 외국 유학생을 수용하고 있다. 2001년 145개 국가에서 대략 2만 명 정도의 학생이 다녀갔고, 2012년에는 174개국으로 늘어났다. 2012년 통계에 의하면 총 12만 명 정도의 유학생이 다녀갔는데, 그중 장기 유학생이 6~7만 명 정도이고, 겨울방학과 여름방학을 이용하는 단기 어학연수생이 3~4만 명 정도다. 칭화대학교의 경우 단기 어학연수생 수만 하더라도 1년에 2,000명 정도가 된다. 그 외 교환학생, 교환교수들이 매년 각 나라에서 다녀가고 있다. 그러나 이것은 정확한 수치라기보다는 18세 이상의 외국 유학생을 기준으로 분류한 대략적인 수치에 불과하다. 이중 한국 유학생의 비중은 절대다수를 차지한다. 중·고등학교 조기유학생의 경우 60여 개 학교(이외에도 외국인 장기 거주자의 경우 공식적으로 모든 학교 입학이 가능)에 45만 명 정도의 유학생이 있는데, 이 중 2만 명 이상이 한국인이다.

••• 충분한 자료 조사와 검증 절차를 거친 후 중국 유학을 보내자

유학을 보내기로 마음을 결정한 부모들은 자식의 현재 상황이나 현실을 제대로 알아야 실패하지 않는다. 때때로 많은 부모들이 "적어도 중국에서 몇 년 살면 중국어 하나쯤은 잘하겠지……" 라는 막연한 기대를 가지고 유학을 보내는 경우가 있는데 이럴 때가 가장 안타깝다.

언어는 시간이 지난다고 저절로 습득되는 것이 아니고, 모국어에 대한 언어능력이 밑바탕이 되어 있어야 한다는 것이다. 자라나는 아이들에게 언어는 논리력과 사고력을 키워줄 뿐만 아니라 모든 발달능력의 기초가 된다. 그러므로 일정 단계까지는 오히려 외국어 습득이 모국어의 발달을 저해하는 방해 요소로 작용할 수 있다는 것이다. 모국어에 대한 튼튼한 기초 없이는 어느 언어도 높은 수준에 통달할 수 없다. 물론, 단순히 일상 생활을 하는 언어 정도야 누구나 습득할 수 있을 것이다.

••• 최소5년 내다보고 마스터플랜을 세워라

어쨌든 중국이 세계적으로 부상할수록, 중국 유학 물결은 한동안 거세게 일 것이다. 이제는 중국이 가진 잠재력에 주목해야 한다. 일제시대에는 일본 유학파가 미군정 이후에는 미국 유학파가 득세했듯, 지금 자녀 세대가 사회를 이끌어갈 20여 년 뒤에는 중국 유학파가 미국 유학파를 대체할 것이라는 전망이다. 따라서 유학 이후까지 내다보고 중국으로 떠나야 한다. 대학 진학은 물론 이후 향후 진로에 대한 자신의 대략적인 계획은 가지고 있어야 한다.

어느 분야의 '중국통'이 되겠다면 최소 10년간의 마스터플랜이 필요하다. 보다 전문적인 지식 습득과 현지 인적 네트워크 확보, 중국문화에 대한 충분한 이해가 있어야 '진정한 중국통'이 될 수 있기 때문이다. 중국은 지방마다 경제 규모나 자원의 차이가 매우 크다. 앞으로는 '중국 전문가'가 아니라 중국의 '지역 전문가'가 되어야 한다.

02 넓은 중국에서 어느 지역의 학교를 선택할 것인가

중국의 교육을 경험한 필자는 중국에 조기유학을 원천적으로 반대하는 입장이다. 중국의 교육 현장이 한국인들이 생각하는 그런 교육 현장이 아니기 때문이다. 그럼에도 불구하고 한국의 교육 현실에서는 다른 대안을 찾기 힘들어 보인다. 자녀를 잘 가르치려는 우리 민족의 열정과 저력은 그 누구도 막을 수 없을 만큼 대단하다. 그리고 공부를 잘하지 못한다고 해서 우등생 반열에 들지 않는다고 해서 유학을 생각도 하지 말라는 것은 설득력이 없다.

그래서 이 책을 기획한 본래의 목적은 중국 유학의 잘못된 점을 반성하고 새로이 한·중 양국 간에 건전한 유학의 장을 만들고자 하는 데 있다. 중국 조기유학을 단순히 반대하려는 것이 아니라, 유학의 목적을 긍정적으로 달성할 수 있는 합리적인 대안을 제시하고자 하는 것이다. 이왕 중국에 유학을 온 이상, 미성년자 연령층이 다수지만 어떻게 하면 이들에게 한국에서 보다 좋은 교육적 효과를 낼 수 있는지를 알려주고자 하는 것이다.

기하급수적으로 늘어나는 무분별한 중국 조기유학생들을 보면서 한국의 교육 현실을 탓하고 있을 때만은 아닌 것 같다. 중국 교육의 열악한 환경을 지금부터라도 직시해야 하며 그 효과적인 대안을 마련해 보도록 하자.

물론 부모님이나 혹은 친척들과 함께 그들의 보호를 받으면서 중국 학교에 재학하는 학생들도 많다. 하지만 자의든 타의든 나 홀로 유학하고 있는 조기유학생들을 볼 때 이들의 선택을 탓하고만 있을 수만은 없는 노릇이다. 그래서 과연 현지에서 우리 조기유학생들이 무얼 생각하고 있는가를 냉철히 파악하고, 현재 어려운 여건 속에서 학업에 어떻게 정진해야하며 마무리를 어떻게 해야 할 것인지를 제시하고자 한다.

이제 중국 조기유학 전에 반드시 고려해야 할 사항들을 정리해 보자.

••• 조기유학을 결심하기까지

1) 학생들이 중국 유학을 스스로 자원할 때 보내자

유학은 단순히 공부만 하는 것이 아니고 전혀 다른 환경에서 적응하는 일이다. 이러한 외국 환경에서의 적응은 열린 마음이 아니고는 적응이 매우 힘들다. 열린 마음을 갖는 기본 조건은 자원하는 마음으로 그곳에 갔을 때다. 그래서 자녀가 먼저 스스로 유학을 원하도록 유학 성공 수기 등을 읽게 하거나, 유학 정보를 다양하게 제공하여 자연스럽게 외국 환경을 접하도록 먼저 이끌어야 한다.

2) 전혀 판단력이 없는 빠른 시기의 조기유학은 중국 교육실정에 전혀 맞지 않는다

중국과 같은 열악한 환경에서는 현지 로컬학교의 입학은 무모하다. 특히 부모가 같이 가지 않는 나 홀로 조기유학은 자살 행위와도 같다.

3) 유학원보다는 미리 경험한 부모의 말에 더욱 신뢰성을 두어라

유학원은 이윤 추구라는 경제적 목적이 있기 때문에 기본적인 정보를 얻는 것 이상을 기대하는 것은 무리다. 다음은 조기유학 온 학생들을 돌보고 있는 사람의 견해이다.

"담배 피우고 밤늦게 다니지 말라고 싫은 소리 한 번 하면 금방 방을 옮겨 버립니다. 반찬이 좋지 않다는 등 환경이 좋지 않다는 등 여러 핑계를 대지요. 애들 없으면 영업이 됩니까? 하는 수 없이 보고도 못 본 척한답니다."

4) 세부적인 계획을 세우자

학교를 선택하는 일이 중요한데, 유학원 말만 믿고 선택하는 것은 위험요소가 너무도 많다. 하지만 중국 유학 정보를 취급하는 곳은 영리를 목적으로 하는 유학원뿐이고, 다른 곳에서 정보를 얻기가 매우 어렵다. 그럼에도 불구하고 중국에는 현재 많은 학생이 유학하고 있기에 여러 경험자나 인터넷을 통하여 정보를 탐색할 수 있다.

결국, 충분한 자료와 정보를 수집하는 것이 성공의 지름길이다.

03 자녀에게 맞는 중국의 교육 환경을 찾아야 한다

●●● 우선 고려해야 하는 점 네 가지

1) 지역보다는 우리 아이를 누가 잘 돌볼 것인가가 훨씬 더 중요하다

중국은 워낙 큰 도시도 많고 유학할 수 있는 좋은 지역이 많이 있다. 그러기에 장소보다는 사람이 더 중요하다. 특히 언어 습득이 우선이면 돌볼 사람이 잘 확보된 곳에 더 우선순위를 두어야 한다.

2) 어느 지역 대학에 진학할 것인지를 미리 염두에 두라

관심 분야를 조사하자. 중국은 많은 대학이 있다. 우리나라와는 다르게 지역마다 좋은 대학이 많이 있다. 지방이라도 좋은 선생님과 좋은 과가 많다는 얘기다. 졸업 후의 진로를 미리 결정하고 준비하자.

3) 어린 학생을 너무 자주 옮기지 마라

맹모삼천지교라고 했던가? 물론 환경이 나쁘다면 바꿀 수는 있겠지만, 대부분의 경우 한 가지 면만 생각하고 솔깃한 말에 마음이 쏠려서 덜컥 어린 학생을 옮기는 경우를 흔히 본다. 어린 시절 친구를 사귀고 추억을 만드는 일은 공부만큼이나 중요한 일이다. 잦은 전학은 어린 학생들에게 심한 스트레스를 줄 뿐이다. 모든 학교마다 나름대로 장점이 있고 경험하고 넘어야 할 고비가 있게 마련이다. 무조건 피하기보다는 그것을 극복하고 적응하도록 유도하는 것이 훨씬 더 바람직하다.

4) 한국국제학교, 인터내셔널 스쿨, 로컬반, 국제반 등 정답은 없다

학비 지불 능력, 부모님 상주 여부, 학생의 적응력 등이 가장 중요한 변수다. 자신의 자녀에게 적합한 곳을 고르게 하는 지혜가 필요하다.

••• 꼭 생각해야 하는 점 다섯 가지

1) 공부를 못하는 학생은 절대로 로컬반에 넣으면 안 된다

중국 현지 학생들과 같이 공부하는 로컬반에 입학해서 자연스럽게 그들과 같이 공부하며 따라갈 수만 있다면, 조기유학 하는 한국 학생들에게는 당연히 이보다 더 좋은 방법이 없을 것이다. 중국 학교들은 보통 앞에서 말한 것처럼 유학생의 개별적인 특성이나 배려가 전혀 없다. 수업의 강도는 외국인들이 견딜 수 없을 만큼 혹독하기 때문에 이러한 수업 환경을 견딜 수 있다면 당연히 그 실력 역시 보장받을 수 있을 것이다.

그러나 총명하고 성실한 학생들도 거의 기권할 정도로 힘든 로컬반에서 공부를 못하는 한국 학생이 견디기란 어불성설이다. 부모들은 이 점을 명심하여 억지로 자신의 자녀를 로컬반에 밀어 넣지 않도록 해야 한다. 어떤 부모들은 기를 쓰고 한국 학생들이 없는 먼 곳까지 가서 중국 학교 로컬반에 집어넣은 것을 큰 자랑으로 여기는데 이는 참으로 위험천만한 생각이다. 십중팔구 이러한 유학은 실패로 이어진다.

2) 차라리 개인이 운영하는 국제부(한국부)가 나을 수도 있다

중국의 학교는 외국인(주로 한국인)들의 요구에 의해서 다양한 국제부(한국부)가 운영되는데, 이러한 방법 역시 고등학교 과정을 제대로 마치지 못하고 중국에 유학 온 학생들에게는 어느 정도 적합할 수 있다. 또한, 부모의 동행 없이 기숙사나 홈스테이를 하는 경우 어느 정도의 관리가 이루어질 수 있기 때문이다.

이 경우 중국 학교는 거의 간섭을 하지 않고 한국부에서 자체적으로 커리큘럼을 만들고 학교 교실을 같이 사용하고 있다. 중국 교사들로 이루어져 있고 한국인 교사나 조선족 교사도 일부 선발하여 HSK, 중국어(한어), 수학, 영어 등을 보충하면서 학생들을 지도하고 있다.

3) 학부형이 직접 학교를 방문하여 최종 입학 결정을 해야 한다

대학도 아닌 중·고등학교를 국가가 아닌 개인 그것도 외국인에게 전권을 맡긴다는 것은 우리나라에서는 상상할 수도 없는 일이다. 교육이란 국가의 근간을 이루는 중요 산업이고 나라를 발전시키는 백년지대계이기 때문이다. 우리나라는 아직까지 일반 대학에서 외국인이 총장이 된 예가 없고 중·고등학교 역시 외국인에게 모든 권한을 주어 운영하게 하는 경우가 거의 없다.

그러나 중국에서는 학교 설립이나 교사 선발 커리큘럼의 제작 운용에 이르는 모든 것을 외국인에게 일임하여 운영하게 하는 형태가 버젓이 존재하고 있다. 앞에서도 말한 바와 같이 외국인의 교육에 대해서는 별로 관심이 없을 뿐만 아니라, 외국인을 단순히 금전적 수입의 대상으로 보는 중국 특유의 상황에서 발생된 제도라고 볼 수 있다.

중국은 그만큼 복잡하면서도 융통성 있는 교육체계를 갖고 있다. 이러한 학교는 국제부의 허가권을 가지고 있는 현지의 학교가 타인에게 국제부의 운영 전부를 위탁하여 교육을 맡기는 것을 말하는데, 학교는 단순히 일정 비용을 받고 장소를 제공하며 학교 명의의 졸업증을 발급해 준다. 이렇게 위탁받은 개인이나 기관이 한국부(국제부)를 직접 운영하는 것이다.

이렇게 교육 과정, 교사 선발, 학생 선발 및 관리 모두를 한국부가 직접 하고 있다. 학비 역시 스스로 책정해서 받고, 학교 기숙사를 사용하지 않을 경우는 홈스테이를 운영하기도 한다. 그러나 이곳에서도 중국 정식 교사를 임용하기에 교육의 질적인 문제는 어느 정도 수준이 있다 하겠다. 한국부가 전권을 가지고 있고, 학생들을 위한 열정과 철학을 가지고 유학생들에게 적합한 교육 과정을 실천하고 있기 때문에 오히려 더 좋은 결과를 얻을 수 있다고 유학원들은 홍보하기도 한다. 그러나 여러 문제점들이 노출되기도 하므로 반드시 학부형이 직접 학교를 방문하여 교사의 자격과 수준, 같이 공부하는 학생들의 상태, 학생 관리 체계 등을 꼼꼼히 살펴보고 최종적인 입학 결정을 하는 것이 바람직하다.

종교적 신념으로 운영하는 경우도 있는데 학습 능력이 많이 떨어지는 학생으로 부모가 동행하지 못하는 경우에는 이런 형태도 고려해 볼 만하다.

4) 국제부를 승인받지 않은 현지 학교의 한국부도 있다

학교가 정식으로 인가받은 경우, 국제부를 승인받았는가 받지 않았는가는 일견 큰 문제인 것처럼 보이나 실상은 별문제가 아니다. 중국에 합법적인 직업을 가지고 머무르고 있는 주재원이나 전문 직업인 가족의 자녀들일 경우는, 일반적으로 유학비자(X비자)가 아닌 직업비자(Z비자)를 소유하고 있다. 그들은 살고 있는 지역 근처의 현지 로컬학교의 한국부나 그냥 로컬반을 다녀도 별문제가 없다.

그러나 이런 학교는 단순히 졸업장만 받을 목적이거나 아니면 충분히 적응할 수 있는 준비가 완비된 경우 적합하다. 상대적으로 학비는 저렴할 수 있지만, 국제부가 없는 이유로 여러 가지 정보가 미약하거나 각종 서류 발급 등 대학입시 준비에 약간의 애로가 있을 수 있다. 하지만 중국을 잘 아는 경우라면 별문제 없이 해결이 가능하다.

중국은 일반적으로 법을 먼저 정하고 그 법에 따라 운영하기보다는 일단은 운영하다가 차차 법을 만든다. 이렇듯 외국 학생들이 많이 들어오자 자연스럽게 국제부를 먼저 신설한 것이다.

5) 학교가 아닌 학원 종합반을 다니는 경우도 생각할 수 있다

이런 형태야말로 정말 한국에서는 상상할 수 없는 경우인데, 전문 중국어 학원이면서도 일정 비용만 내면 유학생 비자를 발급해 주고 재학증명서나 심지어는 졸업증명서도 발급해 준다. 상기 여러 종류의 학교들 중에서도 가장 저렴한 형태고 중국어만 집중적으로 가르치기 때문에 언어코스를 마스터 하는 데는 가장 효과적인 방법이라 할 수도 있다. 선생님들도 전문 학원 선생님들이기 때문에 언어를 집중적으로 가르치는 데는 상당히 효과적이다.

고등학교를 이미 졸업하였거나 약간의 졸업 일수가 모자랄 경우 이곳 학원에서 종합반을 다니면서 집중적으로 언어를 습득하고 HSK 시험에 대비하여 대학이나 대학원 입학을 하는 경우도 있다. 또는 한국에서 중국으로 전학을 할 때 6개월의 학기 차이가 나서 학교에 다니지 않고도 어학에 집중할 수 있는 시간이 있을 때 쓸 수 있는 방법이다.

하지만 이런 경우는 단순히 대학 입학만을 위한 과정을 개설하기 때문에 실제 대학에 입학해서는 학교 수업을 따라가지 못하는 경우가 허다하다.

특히 고등학교 관련 서류(졸업 증명 또는 성적 증명)가 위조된 것이 밝혀져서 불이익을 받는 경우가 늘어나고 있기 때문에 매우 위험한 방법이다.

다만, 대학 입학이 아닌 언어 과정만을 생각한다면 가능하지만, 그렇지 않다면 추천하기는 힘든 과정이다.

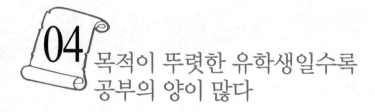

04 목적이 뚜렷한 유학생일수록
공부의 양이 많다

••• 중국에서 외국인의 학교생활

중국에서는 목적이 뚜렷한 학생일수록 할 일도 많고 처리할 숙제 또한 엄청나게 많다. 중국 학생들과 똑같이 공부하면서 또한 한국 학생이 알아야 할 여러 지식들을 함께 공부해야 하기 때문이다. 그래서 목적이 뚜렷하면 할수록 공부의 양도 많아지고, 유학 생활이 더욱 힘들 수밖에 없다. 반면에 목적이 뚜렷하지 않은 학생일수록 그 학생은 아주 쉽게 유학 생활을 보낼 수 있다. 공부를 아무리 못해도 학교에서는 스트레스를 주는 일이 없고, 외국인을 따로 관리하고 시험을 보기 때문에 학급 성적이나 교사의 고과 점수에 영향을 끼치지도 않는다. 그리고 조퇴나 지각을 한다 해서 한국처럼 선생님들이 나무라지도 않고, 아무리 시험 성적이 나빠도 별로 관심을 두지 않는다. 그리고 중국 학생들이 모두 치러야 졸업이 인정되는 국가 고입 통일 고시에 합격하지 않아도 외국인인 한국인은 학비만 낸다면 중학교나 고등학교 졸업이 인정되기 때문이다. 성적표 역시 학교에 잘 애기하면 아주 후한 성적증명서를 받을 수도 있다.

따라서 끊임없는 과외공부와 스스로의 실력을 향상시킬 수 있는 노력을 각자 하지 않는다면 중국 현지 학교에서의 유학 생활은 그야말로 시간만 허송하는 최악의 경우가 될 수밖에 없다. 부모들은 이 점을 명심하고 자녀들의 학업을 스스로 챙기고 점검해야 한다.

••• 방과 후 과외공부(후다오)에 대한 대비를 충분히 하라

1) 학년 수업의 연속성을 유지하라

전학을 자주하다 보면 학생으로서의 연속성이 상실된다. 중국어에 너무 치중한 나머지 학년 수업의 연속성이 없어지고 심한 불균형을 야기시킬 수도 있다. 더 많은 시간을 할애하여 학년 수업의 연속성을 유지해야 한다.

2) 외국인은 학교 공부만으로는 도저히 중국 수업을 따라갈 수 없다

매일 예습·복습을 위한 과외공부는 필수적이다. 중국에서는 그래도 비교적 저렴한 비용으로 개인 교습을 받을 수 있다. 일반 과목, 즉 수학, 과학, 영어 등은 굳이 한족에게 어렵게 배울 필요가 없다. 한국인에게 배우는 것이 차라리 나을 때가 있다.

3) 중국 적응과 문화 충격의 최소화를 위해 충분한 시간을 배려
   하라

단시간 내에 중국 문화를 습득하고 적응하는 것은 힘든 일이다. 천천히 시간을 갖고 변화하는 지혜가 필요하다. 학생들도 시간이 필요함을 인식하고 차근차근 적응해야 한다.

••• 꾸준히 관리하고 철저히 체크하라

1) 관리가 중요하다

계획보다는 관리가 더 중요하다. 중국은 변수가 많은 곳이다. 세운 계획에 따라 실행될 수 있도록 계속 관리하고 수정하는 지혜가 필요하다.

2) 열린 대화가 가능한 곳

충분히 대화할 수 있는 분위기를 만들어 주고 자주 고충을 들어 주어야 한다. 예민하고 민감한 청소년기임을 인식하고 열린 마음으로 그들을 보듬어야 한다.

3) 경험자의 말을 직접 들어라

현지에서 경험자의 말을 직접 듣는 것이 중요하다. 할 수만 있다면 부모가 함께 공부하면 더 좋다. 스스로 경험한 자의 말을 참고하는 것이 가장 좋다.

••• 대학 진학 준비반에 대하여

1) 문제는 현명한 선생님의 지도다

진로 지도에 경험이 많은 선생님의 지도가 중요하다. 아이들을 진심으로 사랑하고 아끼는 현명한 선생님을 선택하도록 노력하자.

2) 실력과 경험이 충분한 선생님은 많지 않다

아쉽게도 중국에서는 이러한 좋은 선생님을 만나기가 쉽지 않다. 그러나 좋은 선배는 찾으면 많이 있다. 좋은 경험을 가진 중국 유학 선배를 찾아보자.

3) 부모님이 최후의 책임자다

누구도 우리 자녀를 책임지지 않는다. 책임을 진다 해도 사실 책임에는 한계가 있다. 문제 아이들의 배후에는 문제 부모가 있다고 했다. 아니 문제 부모는 있어도 문제 아이는 있을 수 없다. 잘 관찰하고 보호해야 한다.

••• 수업 이외의 것들에 대하여

1) 친구 관계

중국 친구를 사귀기가 그리 쉽지만은 않다. 그러나 먼저 마음을 열고 그들을 대한다면 그 마음은 꼭 열릴 것이다. 그들의 입장에서 그들을 이해하고 그들에게 접근하는 지혜가 필요하다.

2) 인성 교육

중국은 대체적으로 예절이 우리나라와 아주 다르다. 한국인이 가진 장점 중의 하나가 예절인데, 중국인들과 같이 생활하다 보면 그러한 한국식 예절을 잊을 수 있다. 중국 학생들은 교수 앞에서도 같이 담배를 피운다. 물론 언어 자체가 존칭이 별로 없기 때문이기도 하다.

3) 한국인이란 정체성

한국인으로서의 정체성이 상실되면 더 이상 중국 유학의 의미가 없어진다.

4) 교회생활에 관하여

모든 정보의 원천이면서 믿을 만한 사람을 추천받기도 좋은 장소다.

••• 중국 학교와 유학원의 말을 전적으로 신뢰하면 안 된다

1) 돈 때문에 생긴 학교다

중국 학교는 외국인 교육에는 애초부터 관심이 없었다. 단지 경제적 이유 때문에 유학생을 받아들이고 있는 것이다.

2) 남의 자녀를 자기 자식처럼 가르치지 않는다

아무리 자기 자식처럼 돌본다 하더라도 부모와 같이 있는 것보다 좋을 수는 없다. 수시로 전화하고 적어도 한 학기에 2~3회 이상은 자식을 둘러보고 가기를 바란다.

3) 유학원 역시 한계가 있음을 직시하자

교육은 유학원이 책임지지 못한다. 학교, 가정, 유학원, 친척 모두가 책임을 가지고 그 역할을 담당해야 한다.

05 대학은 자국에서 졸업하고 중국에서는 대학원을 겨냥하라

유럽이나 미국 일본 등지에서 온 유학생들은 대부분 자국에서 대학을 마친 사람들이다. 스스로의 전공이나 정체성이 확실한 사람들이 즉, 본국에서의 기반을 가진 자들이 중국에 정착하고 있다. 중국인들과 친분을 쌓기도 훨씬 수월하고 경쟁력이 있기 때문이다. 물론 중국에서 중점적으로 가르치는 덕육이나 공산주의 사상 교육 등도 걱정할 필요 없고, 중국의 것을 소화하기가 쉽다.

물론 입학도 자국에서 충분히 공부했다면 어렵지 않다. 보통의 경우 新 HSK 5급 정도면 무난히 합격한다. 웬만한 대학은 면접만으로도 입학이 가능하다. 쓸데없는 허접스러운 공부에 신경 쓸 필요도 없다. 중국인 친구를 사귀는 것도 훨씬 더 유리하다. 이미 자국에 기반이 있기 때문에 서로의 부족한 점을 보충할 수 있고 서로가 상대방을 필요로 하기 때문이다.

물론 베이징대학교, 칭화대학교, 푸단대학교, 퉁지대학교 등은 한국인 대학원생의 폭주로 경쟁률이 높아서 한국인들은 따로 전공시험을 봐서 입학생을 선발한다. 하지만 한국에서 정상적인 대학생활을 하고 1년 정도의 어학코스와 전공시험을 준비한다면 합격은 무난하다. 문제는 어학보다도 전공 능력의 우열과 한국 대학교의 추천서, 포트폴리오 등이 입학의 당락을 결정한다고 볼 수 있다. 한어(중국어)가 부족하면 영어로 그 부족함을 채울 수도 있다. 중국 현지에서 이미 입학한 선배들이 해당 학교의 족보를 가지고 있기에 그것을 공부하면 되고, 본인들이 한국에서 다니던 지도교수의 추천을 받아 가고 싶은 대학의 지도교수를 찾아가 소개를 받으면 한결 더 쉽게 입학할 수 있다. 이때 본인을 충분히 소개할 수 있는 포트폴리오와 소개서(상세 추천서) 등이 큰 도움이 된다.

중국에서 대학과 대학원은 전혀 다르다

대학원 생활 역시 한국의 대학원 생활과는 다르게 한국의 대학생활처럼 미리 짜여진 시간표로 움직이며 풀타임 학생일지라도 스스로 지도교수와의 긴밀한 연계를 위한 노력을 하지 않으면 충분한 중국 유학 생활을 누리기가 어렵다. 지도교수가 알아서 학생을 배려하고 키우는 형태가 아니기 때문이다. 대학원 역시 열심히 하고, 중국 학생과 비교하여 우수하거나 다른 경쟁력이 있는 연구생만을 키우기 때문이다. 필자가 칭화대학교 연구교수로 있을 때, 중국 교수들이 한국 학생들에 대한 평가가 그리 좋지 않다는 걸 발견했다. 그 이유는 학생 스스로 중국 교수에게 충분히 접근하여 본인의 실력과 노력을 보여주지 않는다는 점 때문이었다.

따라서 대학원을 진학하면 한국에서 배운 지식과 한국의 상황을 충분히 현지 수업에 반영하고 본인의 능력을 충분히 스스로 나타내야 한다는 것이다. 잘하는 학생들에 대한 배려는 상대적으로 높고 충분한 대접을 해 주는 곳이 또한 중국이다.

따라서 한국이나 그 외의 영어권에서 대학을 마치고 중국에서 대학원 과정을 다니는 경우나, 중국에서 중·고등학교를 마친 경우라면 대학은 한국이나 영어권의 대학에 진학하는 것이 중국에서 계속 대학을 다니는 것보다 역시 경쟁력이 더 있다고 할 수 있다.

이는 중국 유명 대학의 학생들 수준이 높고 교수의 질적 수준 또한 높은 것은 사실이나 대학의 교육 환경이나 그 수준이 외국 학생들에게는 아주 열악한 실정이기 때문이다. 물론 이 열악한 환경에서도 본인의 엄청난 노력과 적응력으로 현지 대학생들과 어울려 무난히 졸업할 수도 있겠지만, 이러한 경우는 노력에 비해 그 대가가 너무 작다고 할 수 있다. 그만한 노력이면 중국 이외의 다른 외국의 더 좋은 환경에서 더욱 만족스러운 결과를 기대할 수 있기 때문이다. 그리고 대부분 일반적인 학생들이 중국 대학에서 중국어를 마스터하고자 하는 경우 말고, 다른 결실을 기대하는 것은 중국에서 교육을 담당하는 필자의 생각으로는 매우 희박한 것 같다.

06 초·중·고등학교 교육은
인터내셔널스쿨이 최상이다

••• 경제적으로 부담이 없다면 초등학교나 중·고등학
교의 경우에는 현지의 공개된 인터내셔널스쿨을
들어가는 것이 가장 좋은 선택이라 할 수 있다

　인터내셔널스쿨은 주로 외국인이 직접 관리하거나 최소한 중국과 외
국이 공동으로 관리하기 때문에 학생들이 최상의 교육을 받을 수 있다.
이런 학교들은 모두 고국을 떠난 유학생들을 전문적으로 교육하기에 이
미 익숙한 환경으로 준비되어 있고, 이들 교육에 대한 충분한 노하우를
축적한 곳이기 때문에 가장 추천할 만하다. 다만 학비가 비싼 것을 염두
에 두어야 한다. 최소 학기당 학비가 4~5만 불 정도다. 중국이라 해도 미
국이나 다른 비싼 곳과 맞먹는 유학비로 생각하면 된다. 숙소나 각종 부
대비용도 만만치 않다. 스쿨버스 비용이 한국국제학교의 등록금 수준이

다. 하지만 경제적인 여유가 있다면 권장할 만하다. 대사관이나 영사관의 자제들이나 대그룹의 상사주재원들 등 중국에 여러 경로로 온 세계 각국의 최고 학생들과 동시에 배울 수 있기 때문에 미국이나 유럽 캐나다 등지의 현지 학교를 보내는 것보다도 더 좋은 효과를 낼 수 있다. 중국에 유학 온 효과와 장점을 충분히 살릴 수도 있을 뿐만 아니라 중국어와 영어를 동시에 터득할 수 있다. 전반적인 학교 교육이 학생들의 실정에 적합하여 다양한 국가와 민족에 따른 학생들에 대한 배려가 충분히 고려되어 있어 외국(영어권)의 로컬학교와는 근본적으로 다르다.

그러나 유치원이나 초등학교 1~2학년 초기에 입학하지 않으면 영어로 모든 수업을 진행하기 때문에 보통 입학이 불허된다. 따라서 초등학교 고학년이거나 중학생이라면 어려운 영어시험을 통과해야만 한다. 원어민 수준의 어학을 요구하기 때문에 영어 실력이 되지 않는다면 고학년 입학이 거의 불가능하다고 볼 수 있다.

영어와 중국어를 동시에 배울 수 있다

커리큘럼은 중국 현지에 있기 때문에 물론 중국어를 충분히 공부할 수 있고 무엇보다도 영어로 세계의 교육을 체계적으로 받을 수 있다. 공개된 인터내셔널스쿨의 경우는 이중 국적의 일반 중국인들도 입학하는 경우가 있기 때문에 가문 좋고 능력 있는 중국인 친구까지도 사귈 수 있다. 그래서 어학 공부와 전공 공부 그리고 현지인과의 관계를 맺는 일까지 이 모두가 최상이라고 볼 수 있다.

다만 비싼 학비 때문에 상사 주재원이나 대사관 등 국가 관련 파견 직원들의 자녀들이 보통 다니는데, 비슷한 수준의 세계 각국 학생들과 친구가 될 수 있고, 일찍부터 자국의 정체성을 가지고 세계화를 대비할 수 있다는 큰 장점이 있다. 문제는 비싼 등록금과 입학에 필요한 영어 실력이다. 그래서 경제적으로 여유가 있고 저학년이라면 충분히 고려해 볼 만하다.

중국에 가면 중국 학교에 다녀야 한다는 생각은 중국의 교육 현실을 모르는 사람들의 막연한 생각임을 또다시 말하고 싶지 않다. 외국인이 중국인처럼 살아서는 중국인들에게 결코 호감을 얻지 못한다. 중국을 충분히 이해하고 중국인들과 친해져야 하지만, 이것이 중국인들과 동화되고 그들과 비슷한 수준의 삶을 살라는 의미는 아니기 때문이다. 그들을 이해하고 그들을 흉내 낼 수는 있겠지만, 그들과는 또 다른 어떤 경쟁력을 보여주지 않으면 진정한 그들의 친구가 될 수 없을뿐더러 그들과의 경쟁에서 결코 그들을 따라잡을 수 없다는 것을 명심해야 한다.

다만 인터내셔널 스쿨을 졸업하고 베이징대학교나 칭화대학교와 같은 중국의 명문 대학에 입학하기는 어렵다. 대부분의 학교가 영국이나 미국의 대학으로 진학하도록 지도하기 때문에 졸업생의 대부분이 영국·미국 대학으로 진학한다.

07 중국에서 한국인들이 설립한 최초의 학교, 한국국제학교

••• 취업이나 사업으로 인해 가족이 중국에서 살아야 한다면, 경제적 부담도 적고 안전한 한국국제학교를 권한다

한국국제학교는 베이징, 상하이, 칭다오, 옌타이, 심지어 연변에까지 이미 한국 교육부의 인가를 받아 정상적으로 설립되어 있으며 재중 한국인이 있는 곳에는 계속 설립될 것으로 보인다. 중국에 와서 일하는 한국인들이 만든 학교이기 때문에 가장 적절한 경우다. 경제적 부담으로는 중국 로컬학교나 로컬학교의 국제부보다 등록금이 비싸지 않고 공부하는 내용 역시 한국에서와 같이 복잡하게 많은 과목을 가르치지 않는다.

중국에 있는 현지 한국국제학교이기 때문에 중국어와 영어 교육에 가장 많은 시간을 배정하고 있다. 물론 원어민들에게 오전과 오후 매일 회

화와 문법을 배운다. 그리고 나머지 시간에 국어와 수학 그리고 한국에서 받는 여러 불필요한 과목과 내용들을 제거한 필수적인 교육을 받는다. 한국국제학교가 좋은 이유는 중국어와 영어 교육을 우선한 상태에서 필수적인 것들도 완벽하게 가르치고 있다는 것이다.

외국인들도 타국에 가면 자녀들의 교육을 위해 가장 먼저 만드는 것이 학교이다. 필자 역시 연변과학기술대학 교수로 10여 년 전부터 근무를 했기 때문에 가장 뼈저리게 경험한 사항이었다. 중국 현지에 왔기에 중국의 현지 학교를 보낼 수밖에 없는 현실이어서 교직원들의 자녀들은 현지 학교에 다닐 수밖에 없었고 처음에는 그것이 가장 무난한 방법으로 여겨졌다. 그러나 시간이 지날수록 중국 학교 교육의 불합리한 점들이 노출되었고, 우리 어린 자녀들의 고충을 느낄 수 있었다.

공산주의 교육과 교내에서의 소외감, 한국인으로서 정체성 상실 등 이루 말할 수 없는 폐해가 많았기에 급기야는 교수들이 주축이 되어 중국 땅에 최초의 한국 학교를 만들어 한국 교육부의 인가를 얻기에 이르렀다. 비로소 서양의 선교사들이 타국에 가자마자 자녀들을 위해 학교를 세우는 일을 어떤 일보다도 먼저 추진하는 이유를 필자 역시 중국 땅에서 몸소 체험할 수 있었다. 외국에 있는 한국 학교는 현지 한국인들의 전적인 노력으로 세워진 것이다. 이미 현지 한인들의 피나는 노력으로 모금되고 세워진 부분을 한국의 교육부가 감독하고 승인하는 일을 할 뿐이지 자국의 국민들이 원한다고 해서 먼저 선생을 파견하거나 학교를 세워주지는 않는다. 따라서 현지 한인들의 땀과 정성이 얼마나 배어 있는가에 따라 가장 좋은 교육 조건을 조성하는 것이다.

그래서 우리 한국인들에게는 그야말로 가장 좋은 조건의 학교가 외국 현지에 있는 한국국제학교다. 중국에까지 와서 한국 학교에 다닐 필요가 있겠느냐고 반문하는 경우가 많은데, 필자와 우리 가족 역시 처음에는 그런 생각을 가졌었다. 아마 대부분의 독자들 역시 그런 생각을 가질 거로 생각한다. 한국의 교육이 싫어서 중국에 왔는데 이곳까지 와서 또 한국식 교육을 채택해 배워야 하는가 말이다. 그러나 조금만 경험하고 중국의 교육 실태를 알고 보면, 그러한 생각은 전혀 현지의 실정을 파악하지 못한 애기라는 것을 금방 알 수 있다.

중국 한국 학교는 한국에 있는 한국 학교와 전혀 다르다

일단 출발부터가 현지에 있는 한국인들이 직접 설립했기에 다르다. 즉 외국의 한인들을 위하여 한국 국가에서 세운 학교로 생각하는데 그렇지가 않다. 다시 강조하지만, 현지 한국인들이 손수 모금하고 건물을 지어서 한국과 중국에 인가를 받은 형태다. 그래서 현지의 학부모가 현지 공관 등에서 학교 운영위원회를 만들고 그곳에서 모두 결정한다. 현지에서 모금되지 않고 운영할 능력이 없으면 학교가 성립될 수 없다.

한국의 교육부는 이미 모금되고 만들어진 학교를 승인하고 후에 모아진 비용만큼만 매칭 펀드로 지원할 뿐이다. 그리고 한국인 교장과 정교사들을 일부 파견하는 정도의 지원이 있다. 중국 최초 한국국제학교는 필자가 연변과학기술대학에서 교수로 근무할 때 만든 연변 한국국제학교인데, 그 당시에도 우리 교수들과 자격 있는 학부모들이 직접 초등학교 교사가 되어 학생들을 가르쳤고 스스로 모금하고 기업의 후원을 받아 직접 건물을 지었다. 이곳은 결코 한국 본토에서처럼 운영되는 곳이 아니다.

모든 나라들이 어디를 가나 자국의 아이들을 가르치는 것을 최우선으로 생각하는 것은 전혀 새로운 일이 아니다.

처음 연변에 온 학부모들도 처음에는 현지 학교를 보내는 분위기였다.

그러나 차츰 시간이 가고 중국 교육의 좋지 않은 점들이 드러나자 우리 아이들은 우리가 가르쳐야 한다는 생각을 뼈저리게 했던 것이다.

처음에는 현지 중국인 학교에 부득이하게 보냈으나 중국의 교육 환경이 일방적인 주입식 교육과 공산주의 사상 교육이 우선이었기 때문에 우리 아이들이 적응하지 못하였다. 연변에는 조선족 학교가 있어 그곳 학교를 보내는 경우도 있었으나 그 조선족 학교 역시 중국식 교육을 하고 중국말도 한국말도 아닌 조선족의 연변말만 배우기에 아이들을 보내기가 참으로 난감했었다.

중국 여러 지역에 많은 비용과 인력을 들여 한국국제학교를 세우는 것이 우리 교육부의 지원이나 정책의 일환으로 생기는 것이 결코 아니다. 사실 한국 교육부의 공무원들에게는 외국의 한국 학교가 귀찮고 번거로운 일일 수도 있을 것이다. 관리나 감독의 손길이 미치기 어렵기 때문이다.

그러나 한국국제학교의 선생님들은 사명감이나 자유로운 교육을 지향하며 한국에서 건너오는 경우가 많다. 한국보다 특별히 많은 급여를 받지는 못하지만, 외국에 있는 한국인 자녀들을 잘 교육하겠다는 열린 의식으로 중국에 오는 것이다. 또한, 중국에 여러 종류의 많은 선교사들이 있는데 이 선교사들의 자녀들 교육을 위해 자원해서 온 교사들도 많다. 이들은 교육 선교사로 중국에 와서 우리 아이들을 가르치는 사명감을 가지고 있는 고마운 분들이다.

한국국제학교의 입학 자격

한 가지 일러둘 것은 한국국제학교의 입학 자격이 조금은 까다롭다는 것이다. 이는 무분별한 중국 조기유학 붐 때문에 부모와 같이 살지도 않고 학업 능력도 떨어지는 일부 학생들이 대거 중국으로 몰려오기 때문이다. 입학이 허가되는 일반적인 경우는, 부모 중 한 분 이상이 정상적으로 중국에 거주하면서 비자(취업비자; working permit)를 가지고 있는 경우다. 그리고 베이징 한국국제학교에 전학 올 경우 고등학생들은 일정한 시험을 치러 수학능력을 통과하고 담임선생님의 면접을 거쳐야만 입학을 허가한다. 이는 전혀 수학능력이 없는 학생들이 들어와 기존 학생들의 면학 분위기를 해칠 우려가 있기 때문에 학교 운영위원회에서 고육지책으로 내놓은 방법이다.

그래서 이러한 조건만 만족한다면 학비도 싸면서 한국이나 중국 또는 다른 외국 대학에 진학하기도 좋은 곳이 중국 현지에서 인가받은 한국국제학교라고 할 수 있다. 매일 오전과 오후 원어민들의 영어 교육과 중국어 교육을 받을 수 있기 때문에 영어와 중국어 두 가지 언어를 부족함 없이 배울 수 있다. 사실 한국국제학교에서 배운 학생들은 HSK 성적이 중국 대학에서 요구하는 등급을 대부분 취득하고 있기 때문에 중국어를 전혀 걱정할 필요가 없다. 국어, 수학 등 필수과목 역시 한국 최상의 선생님들이 성실하게 가르치고 있다.

08 가장 성공적인 중국 조기유학을 위하여

••• 현지 중국 학교에 가는 경우
– 로컬반에 입학하는 경우

중국 학교에 한국 국적의 학생들이 입학하기 시작한 것은 물론 한·중 수교 초기부터다. 한·중 간에 인적 교류가 빈번해지면서 그때만 하더라도 중국 현지 학교에 들어갈 경우 보통 전교에 한두 명 정도가 한국 학생이었다. 그래서 대부분의 중국 학교는 외국인에 대한 특별한 입학 기준도 없었다. 학교장 재량으로 적당한 소개를 통하여 학교에 입학하는 정도였다. 지금도 지방이나 소도시의 일부 학교가 한 반에 한두 명의 한국 학생을 받는 경우가 있다. 물론 지금은 정부에서 이들 외국인이 다니는 학교에 대해서 외국인을 받을 수 있는지 없는지를 미리 허가해 주고 있다.

1) 초등학교의 경우

중국에 왔으니 중국 학교에 가는 것은 당연하다. 그리고 중국에 온 이상 다른 대안을 찾기는 어렵기에 비록 우리의 자녀들이 공산주의 주입식 교육을 받는다 하더라도 "뭐 지놈이 한국인인데 별 지장 있겠어?" 하는 마음으로 보내게 된다. 물론 초등학교 저학년일 경우에는 금방 언어에 적응하기 때문에 별 무리 없이 학교생활에 적응할 수 있다.

그러나 적응을 잘한다는 것은 그만큼 중국식 공산주의 교육에 자연스럽게 교육되고 있음을 의미한다. 따라서 초등학교를 정상적으로 졸업하면 학생의 국가관은 여지없이 흔들리게 되어 중국을 조국으로 생각하는 것이 보통이다. 매일 중국 국가를 부르고 중국 역사와 지리 등을 아주 강도 높게 배운다. 한국에 대해서는 거의 가르치지 않고 있을 뿐만 아니라, 조금 가르치는 것 역시 중국의 변방 소수 민족으로 가르치고 있다. 한국을 조선족 정도의 소수 민족 정도로 여기는 것이 중국의 교육 환경이다. 그래서 가정에서 철저히 한국인으로서의 정체성 교육을 따로 시키지 않으면 안 된다. 매일 반복되는 암기식 교육과 각종 이벤트성 행사들이 중국인들을 그렇게 자연스럽게 생각하게 한다. 그래서 초등학교를 중국 현지 학교를 졸업한 한국인 자녀들에게 조국을 물으면 여지없이 본인의 조국을 중국이라고 말한다. 설마 하고 방치한 부모들이 여지없이 뒤통수를 맞는 것이다.

세종대왕과 이순신 장군 그리고 우리 한반도의 아름다움과 고구려 발해 등의 유구한 우리 역사를 가르치지 않는다면 그 정체성은 찾아보기 힘들다. 우리 자녀들이 오천 년 역사와 찬란한 우리의 문화유산을 배우지 않는다면 초등학교 교육은 정말 최악이 될지도 모른다.

방과 후 학교를 최대한 활용하여 한국어와 한국 교육을 지속적으로 시켜야만 한다. 보통 한국인이 있는 곳이면 대부분 영사부에서 주관하는 한글학교가 개설되어 있으므로 이곳 한글학교를 이용하는 것도 한 방법이다. 그리고 꾸준히 한글 고전에 대한 독서지도로 중국식 교육에 치여 한국 학생들이 가져야 할 기본적인 인식을 깨우치는 데 소홀히 해서는 안 될 것이다. 이 시기를 그냥 중국 학교에서 지나치게 되면 돌이킬 수 없는 절름발이식 교육이 되어 한국인이 아닌 중국 학생으로 바뀌게 되거나, 한국도 중국도 아닌 주변인으로 전락하게 되고 심한 정체성 혼란을 경험하여 불안정한 청소년 시기를 맞이하게 될 것이다.

따라서 초등학교를 현지 중국 학교 로컬반에 보내는 경우는 부모님의 절대적인 배려와 관심 없이는 중국 교육 여건상 아주 위험하다. 따라서 중·고등학생이 되기 전 성급한 중국 현지 학교의 입학은 반드시 재고해 봐야 한다. 현지 언어 습득을 위해서 부득이하게 현지 중국 로컬학교에 입학할 경우에는 철저한 가정교육이 뒤따라야 함을 명심하길 바란다.

2) 중·고등학교의 경우

고학년이거나 청소년기 학생들이 언어의 적응 없이 곧장 현지 로컬 학교에 입학한다는 것은 아주 힘든 과정이다. 이 역시 권장할 만한 일이 아니다. 우리의 부모들은 자녀들을 중국 학교 교실에 배정하고서는 "한두 달 지나면 대충 적응하지 않겠어? 아빠도 더 어려운 환경에서 공부했는데 이쯤이야 견뎌내겠지……" 하면서 어린 학생들을 과감하고도 무책임하게 결정해 버린다. 부모들의 이러한 잘못된 열정 때문에 꽃을 피우기도 전에 이곳 열악한 중국 땅에서 스러져가는 아이들을 볼 때는 참으로 서글프기 그지없다. 한국 교육의 대안으로 어쩔 수 없는 선택이라고 하기에는 너무나도 가슴이 아프다. 그래서 이런 중·고등학생의 경우에는 더욱더 특별한 배려가 필요하다.

09 과외공부 없이 중국에서의
현지 적응은 어렵다

청 소년기의 중·고등학생이 바로 현지 학교에 입학해야 하는 경우
가 있다. 이것은 아주 무리한 시도다. 학생의 학업 과정상 부득이
하다면 방과 후 예습과 복습을 그리고 중국어 과외공부(후다오)를 엄청나
게 해야 할 것이다. 보통은 현지 학교의 담임선생님 추천을 받아 조금 비
싼 비용(대학생 과외 공부일 경우 시간당 한국 돈 8,000~15,000원 정도이고, 학교 선생
의 경우에는 그 두세 배를 더 주는 것이 보통이다)을 지불하더라도 현지 담당 학
교의 선생님들에게 과외공부를 직접 받는 것이 좋다. 그래야만 중국 학교
에서 중국 학생들과 비로소 조금이나마 소통할 수 있다.

과외선생님을 구할 때 주의해야 할 점은 표준화권 지역 출신의 사람을
구해야 처음 발음을 비교적 정확히 바로 잡을 수 있다는 것이다. 또 후다
오를 한 선생님에게 너무 오래 배우는 것보다는 3개월이나 6개월 단위로
여러 사람을 골고루 쓰는 것이 더 효과적이다. 똑같은 중국인이라도 발음

이 다르기 때문에 여기서 다양성을 배울 수 있고, 더 많은 화제와 주제가 나올 수 있다.

마지막으로 후다오 선생은 좋은 친구로 남겨두는 게 좋다. 후다오 선생을 바꿀 때 어떻게 말해야 할지 고민이 될 때는 아파서 당분간 후다오를 쉬기로 했다든지 아니면 좀 쉬었다가 다시 후다오를 하자고 좋게 말하면 된다. 한국인이 중국인을 친구로 만들기에는 이보다 저 좋은 방법이 없다. 그리고 후샹(互相)이 있는데, 이는 서로에게 자기의 모국어를 가르쳐 주는 과외로 과외비 부담이 없고 쉽게 친구가 될 수 있다는 장점은 있지만, 과외의 효과는 후다오보다는 훨씬 떨어진다.

••• 중국어뿐만 아니라 일반 과목 역시 후다오(과외공부)가 필요하다

무리하게 하루 종일 학교에서 공부하기보다는 차라리 오전 수업을 마치고 오후에는 어느 정도 듣기가 될 때까지는 집중적으로 듣기와 말하기, 쓰기 공부를 따로 학교 선생님으로부터 받는 것이 좋다.

보통 중국은 9월에 학기가 시작되기 때문에 한 학기를 늦추거나 빠르게 갈 수밖에 없는데 무리하게 빨리 가는 것보다는 한 학기를 늦춰서 가도록 하고, 6개월 정도 집중적인 현지 어학훈련을 마친 후 입학하는 것이 좋다. 중국 학교는 일정 비용만 지불하면 외국인 학생이 학교에 다니지 않고 사설 학원이나 과외공부만 하더라도 결석으로 되지 않고 모두 출석으로 인정해 준다.

그리고 중국어뿐만 아니라 일반 수학이나 물리 등 다른 과목 역시 꾸준히 언어가 통하는 한국 학생이나 조선족 학생을 동원하여 과외공부를 해야 한다. 중국어에만 집착하다가 2~3년이 지나서 비로소 다른 과목을 공부하는 경우가 많은데, 이는 아주 좋지 않은 방법이다. 중·고등학교 시절에 배워야 할 각종 일반 지식들을 중국어 때문에 놓치게 되어 기형적인 학생으로 자라는 경우가 허다하다. 그래서 현지 학교에 입학하는 것을 필자는 강력히 반대한다. 다시 한 번 강조하지만, 중국의 경우에는 특히 외국인에 대한 배려가 전혀 없기 때문이다.

가끔 현지 학교에 잘 적응하고 정착한 학생들의 이야기가 소개되고 있는데 이는 거의 과장이거나 사실과는 전혀 다른 경우가 태반이다. 미국이나 영어권의 성공 사례와 비교하면 과장이 많은 곳 또한 이곳 중국임을 명심해야 한다.

그리고 등록금도 일 년에 700~800만 원 정도이므로 인터내셔널스쿨에 비하면 아주 저렴한 편이다. 대게는 한국국제학교보다는 조금 비싼 편이지만 그래도 한국의 경제 수준으로 보면 그리 비싸지는 않다. 그러나 의무 교육으로 다니는 중국 현지 아이들에 비하면 10배에 달하는 실로 엄청난 학비라 할 수 있다. 중국은 일단 외국인일 경우는 따로 책정한 비싼 교육비를 받는다. 그 자금이 국가의 통제를 받지 않고 학교 재량으로 쓸 수 있는 부분이어서 해당 학교에서는 적극적으로 한국 학생들을 유치하기에 혈안이 되어 있다.

10 중국 학교의 국제부란
외국인(한국인)들만의 특별 편성반이다

먼 저 한국 사람들에게 생소한 단어인 '국제부'란 용어를 잘 이해해
야 한다. 한국 학교라고 불러도 될 만큼 주로 한국인들로 대부분
채워진 중국 학교의 국제부는 중국 이외의 다른 국가에는 전혀 없는 시스
템이라 할 수 있다. 중국이 다른 외국과는 다르다고 강조하는데 이것은
국제부의 역할 때문이라고 해도 과언이 아닐 정도다.

●●● 국제부란 외국인들끼리만 따로 수업받는 시스템

국제부의 수업 형태와 운영방법이나 운영주체를 명확히 파악할 필요
가 있다. 부연 설명하자면 유학생의 천국이라 불릴 만큼 유학생이 많은
미국과 일본 등 중국 이외의 아시아 국가 그리고 프랑스, 영국 등 유럽국
가의 모두가 대학이든 중·고등학교든 유학생과 현지 학생의 구분 없이
같은 교실에서 같은 커리큘럼에 의해서 수업받는 것이 보통이다.

물론 언어 과정을 따로 두기는 하지만 일단 언어 과정이 끝나면 수업이 조금 힘이 들더라도 한 교실에서 같이 배우는 것이 보통이고, 대부분 기숙사 역시 현지 학생들과 같이 쓰는 것이 일반적이다. 혹 입학 조건에 있어서는 외국인을 따로 취급하지만 성적이나 졸업 규정에 있어서는 역시 현지 학생들과 같이 동등한 조건으로 대우한다. 그러나 중국의 경우는 외국 유학생에 대한 규정이 다른 어떤 외국과는 다른 특별한 규정을 가지고 있는 데 이러한 대표적인 형태가 '국제부'라는 것이다. 다시 말하면 한국 사람들이 제일 많으니 한국부라고도 말할 수 있다.

••• 국제부란 다름 아닌 한국부란 의미

'국제부'는 말이 국제부지 한국 학생들이 주로 있는 '한국부'라는 의미이다. 중국에서 여행을 하다 보면 한국인들이 많이 가는 곳에는 어김없이 '한국부'라는 간판이 눈에 뜬다. 호텔이나 골프장, 여행사, 쇼핑센터에도 설치되어 있는데 언어가 통하지 않는 한국인들에게는 여간 반가운 곳이 아니다.

그래서 중국에서는 한국부라는 용어가 아주 보편화되어 있으며, '미국부' '일본부'는 없어도 중국에서는 한국인들이 많이 있는 곳에는 어김없이 '한국부'가 진을 치고 있다. 이들은 한국인들에게 전용 서비스를 제공하고 있는데, 외국인의 절대다수를 차지하는 한국인 고객 유치와 원활한 한국인 서비스를 위해 언어소통이 가능한 한국인이나 조선족 또는 한족(중국인)들이 이러한 '한국부'를 맡아 운영하고 있다.

이러한 한국부의 존재로 통역 없이도 중국 유학이나 중국 여행은 별 무리 없이 진행할 수 있다. 그러나 때로는 이러한 한국부로 인하여 여러 가지 좋지 않은 일들이 빈번히 벌어지는 것 또한 피할 수 없는 현실이다.

중국 유학을 설명함에 있어서 이러한 국제부에 대한 이해가 없이는 성공적인 조기유학을 기대할 수 없기에 한국부에 대하여 조금 더 자세히 알고 가야 한다. 왜냐하면, 이러한 한국부는 단순히 통역이나 신입생들의 오리엔테이션을 도와주는 그런 역할을 할 뿐만 아니라, 유학 생활의 근간을 이루는 입학과 졸업은 물론 학교생활의 본질인 교과 과정에까지 깊숙이 관여하고 있기 때문이다. 심지어는 교과 과정 전체를 위탁받아 관리·운영하는 특수한 실정이기도 하다. 모든 학사를 관리·운영하는 곳이 국제부이고 그곳이 한국부라는 것이다.

유독 중국에서 한국 유학생을 따로 교육하는 이유

중국에서 외국인들을 보호한다는 명분 아래 중국 학생과 외국 학생들의 기숙사도 분리하고 교과 과정까지도 따로 관리하는 데는 여러 이유가 있다. 가장 큰 이유는 중국 학생들을 보호하고자 하는 차원이다. 즉 그것은 중국 학생들이 한국 학생들과 섞여서 특히 불량한 자본주의에 물들지나 않을까 하는 염려 때문에 격리하고 있는 것이다. 그러면서 한국 유학생들에게는 비싼 학비를 요구하고 있다. 보통의 경우 대학에서 공부하고 있는 외국인들보다도 중·고등학교가 더 비싼 학비를 받고 있다.

그래서 현지 자국 학생들보다 엄청난 수입이 보장되는 한국 학생들을 받으려고 중국 학교들은 혈안이 되어 있다. 처음에는 학교마다 한국 학생들을 한두 명 받는 정도로 미미했으나, 이제는 한국 학생의 수가 많아져서 학교 재정의 많은 부분을 이 부분에서 충당하고 있고 학교운영자금으로도 톡톡히 쓰고 있다. 그래서 한국 학생들을 위한 국제부가 대부분의 학교에서 운영되는 것이다. 그러나 이 국제부는 우리가 생각하는 인터내셔널스쿨을 의미하는 국제부가 아니고 한국 학생들을 대상으로 따로 운영하는 체제임을 의미한다. 이러한 한국부란 중국 학교에 입학했으나 중국어를 하지 못하기 때문에 수업이 어려운 외국 학생들을 위해서 별도의 커리큘럼을 운영하면서 외국인으로서 그 학교의 공식적인 졸업장을 받을 수 있도록 한 경우다.

따라서 이러한 학교에서는 외국인들을 따로 배양하기 때문에 사상교육은 거의 받지 않고 언어교육에 치중한 교육을 받는다. 이런 학교는 거의 어학전문 종합반에 해당하는 한국의 학원과 비슷하게 운영된다. 한편으로 보면 중국의 공산주의 교육을 받지 않아 좋은 점도 있지만, 결국 중국 현지 학생들과 함께하는 유학이라는 본질적인 장점은 배제된 채 한국의 학원처럼 운영되고 있다는 것이다.

이러한 국제반의 경우에는 부모들 없이 현지 홈스테이를 하는 집에 머물거나 나 홀로 유학 온 학생들이 많기 때문에 유학원 말만 믿고 방치해두다가는 한국에서보다 더 악한 상황을 초래할 수가 있다. 예민한 청소년기의 중·고등학생들이 부모의 통제 없이 타국에서 따로 몰려다니며 생활하는 것이 극히 위험할 수밖에 없기 때문이다.

그래서 부모들이 수시로 전화하고 현지 지인을 통한 계속적인 관심과 배려를 기울여야 한다. 가능하다면 수시로 현지를 방문하여 자녀들을 격려하고 관심을 가지고 직접 챙기는 것이 좋다.

11 공부를 못해도 중국엔 새로운 도전과 희망이 있다

실 공부를 잘한다고 꼭 인생을 성공적으로 사는 것은 아니라는 것을 우리가 모두 안다. 그럼에도 불구하고 학교에서는 평가 기준이 오직 입시를 위한 공부에만 맞추어져 있기 때문에 공부를 못하는 아이는 문제아인 양 낙인 찍히게 되어 있는 것이 안타깝게도 한국 교육의 풍토다.

••• 공부 못하는 아이들이 중국에 유학을 갈 경우

학교에서 선후배 관계가 없는 중국 학교에서는 한국 학생들의 문화를 이해하려 하지 않는다. 그들의 눈에는 그저 한국 학생이 불량하고 버릇없게만 느껴질 것이고, 문제가 심각하면 퇴학을 시키거나 사고가 나더라도 공안(경찰)에게 넘기면 된다. 중국의 학교 교육이란 잘하는 아이들을 위한 기계적인 배양이지, 못하는 아이들에 대한 선도는 아예 없는 곳이기 때문이다.

그래서 한국 학생들을 따로 공부시키는 국제부의 수업 형태도, 중국 학생들을 한국 학생들의 자유분방함에 노출시켜 그들에게 물들게 하고 싶지 않은 당국의 이기심에 따른 것이다. 그러면서 한국 학생들에게는 그 학생들만의 수업을 보장하고 있다고 말한다. 결국 공부를 못하는 자녀들은 중국의 정상적인 로컬학교에 입학할 수는 있어도 그들과 같이 수업하며 따라갈 수는 없다.

'같이 다니다 보면 되겠지' 하는 요행은 전혀 이루어지지 않는 곳이 중국이다. 중국의 교육이 그걸 허락하지 않기 때문이다. 그래서 국제부를 운영하는 학교의 선택은 피할 수 없는 차선책이 될 수밖에 없다. 중국 조기유학은 중국인들이 원해서가 아니고 순전히 한국 부모들과 아이들이 원해서 왔기 때문에 중국인들이 따로 운영하는 국제부나 그곳을 추천하는 유학원을 비판할 수만은 없다. 본인들이 원치 않으면 언제든지 돌아갈 수도 있기 때문이다.

중국에서 성공적인 유학 생활의 90%는 부모의 역할이 좌우한다고 할 수 있다. 왜냐하면 중국의 유학 환경을 우리 학생들이 파악한다는 것은 거의 불가능하기 때문이다. 공부를 못하는 것은 자랑거리는 아닐지라도 비난받아야 할 사항도 아니다. 공부를 잘하면 좋지만 못한다고 열외가 될 수는 없기 때문이다. 학교 공부를 못했어도 훌륭한 사람이 된 예는 수도 없이 많다. 그래서 공부를 못하면 열심히 하거나 다른 적성을 개발하면 된다.

공부를 비록 못한다 하더라도 행복한 학창시절을 보낼 수도 있다. 불량 학생들로 인한 집단 따돌림이나 폭력 등은 학생 자신의 문제라기보다는 사회의 구조적인 문제와 이들을 선도하지 못하고 방치해 두는 어른들의 책임이다.

한국에서 유학생이 있는 중국까지는 한 시간 반 정도 비행기를 타고 가면 얼마든지 갈 수가 있다. 맘만 먹으면 당일 아침 비행기로 갔다가 저녁 비행기로 돌아올 수도 있는 곳이다. 부모의 사랑이 아이들에게 그대로 전달될 때, 중국 조기유학을 성공적으로 마치는 밑거름이 될 수 있음을 상기하길 바란다.

중국에서 학교생활을 행복하게 할 수만 있다면 비록 성적이 나빠도 자기의 적성을 살리면서 넉넉히 고교를 졸업할 수도 있고 중국어만 잘하면 중국의 명문대학에 가는 것도 별문제 되지 않는다. 이들이 자신감을 회복하고 중국에서 한국인으로서의 정체성만 유지하고 있다면 충분히 중국인들에게 경쟁력을 가질 수도 있다.

특히 성적이 떨어지는 학생의 경우 중국어만 집중적으로 공부하는 학원에 다녀 중국에서는 명문 대학이지만, 한국인이 별로 몰리지 않는 대학에 외국인 특별전형으로 입학할 수도 있다. 대게는 新HSK 4~5급 정도면 중국에 있는 모든 대학에 입학할 수 있는 자격이 주어진다. 본인의 특기나 장점을 살릴 수 있는 기회를 키우는 것이 억지로 학교만 다니면서 졸업장에 급급해하는 것보다는 훨씬 낫다.

공부를 못하는 아이들에게도 중국은 새로운 도전과 희망의 기회가 될 수 있는 곳이다. 모든 학생들이 조기유학이라는 새로운 환경에 적응할 수 있도록 우리들의 부모가 솔선하여 그들에게 인내심과 자신감을 회복시켜 준다면 그 속에서 자신을 변화시킬 수 있는 새로운 세계를 발견할 수 있을 것이다.

공부를 못하는 아이들의 중국 유학 성공 5계명

1) 중국을 사랑하자.

2) 중국인과 진정한 친구 관계를 맺어라.

3) 겸손한 마음으로 중국어를 배우자.

4) 건강하지 않으면 만사를 그르친다.

5) 뜻이 있으면 길이 열린다. 끝까지 꿈을 잃지 말아야 한다.

12 유학의 궁극적인 목적은 중국의 폭넓은 네트워크를 쌓기 위해서다

1) 먼저 중국인의 표준어인 중국어(보통화, 만다린, 한어)를 충분히 마스터 하는 것을 일차적 목표로 해야 한다

중국어 공부는 지금까지 영어를 공부한 방식과는 다르게 해야 한다. 6년을 배우고도 거의 반벙어리인 영어를 공부하는 방법이 아니라 듣기와 말하기 위주의 교육을 기본으로 해서 쓰기와 독해를 마스터할 수 있도록 해야 한다. 그리고 공부를 못하는 학생일수록 중국어와 더불어 영어 또한 같은 비중으로 공부하여 못하는 다른 학업을 보충해야 한다. 중국에 온 이상 중국어 공부에 일차적으로 올인해야 한다. 그러기 위해서는 공부를 못하는 학생은 꾸준한 중국어 과외공부가 필수적이다. 1년이고 2년이고 원하는 중국어 성적이 나올 때까지 계속 해야 한다. 중국에서 2~3년 보냈다고 해서 저절로 중국어가 되는 것은 결코 아니다. 많은 학생들이 중국 생활이 수년이나 지났지만 제대로 중국말을 하지 못하는 경우가 허다하다. 언어는 습관이므로 꾸준한 공부와 외국인과의 접촉이 필수적이다.

2) 현지 중국인 친구를 사귀어라

공부를 못하면 중국인 친구라도 많아야 한다. 붙임성이 있는 경우라면 중국인 친구를 사귀는 데에도 많은 도움이 될 것이다. 중국에서 공부하는 가장 큰 목적은 폭넓게 중국의 네트워크를 쌓기 위해서라고 말할 수 있다.

그리고 중국인 친구만을 고집해서도 안 된다. 중국인 친구와 한국인 친구 양쪽 다 중요하다. 중국인 친구만 있으면 되지 이곳 중국까지 와서 한국인 친구가 왜 필요할까 의문을 가질 것이다.

중국 땅에서도 우리의 경쟁력은 중국인이 아니기에 한국인으로서 경쟁력을 키워가기 위해서라도 양쪽 친구들의 도움이 필요할 때가 있다. 요즘 중국에는 국제 교회나 한국인 교회가 많아 이곳에서 좋은 만남이 자연스럽게 이루어지고 있다.

3) 본인의 특기와 적성에 맞는 전공을 선택하자

중국에는 디자인 분야나 예체능 분야 혹은 컴퓨터게임이나 애니메이션, 골프스쿨 등 최근 들어 특기자 양성을 위주로 하는 특수학교가 많이 늘어나고 있다. 공부에 별 흥미가 없는 그래서 대학 진학이 힘들다고 판단되었을 때는 나름대로의 특기나 적성을 살려 중국 대학 문을 두드려 보는 것도 바람직하다. 중국 대학의 경우 외국인에게는 거의 문이 열려 있다. 본인이 이러한 특별한 기술이나 취미가 있다면 약간의 중국어 회화 실력을 갖추고 대학을 진학할 수가 있다. 그런 면에서 중국은 한국과는 다르다.

베이징의 중앙미술학원 역시 중·고등학교 학생들을 모집하고 있으며,

한국의 홍익대학교보다 훨씬 더 유명한 세계적인 미술대학으로 그 명성을 인정받고 있다.

4) 많은 여행을 통하여 중국의 문화를 배우자

여행보다 큰 스승은 없다. 좋은 중국 친구와 함께하는 중국 여행만큼 공부에 취미가 없는 우리 학생들에게 좋은 스승은 없을 것이다. 중국의 문화를 습득하지 못하는 중국어 학습은 절름발이에 불과하다. 좋은 중국 친구 하나 없는 중국 유학 역시 이제는 다시 한 번 뒤돌아 볼 필요가 있다.

폭넓은 중국 여행을 통하여 인생의 깊이를 배우고 본인이 정작 어떤 공부를 해야 할지를 스스로 결정하는 것이 바로 본인의 인생에 있어서 가장 중요한 공부가 된다.

남학생의 경우는 중국에서 학교에 다닐 경우, 병역 문제를 빨리 해결하도록 해야 한다. 정체성의 확립과 진로의 폭넓은 기회 등 군 문제가 빨리 해결될수록 자연스럽게 중국 교육 문제를 스스로 잘 극복할 수 있게 된다.

5) 공부 못하는 학생에게 명문 대학은 아무 의미가 없다

중국 베이징대학교나 칭화대학교의 경우 한국 학생끼리의 경쟁 역시 100명 모집에 1,000여 명이 지원하므로 10대 1의 경쟁률로, 합격하기가 매우 어렵다. 물론 예과반(해당 대학에서 자기 대학 입학을 위해 미리 모집하여 배양하는 학급)을 통하면 진학의 가능성은 조금 높아지지만, 이때는 비용이 증가된다는 단점이 있다. 그리고 천신만고 끝에 겨우 입학했다 하더라도 한국의 대학과는 달리 입학한 외국인에 대한 학교의 배려가 전혀 없기 때문에 정상적인 학사 졸업도 힘들뿐더러 학교에서 '왕따' 당하기 십상이다.

그래서 한국 대학에 진학하기 어려울 정도로 학업성적이 안 좋은 학생들은, 차 순위 대학을 겨냥하여 입시를 준비하는 것이 현명하다. 베이징이나 상하이에 있는 학교라면 좋은 학교로 인식한다. 서울에 있는 모든 4년제 대학교를 좋은 대학으로 인식하는 것처럼 이곳에서도 마찬가지다. 교수나 학생의 수준이나 숫자로 보면 학교의 질적인 문제 역시 소위 명문대학에 비해 많이 뒤처지지 않는다고 본다.

6) 중국을 거쳐 외국으로 눈을 돌려라

학업성적이 뛰어나지 않은 경우라면 중국에서 고등학교 졸업 자격을 획득하자마자 가능하면 빨리 대학에 입학하여 적성이나 특기를 살리면서 중국인 친구를 폭넓게 사귀는 전략이 필요하다. 그리고 중국의 대학을 졸업한 후 미국이나 유럽 또는 한국 명문대학의 대학원을 겨냥하는 것 또한 좋은 진학 계획이 될 것이다. 흔히 말하는 중국 찍고 외국으로의 방식이 될 것이다. 일단 외국의 대학을 정상적으로 졸업하고 외국어를 기본적으로 마스터 했다면 어느 대학을 졸업했는가는 크게 문제 삼지 않는다.

한국의 경우도 미국에서 박사학위를 취득한 것이 중요하지 꼭 하버드를 졸업해야만 인정하는 것이 아닌 것처럼 말이다. 물론 중국의 명문 대학이라도 본인이 잘하는 것으로 두각을 나타내면 졸업하는 데에는 전혀 문제 되지 않는다. 또한, 한국인은 외국인이라 국가 통일 고시나 졸업고사를 치르지 않아도 졸업장을 받을 수 있는 길은 많다. 베이징대학교, 런민대학교, 칭화대학교를 제외하면 상대적으로 베이징의 다른 대학은 입학하기가 쉽기 때문이다.

■ 재외국민 전형 자격 심사

1. 연세대: 중 · 고교 과정 해외 이수자

부모 모두가 지원자와 함께 해외에서 거주하며 고교 1년 이상 포

함하여 통산 3년 이상 중·고교 과정을 해외에서 이수한 자(해외 수학

기간 동안 지원자는 **만 3년 이상** 체류하는 것을 원칙, 지원자의 **부모**는

고교 과정 6개월[180일]을 포함하여 만 1년 6개월 이상 해외에서 체류

해야 한다.)

2. 고려대:

(가) 3년 이상 해외 과정 이수자

고교 과정 1개년 포함하여 중·고 과정 연속 3년, 통상 4년 이상

* 부모 모두 지원자의 지원 자격으로 인정된 외국 학교 재학 기간(연

속 3년) 중 통산 1년 6개월/(통산 4년) 중 통산 2년 이상 체류

(나) 9년 이상 해외 과정 이수자: 외국의 학교에서 9년 이상 우리나

라 초·중·고교에 상응하는 교육과정을 이수한 자(부모 자격제한 없음)

3. 서강대학교, 성균관대학교: 중 · 고교 과정 해외 이수자

외국에서 고교과정 1년 이상을 포함하여 중·고등학교 과정을 3년 이

상 재학한 자(연속, 비연속 무관)

＊ 부모의 실체류기간은 출입국사실증명서 기준으로 거두(영주) 기간 내에서 당해 국가에 실제 체류한 날짜를 합산한 기간을 말하며, 지원자의 부모는 반드시＊고교 과정 6개월(180일)을 포함하여 만 1년 6개월 이상을 해외에서 체류하여야 함(서강대, 성대 주재원 거주 기간 2년, 기타 재외국민의 경우 성대 2년, 서강대 3년)

4. 이화여대 :

(가) 중·고교 과정 해외 이수자: 고교 과정 1개년을 포함하여 중·고교 과정 통산 3년 이상(비연속 인정) 외국에서 수학 및 체류한 자

(나) 6년 이상 교육과정 해외 이수자: 고교 과정 1개년을 포함하여 초·중·고교 과정 통산 6년 이상(비연속 인정) 외국에서 수학 및 체류한 자

＊ 지원자의 부모는 반드시 고교 과정 6개월(180일)을 포함하여 만 1년 6개월 이상을 해외에서 체류하여야 함(단, 주재원 거주 기간 2년, 기타 재외국민의 경우 3년)

5. 중앙대: 중·고교 과정 해외 이수자

고교과정 1년 이상을 포함하여 중·고등학교 과정을 3년 이상 재학한 자(연속, 비연속 무관)

지원자의 부모는 반드시 고교 과정 6개월(180일)을 포함하여 만 1년 6개월 이상을 해외에서 체류하여야 함(단, 부모의 거주 기간은 2년)

6. 일반적 형태의 중·고교 과정 해외 이수자 자격

자격 구분	세부 구분	특례 요건을 충족하는 학생의 해외학교 재학형태	특례요건 최소 해외재학·근무·거주·체류기간							
			학생			보호자			보호자의 배우자	
			재학	거주	체류	재학	거주	체류	거주	체류
외국 근무 재외국 민의 자녀	* 공문원 자녀 * 해외지사 주재원 자녀 * 정부 초청 또는 추천에 의하여 귀국한 근무자 자녀	① 고교과정 1개 학년 이상을 포함하여 중·고교 과정 3개 학년 이상 연속 수료	① 3년 · ② 4년	① 3년 · ② 4년	① 3년 · ② 4년	① 3년 · ② 4년	① 3년 · ② 4년	① 1년 6개월 · ② 2년		
기타 재외국 민의 자녀	* 해외 자영업자 자녀 * 해외 현지회사 근무자 자녀	② 고교과정 1개 학년 이상을 포함하여 중·고교 과정 4개 학년 이상 비연속 수료	② 4년	② 4년	② 4년	① 3년 · ② 4년	① 3년 · ② 4년	① 1년 6개월 · ② 2년	① 3년 · ② 4년	① 1년 6개월 · ② 2년

꿈이 다르면 준비도 달라져야 합니다!

■ "재외국민 특별전형"

베이징 한국국제학교에서 근무를 시작하고 얼마 되지 않아서다. 그 당시에는 한국 대학 입시에 대학별 본고사와 함께 면접이 있었는데 면접에 대비한 수업을 진행하게 되었다. 여러 학생들을 앞에 두고 '학교생활 가운데 가장 자랑스러운 기억이 무엇'이냐고 물었는데 중국 중학교에 다니다가 전학 온 학생이 이렇게 답했다. "저는 공산당원이라는 사실이 가장 자랑스럽습니다." 아니, 이게 무슨 말인가? 대한민국 국민이 공산당 당원이라니…….

사실 중국 학교에서는 학생들 중에서 공산당원으로 선발하는 제도가 있다. 학업 능력이 뛰어나고 리더십이 있는 친구들 중에서 당성이 좋은 학생들을 선발해서 당원으로 가입시키는데 외국인이 공산당원이 된다는 것은 그 친구가 얼마나 학교생활을 잘 했는지를 보여주는 하나의 척도라고 할 수 있다. 하지만 한국 대학으로 진학하는 학생이 공산당원이라니……. 그리고 그 친구는 학교에서 공산당원들만 갈 수 있는 군사교육까지 마치고 인민해방군이 전 세계에서 가장 강한 군대라고 믿는 철없는 고등학생이었다. 하지만 이런 친구가 한국 대학을 선택한 이유는 부모님의 올바른 결정 때문이었다. 아들의 가치관이 한국인이라고는 할 수 없을 만큼 바뀌어버린 것을 걱정하셔서 중·고등학교 과정은 중국에서 충분히 배웠기에 대학교육을 통해 한국인으로서의 정체성을 확립하고 한국사회에 기여하라는 부모님의 결정으로 그 친구는 고려대학교 중문과에 진학하여 지금은 중국에서 박사과정 재학 중에 있다.

이 친구가 한국 대학으로 진학할 수 있었던 방법은 바로 "재외국민 특별전형"이라는 제도 덕분인데 해외에서 근무하는 부모로 인해 한국교육과 단절된 학생들이 한국 대학으로 돌아올 수 있도록 해주는 제도이다. 흔히 재외국민 특별전형은 '특례'라는 이름으로도 많이 불리운다. 아마 특별한 예외적인 혜택이라는 뜻일 텐데, 한국에서 수능을 통해 대학에 갈 수 있는 경우보다 훨씬 대학에 쉽게 진학할 수 있기 때문에 붙여진 이름이라고 생각한다. 그러나 이 전형은 해외에 살고 있는 한국인 학생이라면 누구에게나 해당되는 것은 아니다. 올해 한국 대학교육협의회에서는 재외국민 특별전형에 관하여 엄격한 서류 심사와 자격 요건 강화를 대학들에게 주문하였으며 앞으로도 이 전형은 자격 요건이 가장 중요한 기본 조건이 될 것이 분명하다.

1. 재외국민 전형의 기본 조건

재외국민 전형의 기본 조건은 양부모와 함께 해외에서 고등학교 1개 과정을 포함하여 2~3년간 해외 소재 학교에 다니는 것이다. 이 경우 부모님의 직업에 따라 조건의 차이가 조금 있는데 한국에 있는 회사에서 주재원으로 나온 경우는 고교 1개년을 포함하여 2년 과정을 재학하여도 받아주는 학교가 있는 반면에 부모님들께서 현지 취업을 하시거나 자영업인 경우는 대부분 3년 이상의 재학 자격을 요구한다. 즉 부모님과 동반하지 않고 홀로 유학한 경우나 가장이 아닌 어머니와 동반한 유학생들에게는 전혀 자격이 주어지지 않는다.

혼자 유학한 학생이나 어머니와 동반한 학생들의 경우는 한국의 수시 전형 중에서 '어학특기자 전형'을 통해 한국 대학에 입학할 수 있는 방법이 있다. 다만 어학특기자 전형은 2013년 이후에 점차 축소될 예정이다. 어학특기자 전형 및 재외국민 특별전형과 관련한 상세한 내용은 5~6월경에 발표되는 각 대학교 입시 요강을 참조하는 것이 가장 확실한 방법이다.

2. 대학 입학 전형 방법

서울대학교는 12년 전 과정을 해외 학교에서 재학한 학생들만 선발한다. 연세대학교, 고려대학교, 성균관대학교는 학생의 중·고교 과정 내신성적과 학교 활동 등을 참고하여 서류 평가로 학생을 선발하고 서울 소재 주요 대학들은 대학별 본고사를 통해 학생을 선별하는데 문과는 주로 국어와 영어, 이과는 영어와 수학 필기시험을 통해 성적순으로 대학 정원의 2%에 해당하는 정원외 인원만큼만 선발한다. 그 외의 수도권 대학이나 지방 대학들은 재외국민 전형에 해당하는지의 자격 심사와 함께 면접을 통해 선발하는 것이 보통이다.

3. 전형 결과와 사례

2013학년도를 기준으로 재외국민 특별전형의 모집인원은 전국 대학에서 4,700명 정도를 선발하는데 지원자 수는 약 2,000명 정도에 불과하다. 따라서 수치상으로 보면 모든 지원자가 대학에 합격하고도 남는 숫자이기에 특별한 혜택을 주었다고 할 수는 있지만, 지원자의 대부분이 서울 소재 대학에 합격하기를 원하기 때문에 주요 대학 평균 경쟁률은 10 : 1 정도에 육박한다. 그리고 이 전형은 일반적으로 재수까지만 재외국민 자격을 인정하기 때문에 3수나 4수 같은 것은 불가능하여 본인의 실력과는 무관하게 상향 지원하여 입시에 실패하는 학생들도 많이 존재한다. 하지만 눈높이를 낮춰서 서울 주변의 대학만이 아니라 지방 국립대나 주요 지방 사립대를 지원할 경우엔 비교적 쉽게 진학을 할 수 있기에 '특례'라는 이름이 여전히 따라다닌다.

4. 재외국민 입시의 현실

지금도 재외국민 전형이 쉽다는 인식 때문에 서류를 위·변조하거나 자격 요건을 충족하기 위해 편법을 쓰는 등의 불법적인 일을 하는 사례가 보고되어 마치 입시 부정의 온상인 것처럼 느낄 수도 있으나 실제로 해외에서 생활하는 교민의 입장에서는 답답한 노릇이 아닐 수 없다. 베이징이나 상하이, 자카르타, 호찌민 등의 대도시에서 생활하는 경우에는 입시를 위한 인프라가 어느 정도 갖춰져 있지만, 일반적인 소도시나 한국인들이 많이 살지 않는 곳에서는 학교도 제대로 없는 경우가 허다하다. 심지어는 다니던 학교가 갑자기 사라지기도 하고 도저히 학교라고 볼 수 없는 시설에서 수업도 이루어지지 않아 어쩔 수 없이 홈스쿨링을 해야만 하는 경우 역시 무수히 많다.

직장에서의 갑작스러운 발령으로 인해 계획에도 없던 해외생활을 시작해야 하는 것은 부모님에게도 스트레스지만, 전혀 새로운 문화에서 사람들을 만나야하고 그 속에서 전혀 다른 언어로 공부까지 해야 하는 자녀들이 받는 스트레스는 사실 상상 이상으로 크다 할 수 있다. 많은 학생이 왜 자기를 이런 곳에 데려왔느냐고 눈물로 하소연하기도 하고, 어떤 친구들은 가출해도 갈 곳이 없어 다시 집으로 돌아가는 우스꽝스러운 현실이 바로 해외생활이다. 한국의 교육 제도가 희망이 없다고 하지만 중국의 현지 학교를 경험하면 한국 교육이 얼마나 힘이 있는지를 느낄 것이다.

부정적인 사례로 인해 입학해서 검찰에 적발되는 모습은 성실하게 해외 현지 법을 지키며 묵묵히 어려움을 감내하며 살고 있는 재외국민 모두를 욕보인 치욕스런 장면이며 다시는 일어나서는 안 되는 일이다. 따라서 대학에서 재외국민을 선발할 때는 보다 강화된 자격 요건과 그에 맞는 서류 심사가 있기를 기대한다. 그것이 재외국민 특별전형이 의미를 찾는 길이며 재외국민들의 위신을 세워주는 길이기 때문이다.

★ 중국 조기유학시 입학 학교 정보 ★

학교 이름	모집 요강	학비 / 年	기숙사	연락처	홈페이지
회문중학	중1~고2 학생		2인실		www.huiwen.edu.cn
BISS	유치부~고등학생	20,300~224,000	기숙사 없음	6443-31513	www.biss.com.cn
희가사립학교	유치부~고2 학생	150,000~170,000	3, 4인실	6078-5555	www.huijia2000.com
런민대부중	12~18세	28,000			
육재학교	초등~고등학생		2인실	5282-9888-5001	www.bjyucai.com
수도사범대학 부속실험학교	7~18세	15,500	2인실	8471-5892	www.cnuwjschool.org
세청중학	11~19세	190,000	기숙사 없음	8454-3478	www.ibwya.net
80 중학	중1~고2 학생	18,500~21,000	2인실	6478-3366	www.bj80.com
4중학	중1~고2 학생	40,000	2인실	6611-2924	www.bj4hs.edu.cn
신교외국어학교	중졸생	31,800	2, 3인실	6358-3093	www.newbridgebj.net
베이징 한국국제학교	초·중·고등학생	33,000~35,000	기숙사 없음	5134-8588	www.kisb.net
군성(왕징분교)	중졸생	40,000	기숙사 없음	6439-1626	www.junchengedu.com
순의국제학교	외국인 (유아~1, 2학년)	250,000	기숙사 없음	8046-5002	www.isb.bj.edu.cn
국제예술학교	초등~중학생	6,000	2인실	6780-3699	www.bjias.com
하로우국제학교	11~19세	240,000	2인실	6440-8900	
19중학	16세 이상	28,000	2인실	8251-8525	www.bj19zx.cn
중관촌 소학	6~12세	17,000~18,000	2인실		
수인사립학교	초등1~고2 학생	14,000~19,000	2인실	8576-9882	www.shurenschool.com
12중학	중·고등학교	21,000~23,000	6인실	8366-6014	www.bj12hs.com.cn
중관촌 국제학교	유치부~8학년	11,950~13,350	총 3개 건물	8440-6540	www.bzis2002.com
57중학		30,000~35,000	기숙사비 포함	6326-9986/6346-2774/6346-6177	www.57class.net

★ 베이징 내 국제학교 비교 ★

	베이징 한국국제 학교 KISB	International School of Beijing (ISB)	Dulwich College Beijing (DCB)	Western Academy of Beijing (WAB)	BWYA 세청	Canadian IS	YCIS	British School of Beijing (BSB)	American Curriculum (ACI)
학교 위치	왕징	순이(順义)	순이(順义) 공항로	라이광잉	왕징 대서양건너	3환내 21C 교회 옆	동3환 공원 옆	순이(順义)	순이 LEGO 학교 옆
학제	초6, 중3, 고3	G1~G12	Y1~Y13	G1~G12		G1~G12	Y1~Y13	Y1~Y13	G1~G12
특징	한국 교과 부 인가 학 교, 교사는 한국초빙. 영어, 중국 어 비중 많 고 수준별 수업 있음. 한 국 인 만 재학 가능.	가장 오래 된 전통 있 는 IS 미국 대학 입시 에 가장 유 리해 한국 인들이 가 장 선호하 는 학교.	가장 공부 많이 시키 는 학교! 최근 선호 도 급상승.	유럽식 자 유로운 분 위기. 한국 학생 그룹간 상. 하 격차 매 우 심함.	중국 학교의 국제부. 중국 학교와 같이 사용.	다른 IS로 건너기 위 한 징검다 리로 생각.	중국 재단으 로 중국 전 역에 존재. 처음 중국 에 온 주재 원들이 많 이 들어감.	영국 학교지 만 느슨함. IB로 바꿀 예정.	LAB 해체 후 교사들이 모여 만든 새학교. 장학금 혜택있어 서 선교사 자녀 들이 많이 재학.
커리 큘럼	한국 중·고 등학교	IB AP & SAT School-Base	전교생 IB Diploma	IB Diploma Certificate	IB DP Certi School-Base	AP SAT	IB DP Certi School-Base	A-Level IB (고1 부터)	AP SAT
학기	3월 신학기	9월 신학기-3학기제(9~12월 1학기, 1~3월 2학기, 4~6월 3학기)							
학비	1년 40,000元 미만	1년 240,000元 이상	1년 240,000元 이상	1년 240,000元 이상	1년 120,000元 이상		1년 240,000元 이상	1년 240,000元 이상	Mission School

★ 교육 제도 비교 ★

	KISB 커리큘럼	중국부	IB International Bachelor	AP & SAT Advanced Program	A-Level	SAT
국가	한국 교육 제도	중국 교육 제도	영국 사립학교	미국식 교육 제도	영국식 교육 제도	미국 수능 시험
구성	영어, 중국어 비중 강화	전과목 주입식 교육	Diploma-3개 High Level 3개 standard L. +TOK, CAS, EE Certificate-HL, SL 구분 없이 6개 과목 이수.	각 과목별 시험 학기별 이수가 가능 하고 수업을 받지 않아도 시험 응시가 가능함.	1년에 3과목 씩 총 6개 과목 이수(4~5개 까지도 가능하나 대부 분 3개씩 이수)	SAT 1: Critical Reading 800 Writing 800 Math 800 SAT 2: 과목별 시험 800
성적 산출	수⁺, 수, 우⁺, 우 표현	평균 12교시	* 1~7 점수제로 표현 6개 과목 ×7 = 42점 보너스 3점 = 45점 만점	과목별 5점 만점	A⁺, A, B⁺, B 형태로 표현. 총점제 없음	지정 학교에서만 응시 가능. 비지정 학교 학 생은 BISS에서 신청.
학제	6-3-3	6-3-3	Y12~13 과정 Y10~11: IGCSE/MYP	9학년 이후 과목별 응시 가능	Y11~12 과정 Y10~11: GCSE	응시 연령 제한없으나 10~11학년 이후 가능
대학 입시	재외국민 전형	중국 수능(高試) 외국인 전형	영국대학 입학 시 혜택 -대학 1년 과정 skip 영국대학 apply 때 Conditional Offer 합격	미국 대학 입학 시 유효	영국대학 입학 시 혜택 -대학 1년 과정 skip 영국대학 apply 때 Conditional Offer 합격	한국 대학 전형과 홍 콩대학 전형에 도움 이 됨.
평가 방법	수행평가 + 중간고사 + 기말고사	중국 대학은 한 국인이 외국인 전형으로 지원 4~5월 본고사	LA(한국식 수행 평가)와 수업 태도, 발표 등의 교 사 채점과 졸업 전 final test를 보고 IB center에 서 결정. 7월 6일 경 결 과 통보	AP 프로그램이더라 도 학교에서는 시험 을 치르고 내신 성 적을 따로 표시함. 단, AP 과목은 그 성적을 따로 제출할 수 있음.	IB와 마찬가지로 영 국에서 시행하는 시험 시간에 맞춰 시험 실 시, 결과는 졸업 전 통 보, 성적표에 반영 됨.	1월, 5월, 6월, 10월 11월, 12월에만 시험 실시 1~2개월 전 사전 등 록 필수, 지정 고사장 이용
한국 대학 지원	한국 대학 지원 시 인정	한국 대학 지원 시 불리함.	총점 38 이상 의미 있음	AP 자체로는 IB 보 다 저평가(단, 시험 자체는 한국 학생들 에게 도움이 된다.)	소수의 학교가 시행, IB 로 전환 분위기	문과 2,200 이상 이과 2,100 이상 의 미있음.
졸업 시기	다음해 1월		5월 말 또는 6월 초			

Chapter 3

중국 유학에는 교육이 없다

인생에 있어 사춘기는 매우 민감하고 중요한 시기다. 사춘기에 가장
중요한 정신은 자존감과 정서적 안정감, 편안함 등일 것이다.
적응력이나 창조력 등 일의 성취만을 너무 중시하면 정박할 항구 없이 정처
없이 떠다니는 목적 없는 배가 될 수밖에 없다. 중국 유학 생활은
적응력을 기르기에는 더할 수 없이 좋은 환경임은 분명해 보인다.
그러나 돌이켜 생각해 보면 적응력 보다 더 중요한 건
방향성을 찾는 데 더 많은 수고와 시간이 필요하다는 것이다.

01 그러면 중국 유학 어떻게 할 것인가

••• 중국의 대학과 대학원

중국의 대학교나 대학원은 고급 인력으로 특별 관리하는 체제다. 대학 입시는 통일 고시라는 시험을 국가에서 전국적으로 동시에 시행하여 성적을 취득한 대로 국가 정책에 맞추어 안배(분배)하는 시스템이다. 물론 각자가 지원하기는 하지만, 국가가 성적에 따라 우선적으로 배정하는 개념이다. 그래서 전과, 편입 등의 제도가 중국에는 거의 없다.

대학원 역시 연구생 시험을 국가에서 통일적으로 보는데 이 시험 또한 매우 어려운 편이다. 그리고 영어와 전공, 정치(역사·윤리 등 공산주의 관련 과목임) 등의 성적이 대학 평균 상위 그룹에 들지 않으면 대학원 진학이 어렵다. 그래서 중국에서 대학원에 합격할 정도면 영어 등 외국어 실력이나 전공 실력은 보장된다. 물론 학비도 국가지원이 많아 일부 특수한 전공을 제외하고는 경제적 부담이 거의 없는 실정이다.

한국 유학생들의 대학 졸업 후 진로는 대학 이름보다는 실력과 선후배의 관계가 더 중요한 역할을 한다. 중국에서 대학에 입학한다고 해도(대부분의 경우는 중국인들과 같이 치르는 졸업고사를 통과하지 못해 정식 졸업장을 얻지 못하고 수료증을 얻는 경우가 대부분이다) 중국 학생들과 경쟁해서 들어가는 것이 아니라 한국 학생들 끼리 경쟁해서 특별전형으로 가는 경우가 많다. 그렇기에 대학 이름 만큼 실력을 갖추지 못한 유학생들이 많다.

수재들의 성공 사례 때문에(성공 사례 수가 적음에도 불구하고) 부모들은 자기 아이들도 성공 사례의 주인공이 될 수 있을 것이라는 환상을 버리지 못하고 있다. 대다수의 평범한 아이들과 비교하여 위화감을 조성할 만한 특수한 사례임에도 불구하고, 일정한 패턴과 공통적인 성공 요소만을 보고 자신의 아이들도 타산지석으로 그리될 수 있다고 믿고, 중국이라는 열악한 교육의 사지로 내모는 현실을 볼 때 정말 안타깝기 그지없다.

●●● 중국 현지에서도 중국어보다는 영어를 잘해야 대우받는다

중국에서 천신만고 끝에 대학에 들어가 졸업을 했다 해도 전공 실력은 없고 단순히 중국어만 잘한다면 아무 쓸모 없다. 중국어는 중국 학생들이 더욱 잘하기에 회사에서는 중국 학생 채용을 더 원할 것이다. 한국 졸업생을 쓴다면 한국인으로서 중국어를 잘하기 때문이다. 중국에서 대학을 졸업했지만, 한국에서 대학을 졸업한 학생보다 실력이 없다면 중국 졸업생을 쓰는 것에 비해 나을 것이 없다.

필자의 대학 강단에서의 경험을 비추어 보면, 중국어를 잘하는 것보다 영어를 잘하는 것이 훨씬 더 중국에서는 대접받는다. 중국어를 잘하면 소수민족인 한국인이 중국어를 참 잘하네 하고 신기해할 뿐이지 크게 칭찬하지는 않는다. 그러나 영어를 잘한다면 칭찬을 넘어 존경의 눈길을 보낸다. 영어를 잘한다면 충분히 중국의 대학을 졸업할 수 있고, 중국의 고급인력들과 사귀는 데에도 훨씬 유리할 것이다.

또한, 중국 대학을 졸업한 한국 대학 교수는 거의 손에 꼽기 어려운 실정이다. 간혹 대만의 학교를 졸업한 경우는 있지만, 중국 본토에서 졸업한 경우는 극히 드물다. 그만큼 실력적인 면과 선배들의 인맥 면에서 상당히 불리한 여건이라고 볼 수 있다. 그리고 현지에 진출한 한국 업체들도 중국에서 졸업한 한국 유학생들의 실력을 거의 믿지 못하고 있어 현지채용을 꺼리는 실정을 충분히 알아야 한다.

필자는 중국에서 중국 대학생들만큼 영어를 잘하는 한국 유학생이 거의 없다는 현실이 안타까울 뿐이다. 중국말만 잘한다면 중국 학생들보다 나을 게 없다. 아무래도 중국 학생들만큼 중국어를 잘할 수는 없기 때문이다. 결국, 대학 졸업생이라면 대학교를 충분히 졸업할 만한 전공 실력과 자국어 실력을 갖추는 것이 선행되어야만 한다. 중국어는 '필요' 조건일 뿐이지 중국어과가 아닌 한 '필요충분' 조건인 것이다.

02 중국 학생들에게 사춘기란 없다

중 국인들은 일반적으로 사춘기를 잘 모르고 지나간다. 다시 말하면 어린이에서 곧장 어른이 된다. 그 이유는 어렸을 때부터 전원 기숙사 생활에 익숙하고 독립적인 생활습관이 몸에 배어서 우리가 흔히 알고 있는 청소년기나 사춘기를 거치지 않고 바로 어른에 이르는 것이다. 학교에서 어린 중국 학생들을 보면 중국 역사상 암흑기인 문화대혁명의 역사 속 홍위병을 떠올릴 정도로 어린 청소년들의 성인화는 거의 가공할 만하다.

물론 한편으로는 발표력도 좋고, 당당하면서 어른스러운 중국의 아이들을 보면 대견하기도 하다. 하지만 낙엽이 굴러가도 웃음을 참지 못하고 비가 오는 날 온종일 눈물을 하염없이 흘리는 사춘기 때의 감성을 모르고 지나갈 그들을 보면 안타깝기도 하다.

물론 중국에는 '왕따'나 학교 폭력이 오늘날 한국의 학교와 비교해 보면 현저히 적다. 이는 학교가 경찰력(공안)에 의해 통제되기 때문이다. 중국 학교는 학교 안에 파출소가 있다. 보위과라는 치안 담당이 있는데 이 보위과는 학교 관할 부서가 아니고 공안(경찰) 관할인데, 이것은 학교의 사고나 치안은 학교가 책임지지 않고 공안이 모든 질서를 책임지고 있다는 뜻이다.

연변에서 처음 필자가 교수로 근무하던 연변과학기술대학은 사립학교 개념으로 출발하여서 신성한 학교 안에 공안 파출소인 보위과를 두는 것이 상식적으로는 도저히 인정이 안 되어 여러 번 중국 정부(교육부)에 건의했었다. 하지만 학교 치안과 교육을 별개로 분리하여 생각하는 중국의 교육 제도와 치안제도를 끝내는 바꿀 수 없었고, 결국 학교 안에 보위과를 두어 경찰(공안)들이 공포 분위기를 조성하고 학교 치안을 담당하였다.

인생에 있어 사춘기는 매우 민감하고 중요한 시기다. 사춘기에 가장 중요한 정신은 자존감과 정서적 안정감, 편안함 등일 것이다. 적응력이나 창조력 등 일의 성취만을 너무 중시하면 정박할 항구가 없어 정처 없이 떠다니는 목적 없는 배가 될 수밖에 없다. 중국 유학 생활은 이처럼 적응력을 기르기에는 더할 수 없이 좋은 환경임은 분명하다.

중국 유학은 속도가 아니고 방향이다

필자의 세 자녀 역시 적응 부분에서는 꽤 성공적이었다. 그러나 돌이켜 생각해 보면 적응력보다 더 중요한 방향성을 찾는 데는 더 많은 수고와 시간이 필요했다. 중요한 것은 속력이나 현재의 위치가 아니고 아이들의 진로 방향이다. 조금 느려도, 목표 달성에 조금 못 미친다 해도 그 아이의 방향이 온전하다면 결국은 빠르게 목적지에 다가갈 수 있을 것이다. 인생의 긴 항로에서 현재의 속력이나 달성 정도에 너무 급급하여 그 방향성을 잃는다면 행복한 삶과는 영영 거리를 좁힐 수 없게 된다.

유학 중인 우리 자녀에게 제일 필요한 것은 역시 부모의 관심이다. 물론 관심은 간섭과는 질적으로 다르다. 사춘기를 보내야 하는 때, 유학 생활로 부모와 떨어져 있으면서 중국이라는 삭막한 환경에서 그 시기를 보내고 있다면 자녀에게는 정말이지 잔인한 경험이 될 것이다. 왜냐하면, 인생에서 사춘기를 잃어버리고 지나가야 하기 때문이다.

또한, 자녀가 부모를 간절히 필요로 할 사춘기 때, 부모는 언제나 자녀의 사정거리 안에 있어야 한다. 부모가 자녀를 도와줘야 한다고 생각하고 다가설 때 이미 우리의 자녀는 부모의 도움을 바라지 않을 정도로 커버려 늦은 경우를 주위에서 너무 많이 보아 왔다. 우리 어른들은 우리의 자녀들을 무분별하게 중국 조기유학으로 내몰아서 자녀들의 꿈 많은 사춘기를 박탈할 것인가?

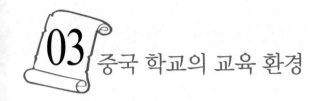

03 중국 학교의 교육 환경

중국은 우리나라보다 더한 자본주의 국가이다. 황금만능주의가 팽배한 나라다. 사람도 많고 장기거래 인신매매가 보통인 나라다. 청소년이라도 언제 어디서나 술과 담배를 살 수 있으며 대로나 공공장소라 하더라도 아무도 그들을 제재하거나 간섭하지 않는다.

귀가하는 어린 자녀를 납치하여 금품을 요구하고 심지어는 요구를 들어주지 않자 손가락을 절단하여 보내는 일까지도 벌어지는 곳이 바로 중국이다. 한국의 조기유학생들은 그들의 금전 수입의 한 대상일 뿐이다. 중국에서는 결코 우리의 자녀들을 교육의 대상으로 보지 않는다.

더욱이 서구의 열악한 지역과 마찬가지로 마약과 알코올 중독에도 흔히 노출되어 있고, 폭력 집단의 유혹도 만만치 않다. KFC, 맥도날드도 있지만 역시 유흥주점, 안마방, 룸살롱 등 한국과 마찬가지로 청소년 유해환경이 서로 경쟁하며 증가하는 실정이다. 한국처럼 청소년 유해환경이, 학교 주변 반경 500m 내에는 결코 위치하지 못하게 하는 법률 따위도 없다. 그리고 아무리 청소년이 동거 생활을 하거나 혼숙해도 간섭하지 않는다. 돈만 주면 미성년자와 성인들의 구분이 전혀 없는 곳이다. 중국에는 이렇듯 우리가 상상할 수 없을 정도로 유해환경과 업소들이 즐비한다.

한국에서 적응하지 못하는 학생은 중국에서도 적응하기 어렵다. 결국, 학생 개개인의 됨됨이와 성실한 현지 적응 능력이 중요하다. 다시 말하면 시간과 공간을 초월하여 탁월한 아이들은 일반적으로 독서를 통한 진정한 실력 배양이 돼 있을 뿐만 아니라 자기 주도적이고 자율적인 학습 태도, 꼼꼼한 자기 체크, 자발적이고 다양한 취미 활동, 리더십 기회의 적극적 활용 등 모든 유해 환경에 별 영향 없이 삶의 목표에 정진한다. 그러나 이와 같은 기본기가 없는 중국 조기유학생들에게는 무차별적으로 펼쳐진 청소년 유해환경이 도저히 견디기 힘든 상황으로 다가온다.

••• 성적이 모자라면 모자라는 점수만큼 기부금을 내고 입학한다

모든 중국인의 학교는 전원이 기숙사 생활을 하도록 설비를 갖추고 있으며 간혹 기숙사에 들어가지 않는다 해도 중국은 거의가 한 가족 한 자녀이기 때문에 부모들이 교문 앞에서 자녀들을 기다린다. 교문 앞에서는 부모와 자녀들 간의 배웅과 마중이 오고 가는 것이 보통이다.

그리고 중국은 중학교까지만 의무교육이고, 고등학교부터는 철저히 실력과 경제적 조건으로 학생들의 점수를 매기고 있다. 그렇기 때문에 고등학교 입학 시 커트라인이 모자랄 때는 점수당 금액을 환산하여 벌금을 내고 기여 입학하게 되어 있다. 1점당 기부금(벌금)의 액수가 정해져 있어 본인이 받은 점수가 합격점에 모자란 만큼 돈을 더 내고 입학한다. 그래서 점수가 조금 모자라면 조금만 기부금을 내고, 점수가 많이 모자라면 많은 기부금을 내야 한다. 그리고 외국인은 별도 정원이므로 학비를 중국인과는 다르게 비싼 가격으로 책정한다.

필자의 딸이 다녔던 고등학교인 베이징 80 중학의 경우 2012년 기준으로 등록금과 입학금, 각종 잡비를 합하면 연간 월 80~90만 원 정도였고, 외국인 기숙사 혹은 홈스테이의 경우 월 80~100만 원 정도는 줘야 비교적 좋은 환경을 얻을 수가 있다. 그리고 과외공부나 기타 비용을 합하면 월 150~250만 원 정도 들어간다. 물론 국제학교(International School)의 경우는 이보다 훨씬 더 비싸다. 학비만 해도 연 4~5만 달러로 웬만한 미국, 캐나다 등지의 학교와 비슷하거나 오히려 더 비싸다. 중국에서는 이처럼 외국학생들을 단지 거두어들일 수 있는 수입원으로 볼 뿐이다. 등록금 이외의 책값, 식비, 관찰학습비 등 여러 가지 잡비가 의외로 많다.

••• 사춘기 때 공산주의 사상 교육을 철저히 받는 교육 환경

중요한 인격 형성기인 청소년기에 인성 교육은 무시된 채로 민주주의와 자본주의 개념보다는 공산주의와 사회주의 사상이론에 치중한 교육을 하는 것이 중국의 교육 현실이다.

중국에는 대학생들이나 중·고등학생이나 초등학생 모두 예외 없이 사상 교육을 철저히 받는다. 사상품성과(思想品性科)라 하여 덕육(德育)―우리의 반공 도덕, 바른 생활 과목과 유사함―과 공산당 혁명사, 마르크스주의 이론, 덩샤오핑 이론, 마오쩌둥 사상 등이 필수 과목이고 그것도 토론보다는 주입식과 암기식 교육을 받는다.

물론 한국인만 따로 모아 교육하는 국제반에서는 사상교육을 면제해 주지만, 중국인들과 같이 교육받지 않고 모든 과목을 따로 교육받고 있어 중국인 친구를 사귈 기회를 원천적으로 박탈당한다. 그렇게 되면 중국 유학의 진정한 의미가 있을까? 또한, 한국인 유학생들은 누구나 중국인들이 묵는 기숙사에는 절대 들어갈 수 없고 외국인들이 묵는 숙소에 비싼 돈을 내고 따로 묵어야 한다. 그것은 외국인들을 보호해야 한다는 허울 좋은 명목이지만, 결국은 외국인을 금전적으로 환산하여 보는 그들의 상술이 저변에 깔려 있음은 물론이다.

필자는 중국 대학의 건축과 교수로서 유치원 건물 설계를 학생들에게 가르치고 있다. 그렇기 때문에 자주 유치원을 방문하여 고찰할 기회가 많았다. 이때 본 중국의 유치원을 보고 놀란 적이 많았다. 그야말로 탁아소 시설 못지않은 형태로 거의 종일반을 운영하고 있다. 일률적, 획일적인 교육으로 아이들을 가르친다. 물론 영어나 한어(중국어) 두 가지 언어를 교육하는 일이나, 특별활동과 특기 지도 등 헤아릴 수 없는 전문적인 다양한 교육을 시키는 것은 사실이다. 하지만 중국의 학교는 수용소와 같다

중국의 유치원은 그 종류가 사실 천차만별이다. 가격도 비쌀 경우에는 우리 돈으로 월 50~100만 원 선이고, 저렴할 경우에는 5~10만 원 정도 된다. 그러나 사회주의 교육과 집단 수용시설을 기본으로 하기에 집단적인 휴식, 취침 시간 등을 위해 유치원에 침대 시설을 구비한다. 물론 침실 전용 방을 따로 마련해야 하며, 오후에는 어김없이 취침시간 2시간이 마련되어 있다. 모든 원생들이 간이 기숙사 같은 2층, 3층 침대를 두고 자는데,

그중 졸리지 않은 원생이라도 조용히 앉아서 다른 원생들과 취침을 의무적으로 해야 한다. 졸리지 않은 원생이 멍하니 앉아 있는 모습이 무척 인상적이었다. 물론 떠들 수는 없고 잠은 안 오는데 관심 갖는 선생은 그 어디에도 없었다.

••• 중국 여성의 사회 참여가 많은 이유는 유아 수용 시설의 발달 때문이다

중국에는 여성 해방이 일찍 시작되었고, 모든 분야의 사회 진출에 남성과 동등하다. 그렇게 되기까지는 여성이 육아에서 해방되는 것이 절대적으로 필요했다. 중국 사회는 이 육아 문제를 근본적으로 일찍부터 해결해 놓았다. 아이들을 낳자마자 유치원에 보낼 수 있다. 물론 아침에 맡겨서 저녁에 찾아가는 종일반은 물론, 월요일에 맡겨서 금요일이나 토요일에 찾거나 아주 월초에 맡겼다가 월말에 찾는 경우도 있고, 학기 초에 맡겼다가 학기 말에 찾는 경우도 있다. 이러한 육아에서의 해방이 여성의 사회 진출을 이끌어낼 수 있었던 것이다.

이런 환경에 일찍부터 우리 아이들을 맡겨놓고 중국인과 같이 사회주의 인격을 갖춘 공산주의자를 만들 것인가, 아니면 물질주의와 무신론에 입각한 유물사관이 투철한 중국인을 만들 것인가. 어릴 때 중국의 교육 환경에 노출되어 있을수록 민주주의 사회를 살아가는 국제화된 인물을 기대하는 것은 점점 어려워질 수도 있다. 중국의 특수화된 교육 현실 속에서는 말이다.

●●● 개인의 특성을 살릴 기회가 적다

중국은 부전공이나 복수전공, 전과, 편입 등의 제도가 거의 없다. 중국은 아무리 자본주의화 되어 있어도 교육과 정치는 여전히 완벽한 공산주의다. 계획경제 개념의 교육이념을 펼치고 있기 때문에 변수가 많은 교육은 하지 않는다. 왜냐하면, 잘하는 학생을 추리고 못하는 학생은 못하는 대로 사회에 봉사하게 하는 거지 못하는 학생의 장점을 발굴할 이유가 별로 없기 때문이다. 잘하는 학생들만 추려도 충분하다. 그래서 못 따라오는 학생들을 챙길 여유를 가질 필요가 없는 것이다. 중국이나 외국에서 성공한 자랑스러운 조기유학생들을 보면, 그야말로 피눈물 나는 노력과 고통이 있었음을 간과해서는 안 된다.

성공한 유학생 중 『7막 7장, 그리고 그 후』의 저자인 홍정욱 군이 있다. 그는 자신의 영웅인 케네디의 행로를 따라 케네디의 모교인 초우트 스쿨과 하버드를 목표로 어려움을 이겨냈다고 자신의 자서전에서 쓰고 있다. 그들이 꾸었던 꿈, 혹은 지금도 간직하고 있는 꿈이 옳으냐 그르냐라는 가치 판단과 실현 가능성의 문제는 잠시 보류하기로 하자. 그러나 많은 사람들이 말하는 중국의 교육 환경은 앞에 얘기한 그들의 환경보다 훨씬 더 열악하다.

●●● 무관심은 학대이다. 이것을 이겨내는 것이 중국 유학 성공이다

이처럼 성공한 이들 모두는 예외 없이 어떠한 시련과 역경 앞에서도 결코 포기할 수 없었던 변하지 않는 꿈을 가지고 있었다. 하나같이 케임브리지를 꿈꾸었고, 자연과학 분야에서 한국인 최초의 노벨상 수상을 꿈꾸었으며, 인공지능 분야의 세계적인 전문가가 되겠다는 꿈이 있었다. 그러나 중국에 조기유학 온 학생들 대부분은 자신이 원해서 온 경우보다는 부모가 선택해서 아이들의 등을 떠민 경우가 대부분이었다.

필자의 눈으로 본 중국의 외국인에 대한 교육은 무관심 그 자체다. 이렇게 열악한 여러 요인들과 환경이 아이들을 더욱 힘들게 하고 좌절하게 하였다. 그러나 우리의 부모들은 중국 조기유학의 문제점을 아이들이 아직 꿈을 갖지 못하였거나 상실하였다고 생각하고, 여기에서만 문제의 원인을 캐고 있다. 우리 부모들의 무모한 도전과 요구에 중국으로 온 많은 자녀들이 그 꿈을 꽃피우지 못하고 엄청난 시련과 유혹 앞에 어쩔 수 없이 무너져 가는 것을 보는 일은 정말 가슴 아픈 일이다.

04 중·고생이 유학 생활을 더 적응하지 못하는 이유

중국의 외국인에 대한 교육은 돈을 목적으로 한다. 또한, 중국의 교육은 공산당 교육이 기본이다. 사춘기인 중학생 때 필요한 건 지식 전달만이 아니다. 중국 현지 학교에서 그 시기에 중국식 교육만을 받는다면 한국 학생은 매우 힘들 것이다. 그래서 한국 교사로부터 생활 지도를 따로 받고 한국인으로서의 소양을 따로 배운다. 물론 기숙사도 중국 학생들과는 따로 배정된다.

중국 아이들과 같이 수업을 받으면 공산주의 교육을 받게 되고, 따로 교육을 받으면 중국 학생들과는 따로 수업을 받으므로 유학의 의미가 없어지고 격리 수용의 의미만 높아진다. 중국 유학은 결국 모순에 봉착하게 된다.

쌍어학교는 두 가지 언어를 가르치는 곳, 외국인 학교는 수재만 버티는 곳이다. 그렇다면 어느 대학을 갈 것인가? 한국 대학? 중국 대학? 미국 대학? 한국 대학을 가기 위해서는 영어, 수학이 필수고, 미국 대학 역시 영어와 수학 능력이 필요하다. 중국 대학은 외국인 전형이기에 영어와 중국어 HSK 급수를 원할 뿐이다.

••• 중국 조기유학이 좋지 못한 이유

1) 중요한 인격 형성기인 청소년기에 민주주의와 자본주의 개념보다는 공산주의와 사회주의 사상 이론에 치중한 교육을 받는다.

2) 중요한 인격 형성기에 한국인으로서의 정체성을 상실한다.

3) 꿈 많은 청소년 시기에 사춘기를 경험하지 못한다.

4) 젊은 시절에 평생을 같이 할 좋은 친구를 사귈 기회가 적다.

5) 한국식 예절 교육을 기대할 수 없다.

6) 청소년기를 단순히 시험이나 모험으로 보낼 수는 없다.

7) 낙오하거나 실력이 조금 모자라는 학생은 학대받는다.

8) 개인의 특성을 살릴 기회가 적다.

9) 중국 조기유학이 졸업 후 진로를 보장하지 못한다.

10) 중국은 한국 청소년을 유혹하는 청소년 유해 환경이 너무 많다.

11) 유학 비용이 결코 싸지 않다.

12) 중국어는 잘하나 나머지 학력은 비정상적인 수준이 된다.

13) 중국의 교육 환경은 엄청난 스트레스를 창출한다.

05 중국 조기유학 망하는 길 22가지

중국 유학 붐이 일면서 일부 한국 내 중국 유학원들의 과대 광고로 인한 피해가 크다. 특히 학생 모집 마감이 다가오면 '장삿속'에 물든 유학원들의 광고 전쟁까지 불붙고 있어 우려는 증폭되고 있다. 피해를 막기 위해서는 정확한 현지 정보 파악이 필수적이다.

사실 2013년 현재 중국에 유학 중인 우리 학생들은 언어연수생까지 합해 비공식 통계로 약 8만 명이 된다고 한다. 거기에다 현지 진출기업 주재원의 초·중·고 자녀들까지 합하면 10만 명이 훌쩍 넘어갈 것이다. 그러나 중국 유학생들 대부분은 한국에서 실력이 없어 도피처로 물가가 싼 중국 유학을 선택했고, 그렇지 않으면 부모들은 현 실정보다 막연히 중국전문가로 키우는 게 미래를 위해 좋겠다는 인식으로 선뜻 중국으로의 유학을 결정하고 있다. 미국이나 유럽에 갈 돈과 실력이 있으면서도 중국에 오는 이가 그만큼 적다는 얘기다.

그러나 현지 대학을 졸업하고도 취직할 때 인정받지 못하므로 오히려 취직 전선에서 낙오되는 실정이고, 대부분의 유학생들이 매일 놀고 즐기느라 공부는 꼴찌를 벗어나지 못하고 있으며, 치열한 경쟁을 뚫고 들어온 중국 학생들과는 달리 서로가 서로를 배척하며 겨우 졸업하는 경우가 허다하다. 그나마 졸업장을 정식으로 받는 경우도 그리 많지 않다. 많은 학생들이 진수생(청강생)으로 학업을 마치는 것이 흔한 일이 되었다. 특히 중국의 문화가 통제 없는 자유방임 상태고 유학생을 통해 돈 벌기에 급급한 터라 아이들은 유학 중 위험한 환경에 노출됨은 물론이다. 다음은 인터넷에서 유학생들의 글을 정리하여 모아 보았다.

••• 중국 유학 망치는 길 22가지

하나, 유학원 말만 믿어라

참고일 뿐이지 전적으로 믿어서는 안 된다. 부모도 힘든 자녀 관리를 24시간 할 수 있는 곳이 어디 있겠는가? 중국인들은 외국인 교육에 대해 관심이 없다. 다만 외국인들 교육 비용에 관심이 있을 뿐이다.

둘, 친구들이 가니까 나도 간다

뚜렷한 목표의식 없이 가면 무조건 끝장이다. 투철한 목표의식을 가지고 유학을 간 학생들도 중국 교육의 높은 벽에 대부분 녹아난다. '중국 가면 중국 땅이니 중국어 열심히 하겠지', '뭐 대충 졸업하면 되겠지' 하고 생각하지만, 대충 되는 일은 아무것도 없다. 환상일 뿐이다. 유학의 꿈을 일찍 접어라. 한국에서 못하는 공부가 어찌 중국에서는 잘 되겠는가? 내가 결심하지 않으면 안 된다.

셋, 사전 답사나 조사 없이 가라

무조건 망한다. 유학원 말만 듣고 가는 것은 가시밭길로 들어가는 거다. 직접 꼭 사전답사를 다녀오라.

넷, 베이징대학교 칭화대학교 등 명문대만 찾아라

명문대학생들은 중국의 13억 인구 중 뽑히고 뽑힌 인재들이다. 그들과 경쟁할 충분한 실력이 없이는 '왕따'를 당할 뿐이다. 그래도 명문대 이름 값은 하겠지 하고 짐작들을 하겠지만 허울일 뿐이다. 다만 한국에서 특정한 전공을 마치고 공부의 연장으로 대학원을 택할 때 명문대를 지원할 수 있다. 그러나 이 경우도 충분한 중국어 실력이 바탕이 되어야 한다. 무턱대고 명문대 가서 천신만고 끝에 졸업해도 중국 기업들은 한국 사람을 채용하려 들지 않는다. 더구나 베이징, 상하이는 한국 유학생에 대한 인식이 좋지 않다.

다섯, 중국 학교만 입학시키면 모든 것이 해결된다

입학은 겨우 시작일 뿐이다. 조기유학 후 한두 번 학교를 바꾸지 않은 조기유학생들은 거의 없다. 조기유학을 경험한 부모에게 직접 물어보면 된다.

여섯, 상하이, 광저우 등 큰 도시만을 고집하라

상하이와 광저우, 베이징은 이미 우리의 파트너가 아니다. 그들은 미국과 유럽을 파트너로 생각하고 있다. 필자가 1년간 교환교수로 있던 칭화대학에서 이미 한국 사람은 서양사람 틈에서 숨쉬기조차 힘든 실정이었다. 중국은 워낙 넓어서 그곳 말고도 정부에서 투자하는 곳이 많기에, 아직 외국인이 많지 않은 곳이 훨씬 경쟁력 있다.

일곱, 한국처럼 촌지가 통한다고 믿어라

로컬학교일수록 더욱 경직되어 있다. 돈보다는 마음이다. 그 돈으로 비행기 값이 들더라도 한 번 더 관심을 갖고 아이에게 찾아가 보라. 한국의 나쁜 풍토를 중국에까지 전염시키지 말기를 바란다.

여덟, 한국 유학생들하고만 어울려라

유학생들이 중국인들을 '왕따' 시키는 게 아니라 그들에게 유학생들이 '왕따'당하고 있음을 알아야 한다. 정말로 망하는 지름길이다.

필자는 정말 중국에서 유학 후 사업에 성공하고 싶으면 한족 여자와 결혼을 할 것을 권하고 싶다. 그만큼 믿을 만한 중국 친구를 사귀는 것이 힘들기 때문이다. 진실한 중국 친구 하나 없이 중국에서 받은 졸업장만으로 사업을 시작한다는 것은 너무 위험하다. 그때의 졸업장은 휴짓조각에 불과하다.

아홉, 큰 도시나 한 도시에만 있어라

중국은 큰 나라다. 한 나라지만 문화와 관습이 56개 민족 각각 모두 다르다. 여행을 다닌다는 건 그 지역 사람들의 풍습, 문화, 지리, 물가 동향 등 직접적인 체험과 더불어 소중한 경험이 될 것이다.

예를 들어 베이징에서 명문대를 다니는 어느 학생과 종합순위 면에서 조금 떨어지지만, 헤이룽장성에서 제일 좋은 대학을 다니는 학생이 있다고 치자. 어떤 기업이 헤이룽장성으로 진출하려고 할 때는 명문대인 베이징대학교를 나온 사람 대신 그 지역 대학을 나온 인재를 쓴다는 것이다. 특히 중국은 지방색이 많음을 명심하라.

열, 중국 사람, 중국 학생을 얕봐라

중국 학생을 지저분하다고 겉만 보고 판단하지 마라. 중국인들은 겉만 봐서는 판단할 수 없는 민족이다. 천천히 진지하게 그들을 대하지 않으면 필경 큰 낭패를 보게 될 거다. 그들은 엄청난 인구를 자랑하는 중국에서 뽑히고 뽑힌 인재들이다. 우리가 그들을 지저분하고 매너 없다고 '왕따' 시키려 하지만, 사실은 그들이 우리를 '왕따'시키고 있는 것이다. 실력도 없이 돈으로 들어온 외국인 친구들이라고 우리를 비하하고 있다.

아직도 우리나라 사람들은 중국 하면 좀 낙후된 나라라고 인식한다. 중국인들을 자세히 보면 좋은 점이 분명히 보인다. 그들과 잘 사귀는 것이 여러분의 앞날에 소중한 재산이 될 것이다. 그들과 잘 사귈 자신이 없으면 아예 중국은 가지 않는 것이 낫다.

열하나, 중국 학교와 중국 교육을 얕봐라

중국 학교는 나름대로 15억의 인구를 교육하는 노하우를 가지고 있다. 그들에게는 우리가 깰 수 없는 성역이 있다. 중국에도 최고의 석학들이 많다. 중국인들에게는 중국식 교육이 최상의 방법이다. 중국식 교육의 장점을 주목하여야 한다.

열둘, 대외한어과 등 한국인 우대과를 가라

몇몇 유학원들의 감언이설로 많은 한국인이 중국에 돈을 벌게 해 주는 결과만 낳고 있다. 대외한어과를 나와도 전문대 졸업장보다 못하다. 한국인을 특히 우대하고 한국인만 모집하는 과는 보나 마나 장사하는 곳이다. 한국인은 중국 교육 장사의 최대 희생양이라는 사실을 잊지 말아야 한다.

열셋, 졸업장만 받으면 된다

물론 졸업장은 중요하다. 그러나 더욱 중요한 것은 장래 계획이다. 졸업을 하고도 실력이 없으면 아무 소용이 없다. 그리고 한국처럼 대학에서 학사를 주면 끝나는 것이 아니라 학사와 정부에서 인정해 주는 증서가 있어야 한다. 이게 없으면 대학을 나오나 마나이므로 꼭 확인해야 한다. 중국에서는 실제 실력이 없으면 학사증도 휴짓조각에 불과하다. 가짜 졸업장도 언제든지 만들 수 있는 나라인 만큼 중국에서는 증과 실력, 이 두 가지를 함께 요구한다.

열넷, 중국 학교는 중국 학생과 유학생을 동등하게 대한다고 믿어라

중국은 유학생이 해외사업의 일환일 뿐이다. 유감스럽게도 유학생은 오로지 비싼 등록금을 내는, 학교수익을 올려주는 돈의 가치로만 볼 뿐이다.

칭화대학교와 베이징대학교가 조만간 우리나라에 정식으로 입학생을 대대적으로 모집하고자 한국에 분교를 만들 것이다. 그때가 되면 아마도 그 대학 들어가기가 더 힘들 것이다. 우리나라 사람들의 경쟁률은 더 높아지고 등록금은 더 인상될 것이다. 중국 학생들과 유학생과는 근본적으로 출발이 다르다.

열다섯, 등록금이 비싸니 중국에서 자선사업가가 되라

중국에 대한 한국 유학생들의 자선사업은 다름 아닌 비싼 등록금이다. 일반 중국 대학생의 등록금보다 서너 배 이상으로 비싼 등록금을 내면서도 수업은 나가지 않는 많은 한국 학생들의 행동을 자선사업에 비유하면 알맞을 것이다.

열여섯, 무슨 수단을 써서라도 합격만 하고 보라

한국은 일단 합격만 하면 어떻게든 졸업이 되고 또 졸업하면 그만한 졸업장의 가치가 있다. 그러나 중국은 그렇지 않다. 실력이 없으면 졸업하기 어렵고 설사 졸업해도 실력이 검증되지 않으면 뒷문(돈으로 만든 졸업장을 흔히 이렇게 말함) 졸업장임을 금방 알아챈다.

그리고 중국의 명문대인 칭화대학교의 경우 중간 편입 과정이 없다. 그럼에도 한국 내 광고에는 '편입 가능'이 버젓이 적힌 광고가 나가 학생과 학부모들을 혼동시키고 있다. 10여 개에 이르는 한국 내 주요 유학원들 가운데 한 곳은 인터넷 등 광고를 통해 중국어 평가시험인 한어수평고시(HSK) 등 별도의 시험 없이 칭화대학교 중국어학과 100% 입학 보장이라는 광고를 연일 내보내고 있다. 베이징의 한 소식통은 이는 부풀린 광고로 유학생들을 현혹시키고 있다고 지적했다.

칭화대학교는 계약을 맺은 일부 한국 내 유학원의 부풀리기 광고에 난색을 표하고 있다. 한 관계자는 이번 시험은 엄격히 적용될 것이라며 합격선을 통과하지 못한 경우 입학이 불가능하다고 못 박았다. 이는 유학원 쪽의 100% 입학 보장이라는 과대 광고와는 마찰이 예상된다. 이 대학은 또 시험을 통과한 학생들도 수준을 보장할 수 없다는 이유로 별도의 학사 과정을 검토 중인 것으로 전해지고 있다.

열일곱, 무조건 기숙사에 들어가라

중국은 일반적으로 기숙사가 외국인용은 내국인과 달리 비싸고 별도로 관리된다. 중국의 기숙사는 다른 외국과는 다르다. 집단 수용소를 생각하면 될 것이다. 외국인 전용 집단 자유 수용 구역이라고나 할까?

특히 한국인 유학생 기숙사는 면학 분위기와는 거리가 멀다. 중국 이외의 외국 기숙사를 생각하면 큰 오산이다. 중국인들과의 교류도 거의 없는 곳이 중국 외국인 기숙사다. 대부분 학교 밖보다 싸지도 않고 외국인만 거주하는데 거의가 한국인이다. 차라리 학교 근처의 유학생을 위한 꽁우

(아파트형)가 훨씬 더 저렴하고 분위기가 좋다. 어차피 유학생은 고독한 자기와의 싸움임을 명심하라.

열여덟, 한국 유학생 모임에 빠짐없이 꼬박꼬박 참석하라

개강 파티, 축구시합 구경, 야유회, 유학생 단합대회 등 모임도 많다. 이 모든 행사를 참석하면 낙제(뿌지거)만 있을 뿐이다. 일본 유학생, 동남아 유학생이 같이 시작한 언어반에서 한국 학생들이 최후에는 보이지 않는다.

열아홉, 돈이면 다 된다고 믿어라

돈으로 되는 것이 물론 많다. 그러나 돈으로 안 되는 것이 더 많은 곳이 중국이다. 그들에게 적정 가격이란 말은 없다. 그들은 상대방의 돈이 다 떨어질 때까지 이용한다. 그러므로 돈이 많으면 많을수록 위험한 곳이 중국이다. 돈이라면 목숨을 거는 곳이기 때문이다.

스물, 중국어만 잘하면 된다고 생각하라

중국에는 중국어 잘하는 사람이 많다. 한국인으로의 정체성이 없다면 무용지물이다. 어학 전공이나 동시통역사가 목표가 아닌 이상 전공이 훨씬 더 중요하다. 어학 전공이라도 다른 전공이 있어야 훨씬 더 대접받는다.

스물하나, 1~2년만 배우면 중국어를 할 수 있다고 생각하라

언어가 그리 쉽게 되겠는가? 언어는 습관이다. 충분한 기간이 필요하다. 자녀들을 너무 다그치지 말자.

스물둘, 언어는 항상 둘째라고 생각하라

술 파티만 하다가는 그야말로 몸 버리고 돈 버리고 남는 것은 병뿐이다. 연수학원에서 배우는 것만으로는 부족하다. 대학 과정을 순조롭게 이수하려면 '1년 공부'로는 힘들다는 지적이 많다. 대학 본부에서 파견된 중국인 강사진이 태부족인 상황에서 수업의 질도 보장할 수 없기 때문이다. 현재 대학 본부가 중국인 강사진을 정식으로 파견해 학적 및 학사 과정을 체계적으로 관리하고 있는 곳은 어언문화대학 등 극소수에 지나지 않는다. 비전문 강사를 채용해 때우기 수업을 진행 중인 유학원들도 적지 않다. 명문대 본과 진학을 위해서는 新 HSK 4~5급이 필수며 이는 보통 국내 4년제 대학을 졸업하거나 중국에서 2년은 공부해야 도달할 수 있는 수준이다.

중국 유학에도 발상의 전환이 필요하다

60~70년대에는 일본 유학파들이, 80~90년대에는 미국과 유럽 유학파들이
20세기 한국의 경제를 이끌어간 인재들이었다.
이제 앞으로 21세기는 중국 유학을 통한 국가적 인재들을 적극 양성해야 할 것이다.
정부와 기업체 학계 모두가 힘을 합하여 중국 유학생 10만 명을
양성하는 데 총력을 기울여야 할 것이다.

중국 유학은 이제 선택이 아니고
필수다

••• 중국 유학, 율곡 이이 선생의 '10만 양병설'을 기억
해야 한다.

중국은 이제 세계 경제에서 주도적인 위치에 있다. 미국을 견제하기 위
해 급성장해 왔던 중국. 중국이라는 거대한 대륙은 이제 누구나 한 번쯤
은 꿈의 발판으로 생각해 보았을 만큼 급속도로 성장하고 있다. 중국의
성장은 이처럼 누구에게나 기회처럼 보인다. 21세기는 중국 대약진의 시
대가 되었다. 중국 유학은 이제 선택이 아니라 필수가 될 날이 머지않은
것 같다.

현재 우리에게 급선무는 미래를 준비하는 일이다. 자원이 절대적으로
부족한 우리가 준비해야 할 것은 무엇보다도 유능한 인재 육성이다. 먼저
그러기 위해서는 중국에 유학생 10만 명을 보내자. 그리고 조선족 200만

의 5%인 10만 명을 한국에 데려와서 한·중 미래를 위한 전문가로 키우는 계획을 검토해 보자.

지금까지 중국에 유학 중인 우리 학생들은 언어 연수생까지 합해 비공식 통계지만 약 4만 명이 된다고 한다. 거기에다 현지 진출 기업 주재원의 초·중·고 자녀들까지 합하면 7~8만 명 정도가 될 것이다. 그러나 대부분 미국이나 유럽을 가기에는 경제력이 모자란다든가 실력이 부족하다든가 해서 중국을 택한 경우가 대부분이다. 그러나 중국은 그리 만만한 나라가 아니다.

그래서 현지에서 대학을 졸업하고도 요사이에는 취직이 어렵다고들 한다. 이것은 현지 기업들이 현지의 유학생 출신을 선호하지 않기 때문이다. 그 이유는 여러 가지가 있겠지만, 결국은 한국에서 채용하는 인력보다는 현지에서 채용하는 인력이 업무수행 능력 면에서 떨어지기 때문이다.

치열한 경쟁을 뚫고 들어온 중국 학생들과는 달리 한국 유학생들은 서로 '왕따'를 정하고 따돌리는 상황이 번지면서 공부에 치열하게 매달리는 학생 수가 적고 근근이 졸업하는 경우가 허다하다. 졸업장을 정식으로 받지 못하고 많은 학생들이 진수생, 즉 청강생으로 학업을 마치는 경우가 이미 흔한 일이 되었다.

율곡 이이 선생께서 임진왜란이 일어나기 전 이미 조선의 앞날을 내다보고 '10만 양병설'을 주장하였으나 대신들의 시기와 질투에 밀리고 선조의 무능력으로 인해 결국 폐기되고 말았다. 물론 율곡의 말대로 10만 대군을 양성했더라면 조선의 역사는 달라졌을 것이고, 왜놈들에게 국토를 유린당하는 일은 없었을 것이다. 역사를 돌이켜 봄으로써 앞으로는 국가·정부·학교가 나서서 좋은 인재를 발굴하여 학생들을 중국 엘리트층으로 보내야 한다. 그래서 중국에서도 한국 유학생에 대한 시각이 하루빨리 바뀌기를 바란다.

그리고 중국은 요즘 2, 30대의 청년사업가가 활발히 활동하고 있다. 그 이유 중 하나가 중국은 모병제로 병역의무가 없고 단지 직업군인만 있기 때문이다. 따라서 대학을 졸업한 23세 정도의 청년이라면 벌써 직장에 다니거나, 혹은 개인 사업을 하고 있다. 직장에 다니더라도 뜻 맞는 친구 한두 명만 만나면 직장을 그만두고 바로 사업을 할 수 있다. 물론 사업 규제 법규가 우리나라처럼 복잡하지도 않다. 이것은 아마추어들도 쉽게 뭔가를 시작할 수 있다는 것이다. 중국 사회에서는 어리다고 그 사람을 폄하하거나 하지 않는다. 오로지 제품의 가격과 품질로만 평가한다. 거기에다 사람 관계가 중요한 요소로 작용하고 있다.

그들의 국제 감각은 아직 우리보다 한 수 아래라고 할 수 있으나, 10년 경험을 가진 우리나라 사람들과도 시장에서 잘 경쟁하고 있다. 홈그라운드라는 이점도 무시할 수 없지만, 한국은 그 이점만 따라잡는 데도 몇 년의 시간과 정력을 허비해야 할 것이다. 그다음에야 동등하게 경쟁할 터를 갖는 것이 중국의 시장이다. 중국에서는 청년 아마추어들과 경쟁해서 매번 실패하는 우리나라의 유경험자들을 너무 많이 목격할 수 있었다.

그래서 우리나라의 미래를 위해 유학생 '10만 양병설'을 주장하는 것이다. 중국은 누가 뭐래도 우리나라에는 위협의 대상이면서 우리와는 떨어질 수 없는 친밀한 관계이기도 하다. 중국을 피하거나 건너뛸 수는 없다. 오로지 같이 공존해야 한다. 앞으로 30년 후를 내다본다면 율곡이 주장했던 바대로 중국에 10만 유학생을 양성할 필요가 있다. 또한, 중국 조선족의 5% 정도인 10만 명 정도는 한국에 유학시키거나 재교육하여 한·중 미래를 짊어질 역군으로 양성한다면 우리의 미래는 훨씬 밝아질 것이다.

뛰어난 조선족 인재들을 우리 편으로 끌어들이자

1992년 중국과 수교할 때 많은 사람들이 시기상조라고 했던 기억이 난다. 그러나 지금의 현실을 보자. 중국과의 수교가 몇 년 더 늦었더라면 큰 손실이 뒤따랐을 것이다. 아마 필자의 생각으로는 중국과의 수교가 2~3년만 빨랐어도 IMF는 오지 않았을 것이다.

중국에 있는 뛰어난 조선족 인재들은 모두 다 중국어와 한국어를 구사하며 일본어 또는 영어를 자유롭게 구사할 수 있는 최고급 두뇌들도 있다. 우리가 지금 그들을 우리 편으로 흡수하지 못한다면 10년도 지나지 않아 즉 머지않은 장래에 중국에서의 조선족과 한국인의 지위는 역전되고 말 것이다. 그리고 그들은 더 이상 대한민국을 조국으로 생각하지 않을 것이다. 지금 우리가 할 수 있을 때 그들을 적극 돕는다면 밝고 투명한 미래를 기대할 수도 있을 것이다.

실력은 우선, 중국 문화와 관습을 배우고 익히자

중국에 유학하는 청년들을 이제는 우리의 경험 잣대로만 평가해서는 안 된다. 중국 대학을 졸업하고, 한국 기업에 취직해서 중국 전문가로 활동하게 해야 한다는 것이 우리가 모두 원하는 바이다.

또한 중국 유학생들은 시간이 지날수록 생활 속에서 중국 문화와 관습을 철저히 파악하고 익히도록 해야 한다. 그래야 중국에서 사업을 하거나, 중국기업에 진출했을 때 자신의 목표를 다양화시킬 수 있는 기반이 될 수 있다.

유학생 중 자격이 있는 일부 유학생들은 기업체에 입사하여 중국 관련 업무를 익히면서 자신의 실력을 배양해야 한다. 그들 중 일부는 석·박사를 통과하여 관련 전문학자로 진출할 것이다. 그 외 유학생들은 개인 사업을 통하여 중국 청년들과 경쟁할 수 있다. 중국 청년들이 내수시장에서 관계를 매우 중요시한다면 우리는 해외시장에서의 관계를 갖추고 있다는 이점이 있다.

기업에 입사를 하더라도 수십 년간 뼈를 묻어 충성하겠다는 각오는 이제 버려야 한다. 항상 배우려는 자세를 갖추고 때를 만나면 미련 없이 독립할 수도 있다는 각오를 키워야 한다. 중국사람 중에서 직장에 뼈를 묻겠다는 청년은 단 한 명도 본 적이 없다. 중국에 진출한 우리 기업들은 직원들의 이러한 이직률 때문에 무척 힘들어하고 있다. 그러나 다른 면으로 살펴보면 조직의 역동성을 불러올 수도 있다. 기업들은 환경에 맞게 조직을 바꿔가야 할 책임이 있기 때문이다. 역동적이고 진취적인 방법을 선택하여 바로 이 유학생들의 성공 준비 기간을 반으로, 십 분의 일로 단축해야 한다.

중국의 LG는 이제 중국 기업이다. 중국 땅에서 중국 자본으로 중국 사람들이 중국 재료로 만든다. 이처럼 글로벌한 시각을 갖추고 우리의 지평을 넓히는 것이 중요하다. 우리가 중국에서 잘 적응하지 못한다면 그들에게 이용당하고 만다. 밑천이 적으면 큰 판에서는 결코 이길 수 없는 것이 당연하다. 우리는 중국이라는 거대한 용을 상대로 총명한 인재로서 승부를 걸어야 한다.

중국에 진출할 훌륭한 유학생을 발굴하자

지금 중국 유학생은 기하급수적으로 늘고 있다. 그러나 양적 증가에 비해 질적으로는 우리가 아는 대로 극소수 유학생을 제외하고는 형편없는 실정이다. 시설, 기술, 자본 이 모든 것이 확보되어 있어도 결국 제일 중요한 것은 인적 자원이다. 그러므로 사람을 키우는 것보다 더 확실한 투자는 없다. 사실 최근 중국 붐이 일어 중국 유학생이 증가한 것은 사실이지만, 정말로 실력과 능력을 겸비한 자원들은 유럽이나 미주를 택하는 게 현실이다. 국비 유학생 대부분은 살기 좋고 환경이 좋은 유럽이나 미국을 택한다.

중국에서는 박사학위를 얻기도 힘들 뿐만 아니라 설사 박사학위를 취득하고 돌아와도 한국 대학이나 한국 사회에 돌아와 정착하기란 아직은 정말 힘든 것이 사실이다. 아직 우리나라 같이 학연과 지연이 교착된 곳에서는 중국 유학파는 발을 붙이기가 참으로 힘들기 때문이다. 이처럼 정책적으로 제도적으로 중국에 진출할 훌륭한 유학생을 끌어들이지 않는다면 좋은 자원을 발굴한다는 것은 무리로 보인다.

아주 고급 인력은 아니라도 영어 IBT TOEFL 100점 정도에 중국어 능력 시험(新HSK) 5급 정도 수준의 국비 지원 유학생을 모집하여 중국으로 보낸다면 적은 비용으로 많은 인력을 충분히 키울 수 있다. 실제 미국이나 유럽 유학생들 비용의 5분의 1 정도면 중국 유학이 가능하기 때문이고, 지금처럼 무분별한 한국 유학생들에 대한 중국 사람들 시각도 충분히 바꿀 수 있으리라 생각된다.

지금 이 기회를 충분히 살려 중국으로 보낼 10만의 한국 유학생들을 확보하지 못하거나 한국에 보낼 10만의 조선족 유학생들을 확보하지 못한다면, 임진왜란 때 왜놈들에게 유린당했던 국토는 아마 거대한 중국에게 또다시 당할 수도 있다는 시나리오를 생각해 볼 수 있다. 이대로 가다가는 20~30년 뒤에 분명히 중국은 거대한 용으로 하늘을 삼킬 듯한 위용을 갖추고 있을 것이다.

60~70년대의 일본 유학파들이, 80~90년대의 미국과 유럽 유학파들이 20세기 한국의 경제를 이끌어간 인재들이었다면, 이제 21세기는 중국 유학을 통한 국가적 인재들을 적극 양성해야 할 것이다. 정부와 기업체 학계 모두가 힘을 합하여 중국 유학생 10만 명을 양성하는 데 총력을 기울여야 하리라.

중국인들에게 가장 중요한 것은 인간관계이다

중국인들의 관계는 한마디로 정의하기가 복잡하다. 우리나라와 마찬가지로 아는 사람과 모르는 사람의 차이는 참으로 그 거리가 크지만, 사람을 사귀는 것은 우리와는 달리 그다지 어렵지 않다. 그래서 한국인들이 중국인들과 관계를 맺기는 일반적으로 아는 이의 간단한 소개만 받으면 수월하게 이루어지고 있다. 특히 중국인 시장이나 군수 등 고위 관리의 환대와 접대를 받는 것도 아주 수월하게 이루어진다. 그들과의 관계를 진행하기가 우리나라와는 비교할 수 없이 쉽고 빠르기 때문이다. 그러나 중국은 우리나라와는 달리 한번 관계가 무너지면 회복하기가 정말 힘들다. 중국 사람들은 어떤 사람과 싸워서 헤어지면서 "난 이제 저 친구 다시는 안 봐!" 하고 결심했다면 평생 그 친구를 안 보고도 잘 살아간다. 그만큼 사람도 많고 지역도 넓기 때문에 그러한 민족성이 자리 잡았는가보다. 그러나 우리나라 사람들은 그와는 달리 다시는 보지 않겠노라 결심했어도 한 다리만 건너면 아는 사이이고 다시 안 보고는 도저히 살 수가 없다. 특히 같은 업종이라면 더욱 피할 수가 없다.

다시 말해서 우리는 열 번 찍어 안 넘어가는 나무 없다고 계속 찍어대는 스타일이지만 중국에서는 그런 것이 통하지 않는다. 다시 말하면 한 나무를 열 번 찍기보다는 다른 종류의 나무를 돌아가며 열 번 찍으면 그중에 열 번째까지 가기도 전에 분명히 찍히는 것이 나오게 마련이고 그것을 선택하면 된다고 할까. 그래서 한 번 싫다고 떠난 사람은 다시 돌아오지 않기에 다시 찾을 생각도 하지 말고 한 번 채이면 얼른 다른 사람을 찾아야지 계속 쫓아다니는 일은 무모하고 시간 낭비다. 물론 중국에 사는 이들은 모두 이러한 생존 진리를 잘 알고 있다.

중국인들의 식생활 습관

중국인들과의 관계는 항상 식사자리에서 이루어지고 발전된다. 그러나 우리와 달리 술과 식사자리를 구별하지 않는 습관이 있다. 식사와 술자리 그리고 여흥과 잠자리까지도 모두 한곳에서 동시에 이루어지는 문화다.

우리처럼 1차 2차 3차로 나누어 있지 않다. 중국인들은 식사를 하다 보면 보통 단둘이서 하는 경우가 거의 없다. 별로 관계없는 사람끼리도 같이 앉거나 최소한 운전기사라도 자리를 같이한다. 이는 중국에서는 보통 한두 명이 앉아 정식식사를 할 수 없는 식사문화가 이루어져 있기 때문이다.

그래서 중국에서는 호텔을 보통 주점(酒店 주디엔)이라 하기도 하고 반점(飯店 판디엔, 식당) 또는 대하(따사)라고 부르는데 이러한 습관 때문이다. 그리고 모든 요리가 5~8인분 이상 나오기 때문에 각각의 분량을 시킬 수 없고 분량이 정해진 각각의 종류를 선택해서 그 음식을 시킬 수가 있다. 그래서 한 번 식사자리를 마련하다 보면 아무리 적은 인원이더라도 7~8인분의 식사를 시켜야 한다.

02 정부는 중국 전문가를 키우려는 의지가 있는가

2004년 중반을 지나면서부터는 한국의 수출입 모두가 일본, 미국을 제치고 대 중국 무역이 1위를 차지하였다. 누가 뭐래도 명실상부하게 중국은 우리와 지리적, 경제적, 정치적, 사회적으로도 끊을 수 없는 관계임을 증명하는 것이다. 이제 2014년이 저물어가는 지금 중국은 이제 우리에게는 위협적인 대상으로 급부상하고 있다.

1992년 한국과 중국 수교 당시는 중국에 대해서 한 20, 30년 정도 뒤떨어졌다고 생각했지만, 그 후 20년이 조금 더 지난 지금에는, 한국이 자랑하는 수출품 스마트폰조차도 중국으로 수출하는 물량이 전년대비 36% 감소했고, 그것도 완제품에서 조립품이 대부분 차지하고 있다. 기술 격차도 불과 2년 정도로 좁혀졌다는 산업연구원 연구보고서가 나온 바 있다. 또한, 아직은 초기 단계지만, 중국 토종 브랜드의 세계시장 진출이 동남아 시장을 시작으로 저가공세로 시작되었고, 중국 내수시장은 벌써 1위와 3위를 ZTE와 화웨이가 점유하고 있다는 엄연한 사실을 우리는 목도하고 있다.

••• 중국 정책, 대안은 있다

우리나라는 나름대로 계속 발전하고 있지만, 일할 자리가 없다는 근심의 목소리가 커지고 있다. 한국의 중소기업들에서는 일할 자리가 없다고 하면서 중국으로만 몰려들고 있다.

이러한 시점에서 우리에게는 대 중국 정책 방향 확립이 절실하다. 지금 이 시기를 어영부영 놓쳐버리면 우리는 영영 돌아올 수 없는 다리를 건너는 것이다. 14년 전 대만을 버리고 중국과의 수교를 정상화할 때를 생각하자. 그 시기가 더 늦었다면 생각만 해도 끔찍하다. 혹시 더 빨랐다면 지금 중국과의 관계나 한국 경제의 영향은 사뭇 달라졌을 것임은 두말할 나위 없다. 이 시점에서 우리 정부가 취해야 할 중국 정책을 위하여 몇 가지 제언을 하면 다음과 같다.

첫 번째, 중국 전담 부서를 대폭 확충하라

현재 중국 관련 정책과 지원을 통합적으로 관리하고 지원할 전담 부서가 절실히 필요하다. 지금 일부 경제 분야에서만 고군분투 노력하고 있으나 지금은 총체적인 중국 정책수립과 장기적인 지원대책이 필요하다. 중국을 적으로 생각하여 위협의 대상으로 평가하든지, 아니면 우리의 경제를 한 단계 끌어올릴 동반자로 기회를 주는 관계로 설정하든 간에 중국 전담부서를 두어 사태를 파악하고 중장기 대책과 지원 등 교통정리를 해야 할 시기가 도래한 것이다.

두 번째, 중국 지망 국비 유학생을 대폭 늘려야 한다

교육은 백년지대계다. 지금 중국 유학생은 기하급수적으로 늘고 있다.

그러나 양적 증가에 비해 질적으로는 우리가 아는 바대로 극소수 유학생을 제외하고는 형편없는 실정이다. 시설, 기술, 자본 모든 것이 확보되어도 결국 일하는 것은 사람이다. 사람을 키우는 것보다 더 좋은 확실한 투자는 없다. 사실 최근 중국 붐이 일어 중국 유학생이 증가한 건 사실이지만, 정말로 실력과 능력을 겸비한 자원들은 유럽이나 미주를 택하고 있는 것이 현실이다. 국비유학생의 대부분은 살기 좋고 환경이 좋은 유럽이나 미국을 택한다. 중국에서는 박사학위를 얻기도 힘들뿐더러 설사 박사학위를 취득하고 돌아와도 한국 대학이나 한국 사회에 들어와 정착하기 힘든 실정이다. 아직 우리나라와 같이 학연과 지연이 교착된 곳에서는 중국 유학파가 발을 붙이기란 참으로 힘들다.

세 번째, 독특한 기술력과 순발력으로 경제력을 확보하라

설사 경제 규모는 작을지라도, 중국이 결코 흉내 내지 못할 순발력을 갖추고 기술력에서 우위를 확보한다면 중국인들은 결코 한국 기업을 무시하지 못한다. 하지만 지금처럼 정부와 정치권이 국가의 경쟁력을 외면한 채 이념논쟁과 정쟁에만 몰두할 경우, 기술 역전은 시간문제로 보인다. 이미 웬만한 기술은 우리를 앞섰다. 불과 3~4년 후면 우리의 모든 기술을 중국은 따라잡을 수 있을 것이라 예견하고 있다. 우리가 순발력과 기술력 외에 중국에 대해 경쟁력을 갖는 건 없다.

네 번째, 민족정책과 국가정책을 분리해서 추진하라

정부는 원칙과 명분 위에서 대중외교를 펼치되, 중국이나 동북아 정세에 민감하게 대처해야 한다. 중국의 조선족, 러시아의 고려인, 재일 교포

등 아세아의 한인 동포와 국가 간의 역학관계를 적절하고도 치밀하게 파악하여 특히 재중(在中) 한국인 보호에 전심전력해야 할 때다. 민족과 국가 개념을 분리하여 생각하는 지혜가 필요하다. 중국은 자국민 보호에 철저한 미국이나 독일, 일본에 대해서는 경계를 늦추지 않지만, 교민보호에 소홀한 한국 정부는 우습게 본다. 한국인으로서 고군분투하여 중국에 자리 잡은 우리 교포들을 보호하고 지원하기 위해 투자를 아끼지 말아야 한다.

다섯 번째, 먼저 진출한 현지의 인재를 활용하라

현재 중국에 진출하여 성공적으로 사업을 진행 중인 기업가나 중국에서 다년간 기반을 닦은 현지 전문 인재를 적극 활용하라. 중국은 단시일 내에 파악이 힘든 구조를 가진 나라다. 또한, 지역이 다르면 전혀 다른 상황이 전개되는 56개 민족이 합해진 거대한 나라다. 이러한 곳에서 여러 해 동안 시행착오를 거쳐 정착한 한국인들을 네트워킹하고 데이터베이스화하여 그 자료들을 효율적으로 사용하여야 한다.

여섯 번째, 먼저 진출한 한국 기업과 정보를 공유하라

한국 기업과 교민들은 스스로 약점과 허점을 줄일 수 있도록 현지 한인 상회나 한국 관련 단체들에 대한 지원과 정보 공유의 노력을 해야 한다. 중국 시장 자체가 법적으로 미비하고, 온갖 편법이 활개 치는 곳이라 그곳에 진출한 한국 기업과 개인 사업가들도 부득이 편법에 의존할 때가 있다. 하지만 결국 편법은 언젠가는 보복과 불이익을 당하게 마련이다. 미비한 법일지라도 중국의 법을 최대한 이용하는 지혜를 발휘해야 한다. 중국에 진출하기 전에 현지 언어와 법률·문화를 익히는 것이 실패 가능성을 줄이고 무시를 당하지 않는 지름길임을 알아야 한다. 지금처럼 산발적이고 무차별적으로 중국에 진출한다면 중복 투자와 인력 소모, 자본의 낭비는 피할 수 없을 것이다. 정부는 이 일을 효과적으로 도울 수 있게 현지 영사관을 적절히 활용하여 지원 체계를 구축하여야 한다.

일곱 번째, 중국에 있는 한인 동포(조선족) 인력을 적절히 사용해야 한다

현재 한국에 나와 있는 조선족 동포는 중국 조선족 전체 인구의 10분의 1에 불과한 숫자다. 나머지 90%는 중국에 있으며 그중 20% 이상이 중국의 대도시에 정착해 있으며 10%가량의 상당한 숫자가 중국 고위 관리나 요직에 자리 잡고 있다. 조선족 고급 인력의 대부분은 한국과 관련이 없고 중국한족사회에 뿌리내려 그 정체성을 지켜가고 있다. 중국사회에 뿌리내린 조선족 기업인과 지식인의 기반을 적절히 사용한다면 훨씬 더 효과적으로 중국에 진출할 수 있다. 한국에 와 있는 조선족은 우리가 도와야 할 상대지만, 중국 현지에서 자리 잡은 조선족은 그 어느 때보다 그들의 도움이 절실히 필요하다.

여덟 번째, 중국의 발달한 도시에 집중하지 말자

필자가 있었던 베이징의 칭화대학교도 세계적인 대학으로 이미 미국의 유명대학과 긴밀한 관계를 맺고 있지만, 한국에는 관심을 거둔 지 오래다. 상하이·베이징·광저우 등 발전한 대도시들은 이미 한국을 그들의 파트너로 생각하지 않고 유럽이나 미주를 자기들의 파트너로 생각하고 있다. 중국은 큰 나라다. 비록 한 나라이나 지역적으로 아주 다른 특성을 가지고 있다. 우리는 중국의 틈새로서 동북지역에 관심을 둘 필요가 있다. 산둥 지역과 베이징, 톈진 지역 그리고 선양을 비롯한 둥베이, 삼성 지역은 아직은 우리에게 경쟁력이 있는 곳이다. 물론 어떤 항목을 다루느냐에 따라 차이는 있겠지만, 너무 발달한 남방에 치중하는 건 시기적으로 늦었고 서구 열강과 겨루기에는 경쟁력이 부족하다. 따라서 아직은 미개척지이고 우리와 더 친밀한 지역인 중국 동북 지역과 산둥성 지역 등 베이징 이북 지역에 관심을 집중해야 할 필요가 있다.

아홉 번째, 기존 중국에 대한 고정관념을 버려라

러시아는 우회전 신호를 보다가 실패하였고, 북한은 좌회전 신호를 보내다 경제를 망친 경우다. 이에 반해서 중국은 좌회전 신호를 하고 우회전하는 나라라고 볼 수 있다. 중국만의 독특한 방법으로 미국을 대항하며 슬기롭게 13억 인구를 이끌어 가고 있다. 한국적 패러다임으로 중국을 이해하려는 것은 작은 바가지에 항아리의 물을 다 담으려는 격이다. 우리는 미국식을 본보기로 따르고 있지만, 결과적으로는 꼭 한국식을 고수한다. 중국은 결코 미국식이 아닌 중국 고유의 방법으로 하지만, 미국에 뒤지지 않는 결과물을 생산하는 나라다. 우리는 중국에 대한 편견을 버리고 중국식 패러다임으로 보는 시각을 키워야 한다.

열 번째, 한·미 우호 관계를 계속 유지하라

이것은 중국으로부터 무시당하지 않는 중요한 요소다. 만약 한국이 미국과 군사동맹관계를 맺지 않았다고 가정할 경우, 중국 등 주변 강대국들이 한국을 어떻게 대할지를 상상하면 금방 그 해답이 나온다. 한미동맹을 굳건히 하는 것은 한국이 중국을 상대할 때 제 목소리를 내는 든든한 뒷받침이 되고 있다. 미국이 우리를 필요로 하는 한 우리는 미국을 배척할 이유가 전혀 없다. 현재 국내에는 미국보다 중국을 더 중시해야 한다는 목소리가 정치권 등에서 힘을 얻어 가고 있지만, 이는 매우 위험한 발상이다. 미국에 적절히 등을 대고 있을 때 우리의 중국 입지도 커져 감을 알아야 한다. 필자가 중국 현지에서 중국말로 강의할 때 그들은 신기한 눈초리로 보지 존경의 눈초리로 보지는 않는다. 그러나 영어로 얘기하면 그들은 금방 존경의 눈초리로 바라본다. 현재는 미국을 상대할 나라가 중국인 것처럼 중국을 상대할 나라 역시 미국임을 잊지 말아야 한다.

아라비아 상인들도 겁냈던 중국의 비단장사

중국은 극복하기도 힘들고 정착하기도 힘든 나라인 것은 분명하다. 필자도 수년간 경험에 비추어 볼 때 아라비아 상인들을 이겨낸 중국의 비단장사를 누가 당할까? 하는 생각을 떨쳐버릴 수가 없다. 그럼에도 불구하고 미국이나 유럽, 일본에 비한다면 한국은 현재 가장 유리한 조건이다. 중국은 30,000불 돌파를 위해 우리가 기필코 넘어야 할 산이다. 중국을 적절히 이용하거나 극복하지 못한다면 우리는 영원히 20,000불 언저리에 머물 수밖에 없는 것은 자명하다.

03 중국의 지속 성장을 낙관하는 20가지 이유

중 국에 대해서는 낙관론과 비관론이 있다. 낙관론은 2020년까지 계속적인 성장을 한다는 것이고, 비관론은 2015년을 정점으로 정지하거나 하락한다는 의견인데 본인은 낙관론 쪽에 무게를 두는데 그 이유는 다음과 같다.

1. 노동집약적 산업과 기술집약적 산업의 동시 발전

10년 전과 지금을 비교하면 IT 산업이나 고급 인력의 인건비는 많이 오르는 반면 저급 인력이나 3D 업종의 인건비는 크게 상승하지 않고 있다. 아마 향후 10년간 큰 변화가 없을 것이다. 그 이유는 농촌의 인력이 향후 20년간은 계속 유입되기 때문이다. 아직 9억여 명에 달하는 인력이 농촌에서 도시로 움직일 준비를 하는 것이다. 보통 개발도상국의 경우 노동집약적 산업구조에서 기술집약적 산업구조로 바뀌는 것이 일반적인 발전 경향이나 중국의 경우는 기술집약적인 산업이 지속적으로 성장하면서도 노동집약적 산업이 여전히 경제 발전의 원동력이 되고 있다.

2. 내수시장 비교 우위

중국은 풍부한 구매력을 가진 나라다. 따라서 내수시장이 비교적 안정되어 있다. 외풍에 영향을 가장 덜 받는 구조인 것은 큰 장점이다. 많이 생산하면 많이 쓰거나 먹고, 적게 생산하면 적게 쓰고 적게 먹는다. 한쪽이 풍년이면 한쪽은 흉년이다. 중국은 탄력이 있는 나라다.

3. 후발주자 우위

중국은 선진국의 시행착오를 이미 간파하고 있다. 선진국을 따라가지 않고 편승하거나 앞질러가는 형상이기에 선진국들이 겪었던 환경 파괴 등 경제 모순을 최소화하면서 발달하고 있다. 한국에서 환경오염 문제로 중국을 향하는 기업들이 명심해야 할 대목이다.

4. 기술 수준과 실력을 갖춘 풍부한 인력과 맨파워가 충분하다

저급인력이나 고급 인력 어느 인력이나 그 수준이 빠르게 성장하고 있다. 외국에 나가 있는 현재 중국인 유학생만 해도 40만 명이 넘는다. 외국에 나가 있는 노동자 역시 한국에만도 15만 명에 이르고 미국 유럽 일본 등지에 수없이 많은 중국 노동자들이 있다. 문화혁명 이후 지속적으로 보내고 있는 중국 해외 유학생 고급 두뇌들이 계속 증가하고 있다.

5. 인프라 구축 비용이 저렴하다

공산주의 계획 경제에 입각한 경쟁력이 있고 능률적인 공공 투자가 지속적으로 진행되고 있으며 그 비용 또한 저렴하다. 홍수나 가뭄에 대해서도 지역별로 극복할 수 있는 인프라를 계속 구축하고 있다. 우리 한국의 경우 도심에 도로를 개설하려고 하면 공사비가 10%고 토지 보상비가 90%에 이르지만, 중국의 경우는 공사비가 90%고 보상비가 10%다. 우리의 10분의 1 비용으로 도로 건설 등의 인력을 충분히 구축할 수 있다.

6. 화교자본의 유입과 적극적인 재정 정책

중국 배후에는 외국의 많은 중국 해외 동포인 화교들의 힘을 무시할 수 없다. 중국 개방 초기부터 지금까지 대만, 홍콩, 싱가포르, 마카오 그리고 동남아에 흩어진 화교의 힘은 실로 막강하다. 중국 정부는 이것을 바탕으로 거시조절 정책을 일관성 있게 추진하고 있으며 지속적인 투자확대를 계속하고 있다.

7. 대대적인 금융정비를 통한 금융리스크 방지정책

사회주의적 시장경제에 입각한 안정통화정책을 일관성 있게 추진하고 있다. 현재 중국의 위안화 절상 압력이 비록 거세지만, 자국의 발전과 이익에 그 힘이 막강하기 때문에 순순히 외압에 굴복하지 않는 구조를 가지고 있다.

8. 중국 특유의 이원화 구조

일반 조직과 공산당조직을 이용한 국가 위기관리와 각종 규제철폐, 그

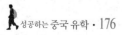

리고 적극적인 투자유치와 관리 운용의 탁월성으로 민간과 공공투자를 지속적으로 확대하고 있고, 그 관리 또한 절묘하다. 중국의 모든 공공기관과 국유기업은 우리나라와 같은 일반 조직 이외에 당서기를 중심으로 한 공산당 중심의 조직이 별개로 존재하고 있으며 효과적인 견제와 균형 역할을 하고 있다. 공산당 지도부의 부패가 있기는 하지만 우리가 일반적으로 생각하듯이 공산당원이 되려면 당성이 충분해야 되는 것이 아니고 청렴성과 업무처리 능력이 최우선시되는 구조다.

9. 여성 인력의 효율적인 활용

인구의 절반인 여성 인력을 전 세계에서 중국만큼 효율적으로 사용하는 나라도 없을 것이다.

10. 세계 대회의 적극적인 유치

2008년 올림픽, 2010년 상하이 무역 박람회, 하얼빈 동계유니버시아드 대회 2012년 광주 아시안 게임 등 각종 세계대회 전시의 각축장이고, 국가의 자존심을 살리는 국제적 행사를 이미 성공적으로 치뤄 그 능력을 이미 보여주었다.

11. 중국식의 사회주의 시장경제

사회주의 체제의 장점과 시장경제의 장점을 절묘하게 조화시켜 나가고 있다. 세상에서 사회주의 국가로 빈곤에서 탈출하고 성장을 계속하는 유일한 나라다. 중국 인민 대부분이 정치와 경제를 절묘하게 조화시키고 잘 이해하고 있다.

12. 토지의 국유제도

중국의 모순을 가장 잘 해결해 주는 토지 국유제도는 그 어느 나라도 성공적으로 이끌지 못했다. 토지 사용권과 소유권을 분리하고, 토지 소유권도 국가나 지방자치단체 마을이나 집단이 가지고 있는 현상도 특이하지만 절묘한 제도다. 돈으로 못하는 것을 제도로 충분히 보상할 수 있는 구조의 틀이다.

13. 정부 공직자의 적극적 사고방식

통관기간도 선진국 수준으로 이미 짧아졌으며, 정부 관료들의 적극적인 개방 개혁정책은 가히 놀랄 만하다. 공산당의 도덕성과 지도자의 청렴성이 비교적 안정적으로 구축되어 있으며 그들의 비즈니스 감각 또한 탁월하다. 원래 장사의 귀재인 아라비아 상인들이 중국의 비단장사 왕서방을 이기지 못했다.

14. 열악한 환경에서의 적응력이 탁월하다

단전손실 2%(인도 파키스탄의 1/3 수준), 대부분 자체 발전기를 보유하고 있을 정도다. 이가 없으면 잇몸으로 버티는 중국을 체험한 사람이 아니면 이해하기 힘들다. 인도의 인구도 많지만 일반 국민들의 맨 파워는 인도와는 비교할 수 없다.

15. 공급 주도력이 탁월하다

공급이 수요를 창출하는 패턴이지만 지속적인 내수 진작 정책이 유효하게 적용되고 있다. 소비는 물론 관광 등에 이르기까지 폭넓은 공급 위주 정책이 효율적으로 작용하고 있다.

16. 낮은 도시화율

아직 45%밖에 되지 않는 도시화율로 부동산, 비즈니스, 유통, 비즈니스 컨벤션 산업 등이 무궁무진하다.

17. 건설산업 주도로 계속된다

현재 중국은 전 국토가 공사장을 방불케 한다. 공급 주도의 시장경제가 가능한 것도 이 때문이고, 도시화율이 70%가 되려면 아직 2030년은 되어야 한다. 매년 2,000~3,000만 명씩 도시로 몰려든다고 가정해도 말이다. 향후 15년간은 별 무리 없이 건설될 조짐이다.

18. 수많은 부 중심 도시가 있다

중국은 56개 민족과 넓은 국토를 가지고 있다. 닝보, 칭다오, 다롄, 선양, 샤먼 등 인구 500만 이상의 지역별 부 중심 도시의 수가 모든 지역에 골고루 분포하여 지역별 안정화를 이루기에 충분하다. 한국의 서울처럼 수도의 집중도가 낮다.

19. 하이테크 수출 비용 비율이 아직은 적고 발전 가능성은 많다

선진국들은 하이테크 산업에 집중하여 발전하기에 서로의 관계성과 비중 때문에 시장의 영향을 민감하게 받는다. 그러나 중국은 아직 첨단 산업의 비중이 그리 높지 않고 계속 발전 성장하는 추세여서 중국 경제 자체에 미치는 첨단 산업 분야에 대한 세계 시장의 영향이 별로 크지 않다.

20. 정치적 안정

전 세계에서 이렇게 많은 인구와 국토를 가진 나라가 이와 같이 일사천리로 권력이 이동한 적이 없다. 중국은 마치 각본에 따라 움직이는 배우들처럼 권력 이양과 이동이 너무나 자연스럽고 일사천리다. 아무리 대본이 짜여진 연극이라도 이렇게 진행되기는 쉽지 않을 것이다. 중국의 잠재력 중 가장 무서운 힘이 정치적 안정이라 하겠다.

21. 지속적이고 안정적인 성장

중국은 거대한 항공모함과도 같다. 처음부터 빠른 속도로 내달리기는 힘들지만 일단 움직이는 배를 일시에 멈추게 하는 것은 불가능하다. 속력이 일부 둔화로 줄어들 수는 있지만, 중국의 지속 성장은 20~30년 내에는 멈출 수 없을 것이다.

최근 집권한 시진핑 주석을 앞세운 중국 정부는 성장에 초점을 맞추기보다는 부정부패 척결과 빈부격차 해소에 중점을 둔 정책을 펼쳐나가고 있다.

이 역시 중국의 안정적인 성장(급속한 성장이 아닌)을 뒷받침해줄 수 있을 것이라 본다.

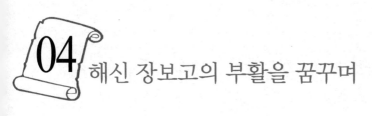

Chapter

4

중국에서 다시 살아나는 해상왕 장보고─이번 산둥반도의 칭다오, 제남, 곡부와 위해, 옌타이, 펑라이 여행은 세계 속에서 우리 민족이 나아갈 새로운 지평을 열어준 계기가 되었다.

장보고는 혼자서 해상왕 장보고를 이룩한 것이 아니다. 우리 역사의 그 많은 의인들은 혼자서 의인을 이루어낸 것이 아니듯이 그를 받쳐주었던 수많은 민중이 있었기에 가능한 일이었다.

그 시대 중국의 조선족과 러시아의 고려인 그리고 재일교포와 베트남과 말레이시아 등지의 한민족 세력을 규합하여 하나로 묶어낼 수 있었던 그의 뛰어난 재능을 현재 우리는 어떻게 이어받았는가? 그 당시 세계를 보는 안목을 가지고 중국의 남방까지 진출했던 역사적 사실은 생각만 해도 흥분되는 일이다.

••• 해신 장보고(?~846)가 중국 산둥성에서 다시 살아나고 있다

1200년 전 신라와 중국을 연결하는 네트워크의 중요한 기지 역할을 했던 석 도시(石道市) 적산법화원(赤山法華院)에 대규모 장보고 기념관이 2005년에 문을 열었다. 산둥성 정부는 법화원(法華院) 자리에 높이 8m 무게 6t의 거대한 장보고 상을 세우고 7,000㎡ 부지에 5채의 '장보고기념관'을 지었다. 기념관의 규모는 예상을 뛰어넘는다. 대문을 들어서면 안마당을 중심으로 중국풍으로 지은 5채의 건물이 빙 둘러서 있다. 장보고 일생의 '꿈을 좇아 당나라에 오다' '산둥성 적산에서 인연을 정하다' 등 5가지 주제로 나누어 장보고 기념관에 담아냈다.

당나라로 건너간 장보고는 무령군(武寧軍) 소장(小將)을 지낸 뒤 823년 이곳에 법화원이라는 절을 세우고 5년 뒤 신라로 돌아가 청해진을 세웠다. '장보고 장군' 상은 그래서 중국풍 갑옷을 입은 당나라 장군의 모습이다. 동상에는 중국어와 한국어로 "장보고는 한민족의 영웅, 평화의 사자일 뿐 아니라, 해상무역 왕으로서 영예로운 그 이름을 널리 떨쳤다"고 새겨져 있다. 장보고 기념관을 짓는 데는 그 비용이 모두 3억 위안(약 360억 원)이 들었다고 한다. 예산은 이 지역의 대형 기업인 석도적산수산집단 왕옥춘(王玉春) 사장이 전액 기부했다.

왜 중국인들이 이렇게 장보고를 기념하는 것일까? 적산 풍경명승지구의 총경리이자 중국 장보고역사연구회 비서장인 장영강(張永强) 씨는 "장보고는 한·중·일 사이의 해상무역항로를 개척하면서 해적을 소탕하고 노예 매매를 근절시킨 인물"이라며 한·중 간 교류와 우의를 강조했다. 그러나 실제로는 한국인 관광객에 대한 기대가 크다. 작년 한 해 이곳을 찾은 한국인 관광객이 2만여 명이나 되었고, 올해는 5만~6만 명이 찾을 것으로 예상하고 있다. 유적지 복원이라기보다는 관광을 위한 역사테마공원 성격이 짙다. 그러나 막상 장보고의 모국인 한국에는 장보고 동상도 기념관도 없다. 사실 중국이나 일본이 장보고를 자기 나라 출신이라고 하고 장보고의 동상과 기념비를 세우고 기념공원을 만들고 있는 데 비해 우리나라는 너무나 무관심한 듯하다.

이순신과 장보고

외적을 물리치고 나라의 위기를 극복한 이순신 장군과 거대한 바다와 먼 대륙의 상권을 움직인 무역상 장보고, 지난날 이 두 인물을 두고 누구를 부각시켜 온 국민이 그 정신을 이어받게 할 것인가를 의논했었다. 당시 삼성 이병철 회장은 잘사는 나라를 만들려면 일찍부터 해상무역상으로 세계도전정신을 가졌던 장보고가 적합하다고 추천했지만, 박정희 대통령이 군인이었기에 성웅 이순신을 추앙하며 그 정신을 본받자고 전 국민들에게 알리고 초등학교 운동장마다 동상을 세웠었다. 결국, 위대한 선각자 장보고는 우리 역사 속에 조용히 침묵할 수밖에 없었다. 과거 1,200여 년 전 한 민족 재외동포들의 세력을 규합하여 한·중·일 해상무역을 장악했듯이 지금 우리나라도 세계 각지에 퍼져 있는 우리 동포들에 대한 더 없는 관심이 필요하다.

산둥성 지방에서 장보고를 연구한 사람들은 당당하게 장보고의 조상이 중국인이었다고 얘기한다. 우리로서는 정말로 안타까운 현실이지만,

훌륭한 조상을 둔 후예로서의 긍지와 부끄럽지 않은 삶을 살아야겠다는 그들의 의지는 실로 대단했다. 지난 여름 중국 지안 시의 고구려 고분답사를 갔을 때도 그곳의 중국인은 본인이.고구려인으로 그 뜻을 기리고 있다며 자랑스럽게 말하고 있었다. 그는 고구려의 호태왕(광개토대왕) 비문의 글씨체를 전수하고 있었으며 평생을 그 연구에 전념하고 있었다. 그들은 고구려 땅이 중국의 영토였으며 고구려가 중국의 일부였음을 자연스럽게 받아들이고 있었다. 또한 법화원의 안내원들이 장보고를 중국인의 조상으로 생각한다는 사실을 들었을 때는 사실 상당한 충격이었다.

우리나라에서도 처음 1999년 11월 민간 주도로 '해상왕 장보고 재조명·평가사업'이 추진되었고 해상왕 장보고의 해양 개척정신과 국제 해상무역의 업적을 계승·발전시키고 있다. 나아가 21세기 일류 해양국가 건설을 위한 토대를 마련하고자 '장보고기념사업회'가 설립되었고 삼성에서는 선친의 유지를 받들어 10억 원이라는 기금을 내놓았다. 이제 장보고의 업적이 재조명되고 있어 늦었지만 참으로 다행한 일이라 여겨진다.

그 당시 해상왕 장보고는 지금 우리 한민족 한반도의 갈 길을 말해주고 있는 듯하다. 일본, 중국, 러시아 그리고 멀리 말레이시아 베트남 등 동남 아시아 여러 나라로 진출하여 성공적으로 정착하고 있는 한민족 장보고의 후예들은 그 당시 장보고의 정신과 업적을 이어나가 확대 발전시켜야할 것이다.

Chapter 5

중국 유학 알짜배기 정보 파일

일반적으로 학교 선택을 위해 고려해야 할 점은
커리큘럼, 인지도, 한국인의 수, 주변 환경, 비용, 시설, 표준어 사용 등이다.
그러나 분명한 것은 이 모든 것을 다 갖추고 있는 곳은 거의 없고
커리큘럼과 시설이 좋은 곳은 보통 외국인보다는 한국인이 많으며,
한국인이 많지 않은 곳은 유학생을 받아들인 기간이 짧거나
어딘가 부족한 점이 있는 곳이다.
그러므로 단순히 한국인이 많고 적음을 따지기보다는,
전체 유학생 중 한국인이 차지하는 비율을 생각하는 것이 현명하다.

01 경험자들이 말하는 중국 학교 선택 시 유의사항

••• 중국에서 유학 대상 학교의 선택

학교 선택을 위해서는 먼저 중국에 가서 공부하는 이유가 무엇인가를 깊이 생각해 봐야 한다. 첫 번째로 중요하게 생각할 것은 자신이 어떠한 목적을 가지고 중국으로 가는 것인가다. 중국어 습득에 더 무게 중심이 있다면 굳이 명문 대학을 고집할 필요가 없으며, 학위 취득에 목적이 있다면 본인의 희망 전공이 무엇인지에 맞추어 학위 취득이 용이한 대학을 선택해야 한다. 두 번째로 중요한 점은 전체 유학생 수와 한국 학생 수는 얼마나 되는가를 따져봐야 하며, 세 번째는 주변 환경이 중국어 공부나 일상생활에 문제가 없는가를 살펴봐야 한다. 이것은 이미 그곳을 다녀간 선배들에게 물어보면 금방 알 수 있다. 물론 사전답사는 필수다. 그리고 네 번째로 교과 과정은 충실히 짜여있는가, 교사는 자질을 갖추고 있는가 하는 것인데, 사실 이러한 모든 문제를 객관적으로 파악하기란 매우 힘든 일이다. 왜냐하면, 파악했다고 하더라도 정보가 자주 바뀌는 것이 중국의 현실이기 때문이다. 부득이 학교를 옮기는 경우가 자주 발생하는 것도 현재 중국 교육의 현실이라 할 수 있다.

즉 학교의 인지도, 커리큘럼, 한국인의 수, 친절도, 학교 주변 환경, 비용, 시·도시별 대학 안내, 지역 언어(사투리 문제), 나의 중국어 수준, 중국어를 배우는 목적 등 이 모두를 꼼꼼히 체크해야겠지만, 우선 가장 중요한 문제는 내가 중국어를 배우러 중국을 택했는가를 우선 고민해 봐야 한다. 전공자든 비전공자든 어학 실력만 늘리려고 하는 것이라면 굳이 중국으로 가지 않아도 되기 때문이다. 그러나 진학을 목적으로 중국어를 공부하는 것이라면 목표로 하는 대학이 있는 도시, 혹은 유명한 대학이 많은 베이징이나 상하이, 난징, 톈진 등으로 가는 게 물론 좋을 것이다.

좋은 학교의 선택이 유학의 첫걸음이다

중국에 유학을 가기 전에 제일 고민을 많이 하는 것이 학교 선택이다. 무작정 학교의 지명도만을 보고 선택할 것이 아니라 자기의 수준과 상황을 잘 맞추어 선택하는 것이 무엇보다도 중요하다. 그리고 지명도가 높다 하더라도 중국의 학교들은 외국인을 교육한다기보다는 단순히 유학생을 돈으로 보기 때문에 오히려 새로이 개설된 학교를 선택하는 것도 좋은 방법이다. 지명도가 낮은 학교가 초창기에는 좋은 조건으로 더 열심히 가르치고 관리하기 때문이다. 그리고 한 가지 유의할 점은 오래전 경험자의 말을 전적으로 믿지 말라는 것이다. 이미 그때와는 상황이 많이 달라져 있기 때문이다. 중국은 일단 돈을 벌어들였다면 모든 것이 변한다.

일반적으로 학교 선택을 위해 고려해야 할 점은 커리큘럼, 인지도, 한국인의 수, 주변 환경, 비용, 시설, 표준어 사용 등이다. 그러나 분명한 것은 이 모든 것을 다 갖추고 있는 곳은 거의 없고 커리큘럼과 시설이 좋은 곳은 보통 외국인보다는 한국인이 많으며, 한국인이 많지 않은 곳은 유학생을 받아들인 기간이 짧거나 어딘가 부족한 점이 있는 곳이다. 그러므로 단순히 한국인이 많고 적음을 따지기보다는, 전체 유학생 중 한국인이 차지하는 비율을 생각하는 것이 좋다.

명문대라고 해서 어학연수에 적합한 것은 절대 아니다

반드시 명문대가 어학연수에 적합한 것은 아니다. 명문대는 그 학교 학생에게 국한된 것일 뿐, 오히려 어학연수의 커리큘럼이나 유학생 관리 면에서는 더 떨어지는 경우가 있다. 명문대라 하더라도 연수 온 학생들을 가르치는 선생이나 관리는 위탁하여 맡기거나 학교 수준과는 별도로 구성되기 때문에 학교 지명도와는 아무 상관이 없다고도 볼 수 있다. 그래서 이 모든 것을 충족시키려 하기보다는 본인이 가장 중시하는 것을 우선순위로 하여 2~3가지 정도만 고려하여 선택하는 것이 바람직하다.

••• 학교 선택 시 기본적으로 검토해야 할 사항

1) 유학 목적이 언어연수인가 진학인가
2) HSK(한어 수평 고사) 언어능력
3) 어느 대학을 입학하려고 하는가

4) 학교의 위치와 학비, 생활비 검토

5) 학과 프로그램과 교수진 및 학교 시설

6) 유학 시기와 신청 마감 시기

7) 선배들의 평가

HSK 즉 중국에서 본과나 연구생 과정을 생각한다면 무엇보다도 중요한 것이 한어의 구사 능력일 것이다. 한어 수준의 평가 기준을 삼는 것 중 하나가 바로 HSK인데 일반 대학은 6급 이상이면 대학원에 입학이 가능한 수준이다. 단순히 HSK 급수만을 원한다면 한국의 전문 학원도 전혀 문제 될 것이 없다. 중국에 오더라도 HSK 전문학원(베이징의 경우 지구촌학원, 왕징외국어학원, 시교외국어학원 등)이 일반 대학의 연수 과정보다 훨씬 능률도 기대할 수 있고 비용도 비교적 저렴하다. 물론 유학비자나 체류비자 등도 약간의 비용만 추가로 지불하면 일반 대학과 같이 모두 가능하다.

어학 성적과 언어 구사 능력은 다르다

언어 능력 성적 못지않게 중요한 것이 언어 구사 능력이다. HSK와 별도로 구별하는 이유는 시험 위주로 학습하다 보면 아무래도 언어 구사 능력이 늘지 않기 때문이다. 간혹 이른바 '족집게'라 불리는 과외를 받는 학생들이 있는데 이렇게 해서 높은 점수를 취득하고 진학하였다 해도 결국 듣고·쓰고·말하기 능력이 어렵기 때문에 중도 하차하는 경우가 많다. 수업에 들어가도 아무것도 이해하지 못한다면 문제가 심각하다. 아울러 친구들과 교수와의 의사소통이 이루어지지 않는다면 학습하는 데 많은 어려움이 있는 것은 당연하다. 이때는 중국 현지 학생들과의 원활한 교류가 많은 도움이 될 것이다.

또한, 학교의 위치 및 주위 환경을 잘 고려하여 자신이 생활하는 데 적합할지의 여부를 잘 살펴보는 것도 중요하다. 예를 들면 주위 서점이나 쇼핑할 수 있는 시설, 아울러 교통시설 등도 잘 살펴봐야 한다.

유명대학을 무조건 선호하지 말라

가장 많은 분들이 잘못 생각하는 것이 유명 대학(예를 들면 전국 랭킹 몇 위냐)에 대한 무조건적인 선호인데. 그 대학의 명성이 높은 것은 중국인에게만 국한된 것이며 본과 등 진학, 학위 수료의 목표가 아니라면 어학연수 학생에게 가장 중요한 것은 학습 분위기와 커리큘럼이다. 다음은 중국 내 유학원의 원장 말이다.

"중국 유학 붐이 일기 시작하면서 가장 많이 받는 질문이 '어떤 학교가 좋아요?'라는 질문입니다. 모든 학생들이 원하는 학교 조건은 이렇습니다. 표준어권이고 커리큘럼이 좋으면서 한국 학생이 적고, 비용이 저렴하면서 시설이 좋은 학교를 물어봅니다. 확실히 말씀드리지만, 이 모든 조건을 완벽히 갖춘 학교는 없습니다. 표준어권에 커리큘럼이 좋은 학교라면 한국 학생이 적을 수가 있을까요? 기숙사 시설이 좋다면 당연히 비용은 비쌀 겁니다. 유명도에 의해 비용이 오르기도 하고요. 학교를 정할 때는 자신이 가장 중요하게 생각하는 단 두 가지 정도에 비중을 두어야 합니다. 자신에게 맞는 대학이 가장 좋은 대학입니다. 사실 어디를 가나 한국 학생들은 많다고 생각하면 됩니다.

역으로 한국인이 없는 곳은 외국인 유학생 자체가 거의 없다는 말이 더 옳을 수도 있고요. 이런 현실이기 때문에 중국 유학을 생각하는 분들은 한국인의 많고 적음을 우선시하기보다는 지역적인 특성과 그다음 학교의 시설면, 교학 과정(수업 내용), 비용적인 면 등을 고려하고 그중에서 가장 우선시 되는 것을 순차적으로 선택하다 보면 학교 선정에 있어서 조금은 현명한 선택을 할 수 있으리라 봅니다. 가장 좋은 대학은 본인의 상황에 맞는 대학이라는 말이 옳을 것입니다."

••• 유학생들에게는 지명도가 높은 대학이 꼭 좋은 대학만은 아니다

어쨌든 많은 학생들이 가장 고민하는 것이 지역 선택과 학교 선택이다. 그만큼 지역과 학교 선택이 유학 결과에 큰 비중을 차지하는 것이 사실이다. 그러나 대다수의 학생은 단순히 지명도를 찾아 명문대학, 대도시의 중점 대학만을 고집한다. 그러나 효과적인 유학을 위해선 유학 목적에 부합하는 사항들을 충분히 고려하고 학교와 지역을 선택하는 것이 훨씬 효과적일 수 있다. 참고로 모든 조건을 만족시킬 만큼 완벽한 대학은 없다. 따라서 유학 목적 및 방법을 구체적으로 정하고 최선의 방법을 찾는 것이 바람직할 것이다.

▶ 8주 미만의 단기연수일 경우에 학교 선택은, 여름 또는 겨울방학을 이용한 어학연수 목적의 유학일 것이다. 다수의 학생은 어학연수와 문화 탐방, 배낭여행 등 짧은 기간에 많은 계획을 세우는 등 욕심을 부리고 출

발한다. 비싼 항공요금을 지불하고 가는데 본전 생각은 당연하다. 따라서 짧은 기간의 방학 연수를 효과적으로 활용하기 위해선 우선적으로 오가며 소요되는 시간을 줄일 수 있는 대도시가 적절하다.

① 교통 요충지역을 선택한다.
② 한국인이 아닌 다른 서양인 등 외국인의 비율이 3분 1 이상인 대학을 선택하는 것이 재미있고 보람된 경험을 할 수 있다.
③ 교과 과정이 짜임새 있고, 풍부한 강의 경험을 가진 대학을 선택해야 한다.
④ 대학 주관의 단기 연수 프로그램이 있는 대학으로 가는 것이 바람직하다.

▶ 어학연수일 경우, 단순히 어학연수 목적의 유학이라면 반드시 대도시, 명문대학으로 그 지역을 한정 지을 필요는 없다. 이 역시 한국인이 아닌 다른 서양인 등 외국인의 비율이 3분 1 이상인 대학을 선택하는 것이 재미있고 보람된 경험을 할 수 있다. 또한, 지방대학이라도 교과 과정, 기숙사 시설, 경비, 한국인 수, 표준어권 등을 충분히 검토하면 경제적이고 효과적인 어학연수를 할 수 있다. 어학연수를 목적으로 대학을 선택할 때는 짜임새 있는 교과 과정, 한국인 유학생이 가급적 적은 곳, 현지인, 또는 제3국 학생들과의 교류가 빈번한 대학, 경제적인 면, 편리한 기숙사 시설, 유학생으로서 대접받고 공부할 수 있는 대학을 잘 알아봐야 한다.

▶ 본과 진학을 위한 어학연수일 경우의 학교의 선택은 어학연수 후, 본과 진학 및 중의대 등 학위 취득을 목표로 전공학과와 대학을 정확히 정하고, 목표 대학의 부설 어학연수 과정에서 공부하거나 혹은 대비반 과정에서 공부하는 것이 이후 본과 진학에 유리하다. 따라서 전공학과와 대학이 정해졌다면 대비반 혹은 예비반(예과) 및 연수 과정 유무를 확인하고 선택한다. 이 경우 대비반에서는 본과시험에 필요한 HSK, 수리와 본과 교재 또는 예문을 연수 과정에서 수업함으로써 본과 진학 후 수업에 많은 도움을 받기도 한다.

▶ 학위 취득을 위한 대학을 선택할 경우 중국 대학은 우리의 것과 많은 차이가 있다. 중국은 종합대학보다는 학원으로 불리는 단과대학이 발달해 있다. 따라서 소위 명문대학을 구분할 때 우리는 대학을 가리키지만, 중국은 중점 학과를 가리키는 경우가 많다. 예를 들면 베이징대학교는 문과 계열, 칭화대학교는 이공 계열, 런민대학교는 사회과학 부문, 외국어대학은 언어학 부문이 명문으로 구분된다. 따라서 대학 선택 이전에 반드시 중점 학과를 확인한 후 대학을 선택하는 것이 바람직하다. 학과를 선택할 때는 중심 계열 학과의 확인과 모집부문이 중국 학생 및 유학생을 함께 모집하는지, 유학생만 모집하는지 등을 확인해야 한다.

또한, 졸업자격과 학사자격 취득의 난이도가 어떠한지를 살필 필요가 있다. 졸업장을 받는다고 해서 학사학위를 주는 것이 아니기 때문이다. 최근 개설되고 있는 각 대학의 대외한어과(중국어, 문화방면)처럼 외국인만을 위해 특별히 개설된 학과도 있다.

••• 중국 유학 입시 가능 대학 지역별 안내지도

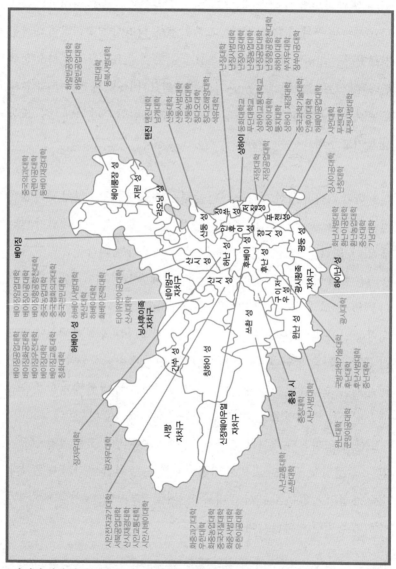

*상세한 대학 관련 내용은 200페이지를 참조하세요.

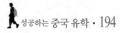

••• 베이징 지역 대학 안내지도

베이징공업대학
베이징공상대학
베이징석유화공학원
베이징연합대학기계공정학
베이징중의약대학
대외경제무역대학
베이징어언대학
베이징화공대학
베이징우전대학
베이징외국어대학
베이징전영학원
북방공업대학
베이징불자학원
베이징대학
베이징대학 의학부
베이징교통대학
베이징전매대학
베이징건축공정학원
베이징연합대학어어유학원
베이징대학교 국제MBA
베이징연합대학
베이징연합대학응용물리학원
베이징사범대학
베이징임업대학
베이징연합대학상무학원
베이징정보과기대학
베이징체육대학
베이징이공대학
베이징항공항천대학
베이징광파전시대학
중앙민족대학
베이징제2외국어학원
베이징동방대학
베이징현대음악학원
베이징응용기술학원
베이징복장학원

베이징중과천용대학
베이징수도사범대학
수도의과대학
수도경제무역대학
수강공학원
석유대학
외교학원
중앙음악학원
중국농업대학
중국광업대학
중국협화의과대학
중국정법대학
중앙광파전시대학
중국런민대학
중국지질대학
중국정치대학
중국청년정치학원
중국소프트웨어 관리대학
중앙미술학원
중화연수대학
칭화대학
칭화대학 미술학원
해정주독대학
화북전력대학 베이징캠퍼스
중국민항관리간부학원

미윈 현
옌칭 현
화이러우 구
창핑 구
핑구 구
순이 구
하이뎬 구
차오양 구
먼터우거우 구
5
2 1
4 3
팡산 구
통저우 구
따싱 구

1. 둥청 구
2. 사성 구
3. 충먼 구
4. 쉬안우 구
5. 스징산 구

••• 상하이 지역 대학 안내지도

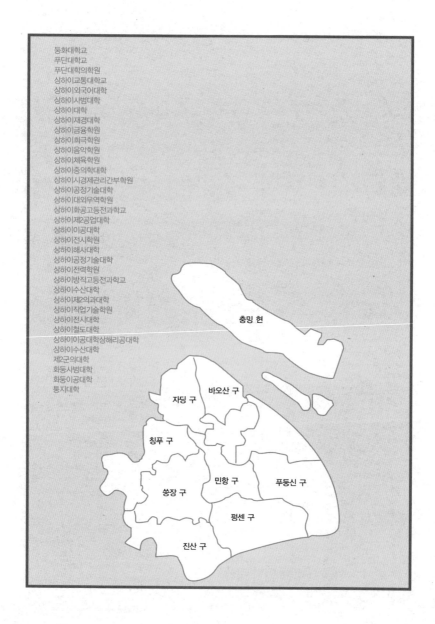

동화대학교
푸단대학교
푸단대학의학원
상하이교통대학교
상하이외국어대학
상하이사범대학
상하이대학
상하이재경대학
상하이금융학원
상하이화극학원
상하이음악학원
상하이체육학원
상하이중의학대학
상하이시경제관리간부학원
상하이공정기술대학
상하이대외무역학원
상하이화공고등전과학교
상하이제2공업대학
상하이이공대학
상하이전시학원
상하이해사대학
상하이공정기술대학
상하이전력학원
상하이방직고등전과학교
상하이수산대학
상하이제2의과대학
상하이직업기술학원
상하이전시대학
상하이철도대학
상하이이공대학상해리공대학
상하이수산대학
제2군의대학
화동사범대학
화동이공대학
통지대학

충밍 현

자딩 구
바오산 구

칭푸 구

쑹장 구
민항 구
푸둥신 구

펑셴 구

진산 구

02 중국 대학생들이 선호하는 직장

1) 석사 연구생

네 학생 '리우호천(劉浩川)' '씨에친엔밍(謝全明)' '짱쪼(張嬌)' '쪼펑(趙鵬)' 중 둘은 후난 성의 정저우대학 출신으로 5학기, 3학기이고 나머지는 네이멍구와 허베이 성 출신으로 1학기 신입생이자 내가 지도하는 석사과정 대학원생이다. 중국에서는 보통 대학원생을 석사 연구생이라 하는 데 보통 줄여서 그냥 연구생이라고 부른다.

한국과는 달리 연구생이 되려면 국가에서 시행하는 시험을 치러야 하고 주로 정치, 영어 또는 일어 등 다른 외국어와 전공 시험을 치른다. 시험은 엄격하게 국가가 관리하고 일단 시험에 합격하면 대학보다도 훨씬 적은 비용으로 다닐 수 있다. 호천이와 친엔밍은 성격도 좋고 실력도 좋아 친구 관계가 매우 좋다. 중국에서 대학원 연구생 출신을 후다오(과외) 선생으로 삼으면 일반 대학생을 과외선생으로 삼는 것에 비해 거의 실패 확률이 없다. 왜냐하면, 그만큼 실력을 국가에서 검증했기 때문이고, 우리 아이들을 가르치게 해 보면 일반적인 대학생과는 많은 차이가 난다. 물론 연구생들은 시간이 없어서 후다오 선생으로 구하기가 쉽지 않고 가격 또한 1.5 내지 2배로 비싼 편이다.

2) 디자인·IT 분야

중국 대학생이 선호하는 직장은 일단 월급을 많이 주고 편한 곳이다. 미래의 전망보다는 현찰을 훨씬 더 챙기는 편이다. 그래서 돈만 조금만 더 주고 근무 조건이 조금만 더 좋으면 미련 없이 금방 회사를 바꾼다. 특히 조선족의 이직률은 가공할 만하게 높은 편이다. 그리고 주로 IT 분야나 디자인 분야가 압도적으로 우세하다. 우리나라와 비슷하지만, 훨씬 더 실리적이다. 따라서 법학이나 역사학, 중의학 등은 경쟁이 상대적으로 치열하지 않고 돈과 직접 관련이 있는 컴퓨터 분야, 디자인 분야, 경영, 무역, 세무 분야가 중국 대학생들에게도 각광받는 전공이다.

필자는 디자인 분야를 접할 기회가 많은데, 중국은 건축대학에 도시건축 실내장식 전공 말고도 공업설계 전공 분야가 포함되어 있어 자동차 상품 디자인 등을 배우는 것이 우리와는 다른 현상이다. 중국의 도시건축 대학은 거의 모든 대학이 국제 공인 조건에 맞춰 학부 과정이 5년제고 입학시험 때 미술 실기시험을 치르는 것이 보통이다. 물론 디자인 분야에서도 예술대학의 미술학부 쪽에 실내장식, 환경예술, 설계, 시각디자인, 건물벽화 등 실제 응용학문과 유사한 여러 분야가 인기를 끌고 있다.

능력이 있고 실리적인 중국의 대학원생들을 보고 있노라면 한국 유학생을 걱정하지 않을 수 없게 된다. 과연 이들 중국 연구생들과 경쟁해서 이길 우리 중국 유학생은 과연 얼마나 될까? 중국은 보통 대학을 졸업하려면 국가시험 영어 4급을 통과해야 하고 대학원은 6급 정도를 통과해야만 한다. 물론 전공 과목과 정치 과목 등이 있지만 과거에 치러졌던 토플과 비교하면 중국 영어 4급은 IBT 90점, 6급은 IBT 100점 정도의 점수다.

그리고 중국 대학은 부전공이나 복수전공, 전과, 편입 등의 제도가 거의 없다. 중국은 아무리 자본주의화 되었어도 교육과 정치는 여전히 완벽한 공산주의다. 계획 경제 개념의 교육이라 변수가 많은 교육은 하지 않는다. 왜냐하면, 잘하는 학생을 추리고 못하는 학생은 못하는 대로 사회에 봉사하게 하는 거지, 못하는 학생의 장점을 발굴할 이유가 없을 정도로 인구가 넘치기 때문이다. 잘하는 학생들만 추리기에도 많다.

그래서 중국의 대학과 대학원에서 성공한 자랑스러운 우리 조기유학생들은 그야말로 피눈물 나는 노력과 고통이 있었음을 알고 있다. 그리고 필자는 그들이 21세기를 이끌어갈 중국의 첨병이 되리라 믿는다.

••• 전공 선택에 관하여

중국 유학을 결정한 것 이상으로 '어떠한 전공을 선택해야만 하는가?'에 대한 문제도 향후 자신의 미래와 가치를 결정하는 가장 중요한 문제다. 먼저 자신의 흥미와 적성을 파악한 후, 그다음에는 구체적인 전공(학과)을 선택할 차례다. 지원할 전공을 선택하기 위해서는, 우선 내가 관심 있어 하는 계열에 어떤 전공이 있는지를 탐색해 봐야 한다. 현재 중국 대학에 개설되어 있는 전공 수는 무수히 많다. 물론 모든 학과가 유학생에게 문을 열어놓은 것은 아니다. 또한, 중국의 전공 학과 명칭이 우리나라에서 쓰는 용어와 사뭇 다른 경우가 많으며, 비슷비슷한 전공들이 많다.

학과 이름만으로는 학문적 성격이나 특성 및 진로에 대해 정확히 파악하기 어렵다. 따라서 이처럼 많은 전공 중에서 자신이 지원할 전공을 바로 선택한다는 것은 그렇게 쉬운 일이 아니다. 그렇다면 어떻게 전공을 선택하는 것이 올바른 방법인가. 먼저 자신이 인문·사회계열의 학과를 지원할 것인지, 자연·공학계열의 전공을 선택할 것인지를 분명히 해야 한다. HSK 성적 혹은 본고사에 포함된 과목에 대한 자신의 실력 특히 수학에 따라 쓸데없이 이쪽저쪽을 오락가락하면서 갈등해서는 안 된다.

이와 같이 큰 방향이 확실히 정해졌다면, 그다음에는 좀 더 세분화된 학문 계열을 탐색해 보는 과정이 필요하다. 인문·사회계열을 좀 더 들여다보면, 어학·문학, 인문과학, 경영, 경제·통상, 법학·행정, 사회과학 등의 관련 학과들이 여기에 속해 있고, 자연·공학계열을 좀 더 들여다보면 자연과학, 생활과학, 농림·수산, 간호·보건, 공학, 컴퓨터·정보통신, 의학, 약학 관련 학과들이 여기에 속해 있다. 이처럼 대학에 개설된 학문은 세분화되어 있다. 따라서 여러 개로 세분화되어 있는 각 소계열의 특성과 진로에 대해 면밀히 검토하는 것이 필요하며, 그다음에 한 단계 더 나아가 구체적인 전공 탐색과 선택을 하는 것이 바람직하다. 전공(학과) 선택의 요령을 정리하면 다음과 같다.

첫째, 자신의 적성·흥미·기질에 적합한 학과를 선택하라.
둘째, 장래 자신의 진로와 연계한 학과를 선택하라.
셋째, 졸업할 시기의 미래 유망 직업과 관련된 학과를 선택하라.
넷째, 현재의 기준에서 무조건 인기학과를 찾거나 성적에 맞춘 학과 선택은 위험하다. 이 중요한 선택은 바로 여러분의 몫이다. 자신의 인생을 길게 보는 안목과 현명한 선택을 통해 밝은 미래가 보장되기를 기대한다.

■ 유망학과 소개 / 공상관리학과

교육 목표

본 전공은 관리, 경제, 법률 지식 및 창의력이 빠른 반응력, 빠른 소통 능력 등을 갖춘 공상 기업단위 및 정부부문에서 관리업무 및 수학·과학 연구업무를 담당할 공상관리학 고급 인재의 양성을 목표로 한다.

학생들에게 관리학, 경제학 기본이론과 현대 기업 관리의 기본이론, 기본 지식의 마스터, 기업관리의 측정, 분석 방법 등의 마스터, 강한 언어, 문자 표현 능력, 대인 소통 및 기업관리 문제의 분석 및 해결 능력, 국제기업 관리 업무의 관리 기교 및 세계적 시야, 본과 과정의 전연과 발전 동태의 이해, 외국어 능력, 문헌 검색 능력, 자료 조사 능력, 뛰어난 과학 연구와 실무 능력이 요구된다.

교과 과정

—전공필수: 관리학 개론, 개념론 및 수리통계, 재무관리, 경영관리, 관

리정보 시스템, 운영관리, 국제비즈니스관리, 국제무역 실무 및 이론, 국제금융 실무 및 이론, 국제재무관리, 국가별 경영환경, 국제경영관리(영어), 사회 실습

  ─선택: 국제비즈니스영어, 관리소통 ,상무담판, 조직 중의 권리와 모략, 세관 실무, 국제회계, 국제투자, 국제은행관리, 비즈니스 영어전보, 기업진단 및 분석, 기업가 정신과 창업, 기업공공관계 및 실무, 아이템관리(영), 전자상거래, 국제세무관리, 서비스무역 및 기술무역, 공상관리 시뮬레이션, 리스크 관리 및 보험, 소비심리학, 국제경제법

03 외국인이 입학할 수 있는 중국 대학 지역별 리스트

상하이

둥화대학교	상하이중의학대학	상하이수산대학
푸단대학교	상하이시경제관리간부학원	상하이제2의과대학
푸단대학의학원	상하이공정기술대학	상하이직업기술학원
상하이교통대학교	상하이대외무역학원	상하이전시대학
상하이외국어대학	상하이화공고등전과학교	상하이철도대학
상하이사범대학	상하이제2공업대학	상하이이공대학
상하이대학	상하이이공대학	상하이수산대학
상하이재경대학	상하이전시학원	제2군의대학
상하이금융학원	상하이해사대학	화둥사범대학
상하이희극학원	상하이공정기술대학	화둥이공대학
상하이음악학원	상하이전력학원	퉁지대학
상하이체육학원	상하이방직고등전과학교	

* 중국어로 학원은 우리나라의 대학이고 중국어의 대학은 우리나라에서는 단과대학이 여러 개가 있는 종합대학교다. 우리나라에서 쓰는 학원은 중국어로는 교습소, 배훈반이라고 한다.

베이징

베이징공업대학	베이징체육대학	중국소프트웨어 관리대학
베이징공상대학	베이징이공대학	중앙미술학원
베이징석유화공학원	베이징항공항천대학	중화연수대학
베이징연합대학기계공정학	베이징광파전시대학	칭화대학
베이징중의약대학	중앙민족대학	칭화대학 미술학원
대외경제무역대학	베이징제2외국어학원	해정주독대학
베이징어언대학	베이징동방대학	화북전력대학 베이징캠퍼스
베이징화공대학	베이징현대음악학원	중국민항관리간부학원
베이징우전대학	베이징응용기술학원	
베이징외국어대학	베이징복장학원	

톈진

베이징전영학원	베이징중과천용대학	남개대학
북방공업대학	수도사범대학	톈진대학
베이징물자학원	수도의과대학	톈진사범대학
베이징대학	수도경제무역대학	톈진외국어학원
베이징대학 의학부	수강공학원	톈진재경학원
베이징교통대학	석유대학	톈진중의학원
베이징전매대학	외교학원	톈진경공업학원
베이징건축공정학원	중앙음악학원	톈진광파전시학원
베이징연합대학여유학원	중국농업대학	톈진농학원
베이징대학교 국제MBA	중국광업대학	중국민용항공학원
베이징연합대학	중국협화의과대학	톈진상학원
베이징연합대학응용문리학원	중국정법대학	톈진공업대학
베이징사범대학	중앙광파전시대학	톈진직업기술사범학원
베이징임업대학	중국런민대학	톈진이공학원
베이징연합대학상무학원	중국지질대학	톈진성시건설학원
베이징정보과기대학	중국청년정치학원	톈진의과대학

톈 진

톈진음악학원

톈진미술학원

톈진의학원

톈진기업관리배훈학원

톈진직업기술사범학원

톈진체육학원

항저우

저장대학

저장공업대학

항저우사범학원

중국미술학원

저장공상대학

저장교육학원

저장공정학원

중국계량학원

항저우금융관리간부학원

저장금융직업학원

저장임학원

저장교육학원

항저우전자공업학원

항저우응용공정기술학원

저장중의학원

장쑤 성

난 징

장쑤 성

난징대학

난징사범대학

난징중의약대학

동남대학

난징이공대학

난징재경대학

난징금융직업대학

난징농업학교

난징우전대학

난징임업대학

난징심계학원

난징화공대학

난징공업직업기술학원

중국약과대학

난징건축공학원

난징공업대학

난징중의학대학

난징재경대학

난징기상학원

난징심계학원

종산학원

난징의과대학

난징임업대학

난징공정학원

장쑤성우전학교

난징항공항천대학

장쑤 성

허하이대학

남 퉁

남퉁사범대학

남퉁공학원

남퉁항운직업기술학교

남퉁의학원

남퉁방직직업기술학원

우 시

강남대학

우시경공대학 설계학원

우시경공대학

장쑤성세무학교

쉬저우

쉬저우사범대학

쉬저우의학원

쉬저우건축직업기술학원

쑤저우

쑤저우대학

쑤저우성건환보학원

쑤저우철도사범학원

상숙고등전과학교

쑤저우광파전시대학

진 강

전장사범대학

전장시고등전과학교

화동선박공업학원

장쑤 성

전장의학원

장쑤이공대학

전장의학원

양 주

양주대학

귀주 성

귀 양

귀주대학

귀양의학원

귀주광파전시학원

귀양중의학원

귀주재경학원

귀주공업대학

간쑤 성

란 주

서북사범대학

간쑤공업대학

간쑤정법학원

란저우철도학원

란저우대학

란저우의학원

간쑤농업대학

란저우상학원

서북민족학원

간쑤 성

천 수

천수사범학원

지린 성

장 춘

지린대학

동북사범대학

지린공업대학

창춘우전학원

창춘공정학원

창춘사범학원

동북전력학원

창춘과학기계정밀학원

창춘공업대학

지린농업대학

지린전기화고등전과학교

쓰 핑

쓰핑지린사범대학

지 린

지린북화대학

지린화공학원

옌 지

연변대학

연변과학기술대학
(한족·조선족만 가능)

광둥 성

광저우

중국인민제일군의학대학

화난사범대학

화난이공대학

광저우남양과기전수학원

광둥공업대학

광저우대학

화난농업대학

광저우교육학원

광저우민항직업기술학원

중산의과대학

중산대학

광저우중의학대학

광둥경공직업기술학원

광둥광파전시대학

광저우의학원

화중과기대학

광둥교육학원

광저우사범학원

광둥어무대학

기남대학

광둥상학원

동완이공대학

한산사범대학

제일군의학대학

잠 광

광둥 성

잠광사범학원

광둥의학원

잠광해양대학

장 먼

오읍대학

싼 두

싼두대학

선 전

선전직업기술학원

선전대학

후이저우

후이저우학원

무 명

무명학원

샤오관

샤오관대학

메이저우

가응대학

포 산

포산대학

조 경

조경학원

장시 성

난 창

장시교육대학

장시 성

장시농업대학

장시이공대학

장시공안전과학교

장시재경대학

상요사범대학

감남의학원

장시사범대학

화둥교통대학

장시복장학원

난창항공공업학원

장시의학원

난창대학

징더전

징더전도자기학원

간저우

남방치금학원

감남사범대학

푸젠 성

푸저우

푸젠대학

푸젠사범대학

푸젠중의학대학

푸젠의학대학

푸젠직업기술학원

푸젠건축전과학교

푸젠 성

푸젠농업대학

푸젠교통직업기술학원

장저우

푸젠장저우사범학원

싼 밍

싼밍고등전과학교

포 전

포전고등전과학원

푸젠의과대학포천분교

취안저우

양은대학

국립화교대학

취안저우섭영학원

취안저우사범고등전과학교

샤 먼

샤먼대학

집미대학

산둥 성

취 푸

취푸사범대학

지 난

산둥대학

산둥사범대학

산둥재정학원

산둥중의학대학

Chapter 5

산둥 성

산둥과기대학

산둥공업대학

산둥농업대학

산둥광업학원

산둥공정학원

지난대학

칭다오

칭다오대학

칭다오화공학원

칭다오해양대학

칭다오건축공정학원

옌타이

옌타이대학

중국매연경제학원

옌타이사범학원

쯔 보

쯔보학원

동 영

석유대학

웨이팡

웨이팡고등전과학교

유 성

유성사범학원

웨이하이

웨이하이대학(산둥대학 위해분교)

빈저우

산둥 성

빈저우의학원

채 양

산둥채양농학원

태 안

태산의학원

산시 성(산서 성)

타이위안

산시재경대학

타이위안이공대학

산시의과대학

타이위안광파전시대학

타이위안중형기계학원

화북공학원분교

화북공학원

산시대학

산시성농업대학

장 치

산시장치의학원

보동남사범전과학교

흔 주

산시흔주사범대학

운 성

산시운성고등전과학교

유 차

산시농업대학농학원

쓰촨 성

청두

시난교통대학

화시의과대학

청두체육학원

충칭사범고등전과대학

쓰촨대학

청두중의약대학

쓰촨사범대학

시난민족의학원

청두재경대학

청두이공학원

시난재경대학

청두신식공정학원

시난석유학원

쓰촨사범학원

쓰촨공업학원

충 칭

충칭상학원

충칭공학원

시난정법대학

쓰촨미술학원

충칭대학

시난농업대학

시난사범대학

쓰촨외어학원

충칭의과대학

쓰촨 성

충칭교통대학

충칭건축대학

충칭교육학원

충칭사범학원

충칭삼협학원

충칭우전학원

몐 양

몐양과기대학

악 산

악산사범학원

자 공

쓰촨경화공학원

판즈화

판즈화대학

네이장

네이장사범학원

안후이 성

허페이

중국과학기술대학

안후이대학

안후이건축공업학원

안후이의과대학

허페이전자공정학원

허페이경제기술학원

허페이연합대학

안후이 성

안후이허페이삼연학원

안후이농업대학

경공업학원

안후이주의학원

허페이공업대학

중국계산기함수학원

안후이농업학원

안경사범학교

화동치금학원

원남의학원

안후이상업고등전과학교

저주사범전과학원

우 후

안후이사범대학

준 남

준남공업학원

준 북

준북매연사범학원

마 안

안후이공업학원

동 육

동육광파전시대학

윈난 성

곤 명

윈난대학

윈난 성

윈난민족학원

윈난사범대학

쿤밍이공대학

윈난공업대학

쿤밍의학원

윈난재무학원

시난임학원

윈난농업대학

위 시

윈난위시사범학원

저장 성

닝 보

닝보대학

저장만리학원

닝보고등전과학교

자 싱

자싱문리대학

원저우

원저사범대학

저장공무직업기술학원

원저우대학

원저우의학원

안시광학원

저장동방학원

주 산

저장 성

저장해양학원

린하이

대주사범전과학교

후저우

후저우사범대학

진 화

진화직업기술학원

저장사범대학

하이난 성

하이코우

하이코우대학

하이난성사범학원

하이난국가원실험학교

퉁 스

경주대학

산시 성

시 안

시안전자과기대학

시베이공업대학

장안대학

산시재경학원

시안이공대학

시안교통대학

시안국제상무학원

산시 성(섬서 성)

시안시베이대학

시안건축과기대학

시안육군학원

시안공정과기학원

시안공학원

시안과기학원

시안석유학원

시안우전학원

시안외국어학원

연 안

연안대학

함 양

서베이징공업학원

헤이룽장 성

하얼빈

하얼빈공정대학

하얼빈이공대학

하얼빈의과대학

하얼빈공업대학

동북임업학원

헤이룽장대학

하얼빈사범대학

헤이룽장청년간부학원

하얼빈사범대학

동북농업대학

헤이룽장 성

헤이룽장중의약대학

헤이룽공정학원

치치하얼

치치하얼대학

다칭시

다칭시석유학원

다칭시직공대학

지 시

헤이룽장광업학원

랴오닝 성

다 롄

다롄해사대학

다롄이공대학

다롄외국어학원

다롄철도학원

다롄민족학원

랴오닝사범대학

둥베이재경대학

다롄광파광시학원

다롄국제상무학원

푸 순

푸순석유학원

안 산

안산사범대학

안산강철학원

랴오닝 성

진저우
진저우의학원

랴오닝공학원

진저우사범대학

선 양
선양건축공정학원

랴오닝대학

선양약과대학

선양대학

선양공업대학

선양공업학원

중국의과대학

선양사범학원

선양농업대학

선양사범대학

루쉰미술학원

선양광파전시대학

선양화공대학

선양공업대학

선양전력고등전과학교

네이멍구자치구

후룬베이얼
후룬베이얼학원

후허하오터
네이멍구대학

네이멍구자치구

네이멍구사범대학

네이멍구공업대학

네이멍구의학원

네이멍구농업대학

네이멍구공업대학전력학원

바오터우
바오터우강철학원

바오터우직업기술학원

허난 성

카이펑
허난대학

정저우
허난농업대학

허베이수리수전학원

허난우전학원

정저우항공공업관리학원

정저우직방학원

정저우양식학원

정저우공학학원

정저우공업대학

정저우대학

중주대학

난 양
난양사범

대학난양이공학원

허난 성

안 양
안양사범학원

뤄 양
뤄양공업학원

뤄양사범학원

뤄양경무학원

자오쭤시
자오쭤시공학원

신 양
신양사범대학

허난사범대학

칭하이 성

시 닝
칭하이사범대학

칭하이광파전시대학

칭하이대학

허베이 성

스좌장
스좌장철도대학

스좌장직업기술학원

허베이사범대학

허베이과기대학

하베이징무대학

허베이의과대학

허베이 성

스좌장우정고등전과학교

스좌장경제학원

허베이농업대학

허베이공업대학

허베이과학대학

허베이광파전시대학

친황다오

옌산대학

둥베이대학태황도분교

랑 팡

화베이항천공업대학

중국인민무력경찰부대학원

장자커우

허베이건축공정학원

청 더

허베이청더석유고등전과학교

바오딩

허베이대학

화베이전력대학

광시좡족자치구

난 닝

광시민족대학

광시사범학원

광시대학

광시의학원

광서장족자치구

광시중의학대학

구이린

광시사범대학

구이린공학원

구이린전자공업학원

구이린의학원

구이린시고등사범전과학원

후난 성

창 사

창사철도학원

후난상학원

창사교통학원

국방과기대학

후난대학

후난농업대학

후난사범대학

창사고등전과학교

후난섭외경제학원

창사전력학원

창사항공직업기술학원

명조일본어학원

상 담

상담대학

상담사범학원

중난대학

후난 성

헝 양

헝양의학원

웨 양

웨양사범대학

주저우

주저우공학원

중난의학원

지서우

지서우대학

신장웨이우얼자치구

우루무치

우루무치직업대학

신강대학

신강의과대학

신강공학원

신강재경학원

신강농업대학

신강석유대학

신강사범대학

스허쯔

스허쯔대학

후베이 성

무 한

화중과기대학

후베이 성

우한대학

후베이성교육학원

화중과기대학동제의학원

무한측회과기대학

후베이광파전시대학

후베이대학

우한화공학원

동제의과대학

우한성시건설학원

화중농업학원

우한의학원

우한과기학원

중국지질대학

우한과기대학

화중사범대학

우한이공대학

우한교육대학

중남재경정법학원

후베이의과대학

중남민족학원

징저우

강한석유학원

징저우사범학원

의 창

후베이삼협학원

무한수리전력대학

후베이 성

의창시광파전시대학

샹 양

샹양직업기술학원

언 스

후베이민족학원

녕하회족자치구

인 촨

녕하의학원

서북제이민족학원

녕하광파전시대학

시짱자치구

라 싸

시짱대학

홍 콩

홍콩이공대학

령남학원

홍콩중문대학

홍콩과기대학

홍콩성시대학

홍콩대학

홍콩침해대학

마카오

마카오(오문)대학

04 조기유학생들이 선호하는 대학 진로
— 베이징에 거주하는 한국 유학생을 대상으로(김희진)

세계화 시대인 지금, 수많은 사람들이 해외 각지로 유학을 떠나고 있다. 해외에 거주하는 한국 유학생들의 총 수는 해마다 증가하는 추세다. 그중 대학생이 가장 많이 차지하고 있지만, 조기유학생의 숫자도 적지 않다. 교육 인적 자원부에서 조사한 결과에 따르면 2003년 총 해외 유학생 15만 9,903명 중 조기유학생의 수가 1만 149명이나 되는 것으로 조사되었다. 네이버 검색 결과 조기유학으로 가장 많이 떠나는 나라는 미국, 캐나다, 뉴질랜드, 중국, 호주 순이며, 전체적으로 영어권으로 가는 조기유학생들이 절반 가까이 차지하고 있다. 하지만 2001년 중국으로 간 조기유학생 수는 1,394명에서 2002년 3,587명으로 1년 사이 유학생이 2.5배 정도 늘어나 중국으로 가는 조기유학생들의 증가가 상당한 것으로 나타났다.

이처럼 중국에 거주하는 한국 조기유학생들의 수가 해마다 늘어나고 있는데 그들에게는 한 가지 공통된 고민이 있다. 그것은 바로 대학 진로를 결정하는 것이다. 아마 이러한 고민은 해외로 조기유학을 떠난 모든 유학생들에게 해당될 것으로 생각한다. 그렇기 때문에 조기유학생들이 중국 거주 기간에 따라서 혹은 자신이 중국으로 유학 온 목적에 따라서 어느 나라의 대학을 선호하며, 어떠한 이유로 그 나라의 대학을 가고 싶은지 조사하여 조기유학생들의 대학 진로에 대해 조금이나마 도움을 줄 수 있었으면 한다.

우선 현재 중국 베이징 시에 거주하는 한국 국적을 가진 조기유학생(고등학생)을 대상으로 선호하는 대학에 대한 설문조사를 하고, 설문조사의 대상자 특성에 따라 선호하는 대학 및 국가를 통계처리 기법으로 그래프를 그려서 분석해 보았다. 그리고 어떠한 이유로 그 대학을 선호하는지에 대해서는 개인적 면담을 통하여 그 이유를 조사하였다.

••• 설문조사 개요

설문조사 내용은 기본적으로 조사자의 개인적 특성을 파악하고 그 특성에 따른 선호 대학을 파악하기 위하여 ① 성별 ② 연령 ③ 중국 거주 기간 ④ 현재 다니는 고등학교 ⑤ 유학의 목적 ⑥ 대학 졸업 후 예상 거주 지역 ⑦ 선호하는 나라의 대학 ⑧ 선호하는 이유, 이렇게 총 여덟 문항으로 정하였다. 각 문항을 통해 필자가 밝히려는 것은 유학의 목적, 중국 거주 기간, 현재 다니고 있는 고등학교, 대학 졸업 후 예상 거주 지역에 따라서 조기유학생들이 선호하는 나라의 대학이 어떻게 바뀌는지 조사하여 대체적으로 어떤 상황의 조기유학생들이 중국 대학을 선호하는지 혹은 어떤 상황의 조기유학생들이 한국 대학을 선호하는지를 파악하였다. 그리고 마지막 여섯 번째 문항을 통해서는 각 조기유학생이 앞의 네 가지 문항의 이유를 제외하고 다른 어떤 이유로 그 나라의 대학을 선호하는지에 대해서도 조사하였다.

●●● 설문조사 대상자의 기본 사항 분석

설문지는 2005년 11월 11일부터 22일까지 100부를 배부하였는데 그중 70부를 회수하였고 그중 대답이 불성실한 4부를 제외한 66부를 분석하였다. 조사 대상자의 성별, 연령, 중국에 거주한 기간, 현재 다니는 고등학교는 다음과 같다.

1) 성별

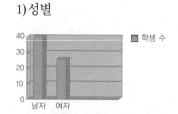

2) 나이

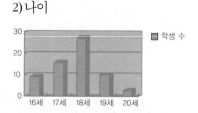

3) 중국 내 거주 기간

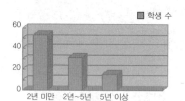

4) 재학 중인 학교

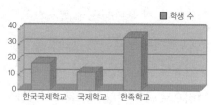

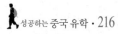

조사한 대상자는 베이징에 거주하는 65명의 조기유학생들이며 남자 40명, 여자 25명이다. 이들은 베이징에 소재하는 한국국제학교, 한족학교, 국제학교를 다니며 나이는 16~20세까지다. 이들이 중국에 거주한 기간은 2년 미만이 약 54%, 2~5년이 약 31%, 5년 이상이 약 15%로 대개 2년 미만이 과반수다.

••• 선호하는 대학 진로 분석

조사 대상자들이 선호하는 대학 진로는 다음과 같다. 한국 대학이 25% 중국 대학이 23% 미국 대학이 14%로서 한국과 중국의 대학이 많은 것으로 나타났다.

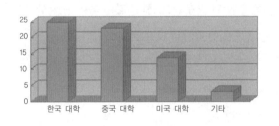

••• 조사대상자 특성에 따른 대학 진로 선호도 분석

1) 거주 기간에 따라서

▶중국 거주 기간에 따른 선호 대학은 그림과 같이 거주 기간에 상관없이 한국과 중국의 대학을 선호하는 것으로 나타났다.

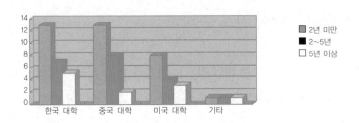

2) 유학의 목적에 따라서

▶ 동반가족으로 유학을 오게 된 경우는, 그림과 같이 과반수 이상이 거주 기간에 상관없이 한국 대학을 선호하는 것으로 나타났다.

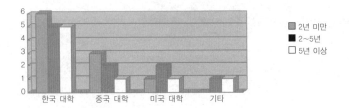

▶ 부모님의 권유로 홀로 유학을 오게 된 경우는, 각 나라 대학에 대한 선호도가 골고루 분포되어 있다.

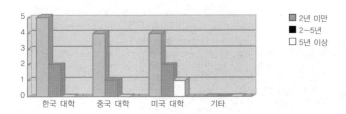

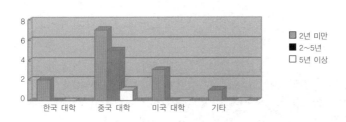

▶ 자신의 의지로 유학을 왔을 경우에는 다시 한국으로 돌아가기보다는 중국에 계속 남으려는 유학생들이 65%로 가장 많다.

●●● 현재 다니고 있는 고등학교에 따라서

1) 한국국제학교/한국 대학을 선호하는 사람들은 주로 한국국제학교에 다닌다.

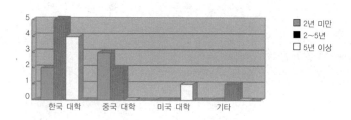

2) 한족학교/중국 대학을 선호하는 사람들은 주로 한족학교에 다닌다.

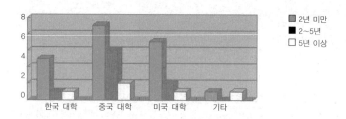

3) 국제학교에 다니는 유학생들은 미국 대학이 아닌 한국 대학을 선호 하는 것으로 나타났다.

••• 대학 졸업 후 예상 거주 지역에 따라서

1) 한국 / 앞으로 한국에서 거주할 유학생 중 60%가 한국 대학을 선호하고 있다.

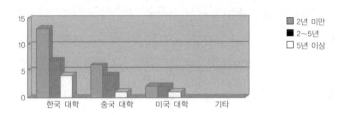

2) 중국 / 앞으로 중국에서 거주할 유학생 중 약 58%가 중국 대학을 선호하고 있다.

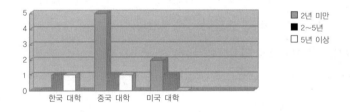

3) 미국 / 앞으로 미국에서 거주할 유학생 중 약 86%가 미국 대학을 선호하고 있다.

4) 기타 지역
기타 지역을 선택한 학생은 총 6명이며 캐나다, 잉글랜드 등이다.

••• 각 대학을 선호하는 이유

1) 한국 대학을 선호하는 이유

개인적인 면담을 통하여 조사한 바로는 유학생들이 한국 대학을 선호하는 첫 번째 이유는 앞으로 한국에서 거주할 것이기 때문이라고 한다. 지금 중국이라는 나라의 발전 가능성이 크다고는 하지만 한국에서 거주할 것이라면 한국인들의 인식이 중요한데, 그들이 중국 대학보다는 한국 대학을 선호하기 때문이다. 그리고 또 다른 이유는 중국 내의 인맥을 쌓기 위해서라고 대답하였다. 이것은 왜냐하면 한국 대학을 나와야 동문회 등을 통해 한국뿐만 아니라 해외에서도 한국 사람들만의 공동체를 이뤄 인맥을 쌓을 수 있기 때문이다.

2) 중국 대학을 선호하는 이유

면담 조사 결과 유학생들이 중국 대학을 선호하는 가장 큰 이유는 중국 대학의 유망성과 중국어라는 대답이 가장 많았다.

3) 미국 대학을 선호하는 이유

미국 대학을 선호하는 사람들은 미국의 교육 환경과 영어를 배우고 싶은 것이 가장 큰 이유라고 대답하였다.

••• 종합 분석

조사 결과를 종합하여 분석해 보면 성별이나 거주 기간에 따라서는 큰 차이가 없는 것으로 나타났으나, 조사한 대상자의 유학을 온 목적과 지금 다니고 있는 고등학교, 그리고 대학 졸업 후 예상 거주 지역에 따라 대학 선호도의 변화가 크게 나타났다.

첫 번째로, 유학의 목적에서는 동반가족이나 부모님의 권유로 왔을 경우에는 각 나라에 대한 대학 선호도에 그다지 큰 변화가 없었으나, 자신의 의지로 중국에 왔을 경우, 다시 한국으로 돌아가 한국 대학을 다니려는 사람은 소수에 불과했고, 대부분이 중국 대학이나 미국 대학을 선호하고 있다. 이로써 유학의 목적 중에서도 다른 누군가의 의지보다는 자신의 의지가 대학을 선택하는 데 가장 크게 작용한다는 것을 알 수 있다.

두 번째로, 현재 다니는 고등학교에 따라서 선호하는 나라의 대학에 변화가 나타났다. 한국국제학교에 재학 중인 조기유학생들은 한국 대학을, 한족학교에 재학 중인 조기유학생들은 중국 대학을 선호하고 있다. 그리고 중국이나 미국 대학을 선호하며 한국국제학교에 다니는 조기유학생들도 몇몇 있었는데 그 이유는 한국국제학교의 교육 환경 때문이다. 한국국제학교에서는 선생님들이 모두 한국인이며 한국식 교육 과정을 이수하고 있기 때문에 유학 생활을 하는 데 어려움이 적고, 한족학교에 가서 중국어만 하다가 자칫하면 소홀히 하기 쉬운 나머지 과목들에 대해서도 공부할 수 있기 때문이라고 생각된다.

그리고 미국 대학을 선호하며 한족학교에 다니는 조기유학생들도 몇몇 있었는데 그 이유는 중국에 있을 때 중국어를 배우고 대학은 미국에 가서 영어를 배우려 하기 때문이다. 국제학교에 재학 중인 조기유학생들은 주로 미국 대학이 아닌 한국 대학을 선호하는 것으로 나타났다. 대부분의 사람들이 국제학교에 다니고 있는 학생들은 미국으로 갈 것으로 생각하는데, 정작 국제학교에 다니는 유학생들은 그렇게 생각하지 않는다. 그들이 국제학교에 다니는 이유는 단지 영어를 배우기 위함이지 미국 대학을 가기 위한 수단이 아니기 때문이다. 그렇기 때문에 몇 년 국제학교에 다닌 후에 고등학교 때 한국국제학교로 전학을 해서 한국 대학을 가려는 유학생들이 적지 않다.

마지막으로 대학 졸업 후 예상 거주지에 따라서는 한국에 거주할 사람들은 한국 대학을, 미국에 거주할 사람들은 미국 대학을 선호하고 있다. 그런데 중국 대학을 선호하는 조기유학생 중에서 대학 졸업 후 예상 거주 지역을 중국보다는 한국과 기타 지역을 더 많이 선택하였는데, 그 이유는 중국보다는 다른 나라들의 환경이 조금 더 낫기 때문이다. 하지만 필자가 예상했던 거와는 달리 중국 내에 거주한 기간이 대학 선호도에 그다지 큰 영향을 미치지 못하고 있었다.

••• 자신의 의지로 유학 온 학생들은 중국 대학을 선호하고 있다

한국국제학교에 다니는 조기유학생들은 대부분 한국 대학을 선호하고 한족학교에 다니는 조기유학생들은 대부분 중국 대학을 선호하며, 국제학교에 다니는 학생들도 대부분 한국 대학을 선호하는 것으로 나타났다.

현재 다니고 있는 고등학교와 대학졸업 후 예상 거주 지역이 대학 진로를 결정하는 데 크게 작용하는 것으로 나타났다. 유학의 목적에 따라서도 대학 진로가 바뀌었는데 가족이나 부모님의 권유보다는 자신의 의지로 왔을 경우에 대학 선호도에 대한 변화가 가장 크게 나타났다. 자신의 의지로 유학을 선택한 조기유학생들은 대부분이 중국 대학을 목표로 하고 있었다.

결론적으로 현재 다니는 고등학교가 대학 진로 결정에 가장 크게 작용하고 있었다. 국제학교를 제외하고 한국국제학교와 한족학교에 다니는 조기유학생들이 선호하는 나라의 대학과 현재 다니는 고등학교가 일치하는 비율이 각각 61.1%, 47.2%인 것을 보면 알 수 있다. 그렇다면 이제 앞으로 조기유학을 오는 초·중·고등학생들은 자신이 선호하고, 희망하는 대학이 있다면 고등학교를 잘 선택해야 할 것이다. 또한, 각 학교에서는 이 연구결과를 토대로 하여 학생들의 대학 진로를 지도함에 있어 선호하는 대학과 국가를 잘 고려하여 학생들에게 도움을 줄 수 있을 것이다.

하지만 우리는 이 시점에서 한 가지 알아두어야 할 것이 있다. 유학을 온 목적과 현재 재학 중인 고등학교 그리고 대학 졸업 후 예상거주 지역에 따라 대학 선호도에는 변화가 나타났지만, 선호하는 나라의 대학과 대학 졸업 후 예상 거주 지역 모두 한국이 가장 많은 것으로 나타났다. 대학 선호도를 떠나서 어떤 조기유학생은 유학 생활을 너무 오래 했기 때문에 대학만큼은 한국으로 돌아가서 향수를 느끼고 싶다고 했다. 이것은 조기유학의 또 다른 이면을 보여주는 예이다.

※ 이번 조사 연구는 중국 베이징에 거주하는 유학생의 총수에 비해 비율이 너무 작기 때문에 표본적인 조사로서 예비 조사 성격을 가진다.
※ 발표자 김희진: 베이징 한국국제고등학교 3학년에 재학 중, 고2 때 발표한 학교 논문으로 '우수논문상'을 수상한 글.

05 재외국민 특별전형

Chapter 5

현재 베이징에는 외국인을 수용할 수 있는 국제부를 운영하는 초·중등학교가 63개에 이르고 있다. 이들 중국 학교와 몇몇 외국계 인터내셔널스쿨, 한국국제학교에 재학 중인 한국인 조기유학생들에게 대학 진학에 대한 고민은 현지 학교에서의 학업 성취도에 대한 고민 못지않은 무게를 가지고 있다. 중국에 조기유학하고 있는 고3 과정 학생들이 희망하는 대학 진학은 크게 중국 대학으로의 진학과 한국 대학으로의 진학으로 나뉜다. 한국 대학으로의 진학은 자격이 되는 학생들에 한해 재외국민 특별전형에 응시하는 경우가 점점 늘고 있다.

••• 중국 대학으로 진학

조기유학생 중 상당수가 중국 명문대로의 진학을 희망하고 있다. 이는 중국 학생들과 경쟁이 아닌 유학생끼리의 경쟁을 통해 대학 진학이 가능하기에 아직까지는 한국 내에서 대학 입시를 치르는 것보다는 중국 대학 입학이 상대적으로 용이하다. 또 중국의 명문대학에 진학하면 우수한 중국 학생들과의 교류를 통해 미래 중국사회를 이끌어갈 리더와의 인적 네트워크를 형성할 수 있다는 데 절대적으로 유리하다. 또 한·중 간 교류가 폭발적으로 증가하고 있고, 중국으로 진출하는 한국 및 외국계 기업들 또한 급증하면서 중국 전문가에 대한 수요가 늘 것으로 기대하고 있기 때문이다. 그러나 중국으로의 유학이 증가함에 따라 중국 명문대학들이 외국 유학생을 선발하는 기준도 이전에 비해 점점 엄격해지는 추세다. 명문대학의 위상에 맞게 수준 높은 유학생을 가려서 선발하겠다는 취지다.

5, 6년 전만 해도 베이징 지역의 명문대학들은 유학생 선발 전형에서 新 HSK 5급 이상의 성적과 고등학교 성적만 요구했었는데 지금은 베이징 대학을 필두로 칭화대학, 중국 런민대학교 등에서 新 HSK 5급 이상의 성적과 계열별 자체 입학시험제도를 실시하고 있다. 베이징 대학의 경우 2003년부터 수학이 공통시험 과목에 추가되었고, 2004년부터는 문과 전공은 문과 종합(역사, 지리, 정치)이, 이과전공에는 이과 종합(물리, 화학, 생물)이 공통시험에 추가되었다. 칭화대학의 경우는 이과, 공과, 관리학과 전공 시험에 수학, 물리, 화학이 포함되고 인문학과는 중국어 작문, 중국어 듣기, 중국어문 과목 시험을 봐야 하며 영어 전공일 경우에는 중국어 작문과 중국어 듣기, 영어 말하기 시험을 보아야 한다. 중국런민대학의 경우는 문과 이과 공통시험으로 어문과 종합(중국개황, 지리, 역사) 과목이 있고 이공계는 수학이 추가되고 외국어 전공은 영어 시험이 추가된다.

징마오대학교는 중국어와 종합시험(영어, 수학 및 사상)을 실시하고 있다.

상하이 지역은 아직까지 베이징보다는 입학 자격이나 입학 전형이 덜 까다로운 편이나 푸단대학이 이미 유학생 입학시험을 실시하고 있어 다른 학교에도 영향을 줄 것으로 보인다. 푸단대학은 인문 상경계열 지원자의 경우 어문, 수학, 문과 종합(중국개황, 세계사) 시험을 통과해야 하며 이공계열 지원자는 어문, 수학, 이과종합(물리, 화학, 생물) 시험에 합격해야 진학이 가능하다. 톈진의 난카이대학도 문과계열은 중국어, 이과 및 상경계열은 수학을 공통 입시 과목으로 지정 실시하고 있다.

이렇게 중국 명문대학들이 외국 유학생의 본과 입학시험을 실시하는 등 명문대 입학의 문이 좁아짐에 따라 조기유학생들의 입시준비 부담도 점점 커지고 있다. 기본적으로 학과 수업의 성적도 유지해야 하고 대입시험을 위한 준비도 해야 하기에 한국인 조기유학생들이 전문입시 학원을 찾는 경우도 늘어가고 있다. 현재 베이징의 왕징 지역과 우다오코우 지역에는 조기유학 중인 한국인 중·고생의 중국 대학 입시준비나 학과 보충을 위한 단과 수업을 진행하는 학원들이 성업 중이다.

••• 재외국민 특별전형을 통한 한국 대학 진학

2, 3년 전까지만 해도 중국에 조기유학하고 있는 한국 학생들의 70% 정도가 중국 대학 진학을 희망했다. 하지만 그간 중국 대학 학부를 다니면서 겪은 여러 어려움 및 졸업한 결과를 살펴보면 중국 대학으로 진학한 학생 중 졸업장을 가지고 졸업하는 경우가 많지 않고 대학을 졸업해도 막상 취업문제가 뒤따라 현재는 다시 한국 대학으로 진학하려는 학생들이 늘고 있는 추세다.

유학 중인 한국인 까오중(고등학교에 해당) 재학생은 중국 대학 입학전형이 중국 학생들과 분리되어 실시됨에 따라 유학생 입시에 맞춰 수업을 진행하는 국제반에 소속되어 수업을 하는 것이 보편적이다. 그래서 초등학교부터 중국에 유학 와서 언어 학습을 해 왔거나 언어학습 능력이 뛰어난 학생을 제외하고는 중국어 능력이 중국 대학에 진학해 중국 학생들과 본격적으로 경쟁해 나가는 데 어려움이 따르는 것이 객관적 사실이다. 단적인 예로 1992년부터 칭화대 이공계를 입학해 4년의 과정을 마친 학생은 140명에 이르지만 실제 졸업한 학생은 10%에 미치지 못하는 10명이 안 된다고 한다. 이는 중국 명문대학의 까다로운 수업 과정을 소화해내는 데 필요한 언어 능력이 많이 부족했기 때문이다. 그래서 최근에는 중국에서 조기유학 중인 학생 중 자격 요건이 되는 학생 상당수가 한국으로의 재외국민 특별전형을 준비하고 있다.

조기유학생들의 재외국민 특별전형 선호는 한국 대학으로 진학하여 졸업장을 취득하고, 거기에 중국 유학 경력을 더해 기존에 익힌 중국어 실력과 중국에 관한 이해를 바탕으로 국내 기업에 취업하려는 판단에 기인한 것이다. 그러나 재외국민 특별전형에 응시할 수 있는 자격은 조기유학생 모두에게 주어지는 것이 아니기 때문에 학생 본인이 자격 요건이 되는지를 먼저 살펴보아야 한다. 또 대학별로 재외국민 특별전형 과목도 차이가 있어 지원학교에 따라 어떤 과목을 준비해야 하는지 꼼꼼히 살펴야 한다.

재외국민 특별전형에서도 학생들이 선호하는 서울대, 고려대, 연세대 등 이른바 명문대의 경쟁률은 치열하며 수도권 내 대학도 학생들의 선호도가 높은 반면 학부모나 학생들이 선호하지 않는 대학들은 상당수가 미달된다. 그런 이유로 특례입학 학생들의 진학률은 90%에 이르고 있다고 한다. 그러나 특례준비생이 점점 증가하는 추세고 대학 입학 정원이 조금씩 떨어질 것으로 전망했다.

특히 2008학년부터 서울대가 특례입시 폐지 방안을 내놓았고 고려대, 연세대도 특례입시 지원 자격을 대폭 강화하는 등 국외거주 학생의 한국 대학 진학이 점점 어려워지게 되었다. 이에 따라 특례입시를 준비하는 조기유학생들은 중국 현지 교과 과정도 따라가야 하고 한국 국내 교과 과정을 동시에 따라잡아야 하는 상황이라 베이징에는 이미 재외국민 특별전형을 대비하는 전문 학원들도 6, 7곳으로 늘어났으며 이곳을 찾는 한국인 조기유학생들도 급증하고 있는 실정이다.

이상에서 살펴본 바와 같이 중국 조기유학생은 대학 진학을 위해서 그것이 중국 대학으로의 진학이든 한국 대학으로의 진학이든 중국 까오중의 교과 과정의 성적을 유지하고 진학을 위한 전문적 준비를 해야 한다. 부모의 강요에 의해 조기유학을 선택하게 되었더라도 중국의 한국인 고등학생들은 한국의 고등학생들과 마찬가지로 대학 진학이라는 구체적인 목표를 위해 자신의 능력을 정확히 파악하여 대학 진학의 길을 선택하고 그에 맞는 구체적인 준비를 해 나가야 한다.

Chapter 6

경험자들의
중국 유학 체험기

* 조기유학은 반드시 부모와 같이 오자

* 본인이 원하는 유학이어야 한다

* 부모가 같이 오지 못한다면 기숙사가 있는 중점 학교를 추천한다

* 최소한 초등학교 5학년은 마치고 오자

* 최소 1년 전부터 유학 준비를 하자

* 중국어가 먼저다

* 영어, 수학은 만국 공통이다

* 전학을 하게 될 경우에는 반드시 학기 시작 후에 전학을 하자

* 처음 6달이 그다음 6년을 좌우한다

* 반드시 중국 학생과 같이 공부하고 같이 경쟁하자

01 유학 성공시킨 어머니의 특별한 체험기
-홍준 군의 어머니

1) 조기유학 체험기를 쓰면서

여느 부모들처럼 나 또한 우리 아이들의 미래를 어떻게 준비시켜야 할지 고민하고 생각하는 엄마 중의 한 사람이었다. 무엇을 어떤 방법으로 준비해야 우리 아이가 장래 훌륭한 리더로서 사회에 기여할 수 있는 사람이 될 것인지 모든 평범한 엄마들이 하는 고민처럼 나도 그런 고민으로 나의 30대를 보낸 것 같다.

한국 경제를 둘러싼 세계 위기와 급변하는 변화들 속에서 살기 힘들어진 것만은 분명한 사실이다. 인기 없던 공무원이란 직종에 경제가 어렵게 되자 고급 두뇌들이 몰리고, 실업률 증가와 또한 대학 취업률 하락 등 수많은 변화 속에서 평범한 우리 아이들이 살아남기 위해서는 어떻게 성장해야 할지 고민되지 않을 수 없었다. 거세지는 세계 시장의 개방 압력, 중국의 팽창과 일본의 부활, 미국 주도의 세계 질서 속에서 그 어느 때보다도 급변하는 세계의 변화는 곧 나와 우리 아이들의 문제로 남은 듯했다.

우리 아이들의 미래는 무엇을 대비해야 하는지 고민하지 않을 수가 없었다. 또한, 우리의 교육 현실은 암담하기 그지없었으며 한국 교육에 희망은 있는지 되묻지 않을 수 없었다. 세계화는 결코 피해갈 수 없었으므로 평범한 나도 아이의 미래를 위하여 조기유학을 선택하였다.

사실 미국으로 가는 건, 지금 시작해서 전문가로서 설 수 있기에는 객관적인 선진 환경이 두려웠고 우리의 경제적인 한계로도 불가능하다고 판단했다. 그래서 나는 아이의 어학적인 소질과 적성에 맞춰 중국 유학을 결정하게 되었다. 우리 아이가 왕성하게 일할 향후, 20년 후에는 중국을 모르고는 살 수가 없으리라 판단했던 것이다.

그러기에 아이와 나는 비장한 각오로 중국행 조기유학을 선택하게 된 것이다. 어찌 되었든 아이는 부모가 보기에는 현재까지는 성공적이라고 생각한다. 물론 시골이지만 당당하게 중국 아이들과 겨루어 전교 10% 안에 성적이 들었으며 아이들과 비교적 적응도 잘했다. 그러나 또 예측하지 못했던 장애에 부딪히게 되었다. 한참 사고해야 할 사춘기에 사회주의적인 획일화된 사고방식과 전혀 창의적이지 않은 중국식 교육시스템으로 우리 아이의 사고가 그렇게 획일화된다면 이것을 어떻게 풀어야 할 것인지 또 다른 벽에 부딪히게 되었다.

그리고 고등학교를 미국으로 선택한다면 중국어와 중국의 문화를 수박 겉핥기식으로 알고 가는 것 아닌가? 이것은 우리 아이가 이도 저도 아닌 국제적인 미아가 될 수 있겠구나 하는 생각이 들어 부모인 나로서는 심각하게 고민하지 않을 수 없었다.

특히나 중국 유학은 앞 세대 거울이 없는 우리에겐 어떻게 하는 것이 현명한 것인지 답을 알 길이 없었다. 서울대에 합격한 사람한테 서울대를 어떻게 가야 하는지 길을 묻는 것이 가장 정확한 답변이듯이 중국통 전문가를 찾아야 하는데 찾을 길이 없었다. 나는 중국통 전문가에게 고견을 구하고자 중국에 관련된 새로운 책은 다 보았고, 새로운 정보를 알고자 무척 노력했다. 그러나 무엇이 정답인지 알 길이 없었다.

그러던 중 반갑게도 김준봉 교수님의 『다시 중국이다』라는 책을 보게 되었던 것이다. 생생한 경험을 바탕으로 포장되지 않은 있는 그대로의 글로 채워진 교수님 책을 밤새도록 다 읽었다. 독자와 같이 호흡할 수 있는 공감대가 형성되는 건 물론, 여러 가지로 많은 도움이 되었다. 그래서 나는 아이가 있는 중국으로 그 책을 보냈다. 저자인 교수님의 자제분들도 중국에서 공부했다니 내게는 매우 큰 힘이 되어줄 것만 같았다. 그리고 나는 곧 교수님을 신뢰할 수 있었다. 교수님께 메일로 아이의 진로에 대하여 고견을 구하고자 보냈다. 그런데 바로 답변이 도착하였다. 실로 놀라웠고 진심으로 감사한 마음이 들었다. 나는 힘들게 고민했던 많은 문제를 풀 수 있었다. 지금도 진한 감동으로 추억하고 있는 것은 정성껏 답변해 주신 교수님의 따스한 글들이었다. 이에 보답하기 위해서라도 중국 조기유학을 꿈꾸는 많은 부모들에게 나의 체험기가 조금이라도 도움이 된다면 나의 자존심과 자격지심, 내지는 감추고 싶은 우리의 치부들을 모두 내보이기로 마음먹은 것이다.

2) 조기유학을 선택하게 된 동기와 우리가 사전에 준비한 것들

한국의 부모로서 내가 조기유학을 선택하게 된 동기는 우선, 한국 교육 시스템에 대한 불만 때문이었다. 선행 위주의 학습 때문에 학교에서는 잠 자고, 밤늦게까지 학원교육과 과외로 시달리는, 끝이 보이지 않는 이 교 육시스템으로 아이를 내몰고 싶지 않았다.

학원에서는 학생들의 내신 성적을 올리고자 그 학교의 어느 선생님이 어떤 유형으로 문제를 내는지 잘 알아 맞히는 선생님이 족집게 도사로 인 기가 있었다. 나는 그 학원이 유명 학원이 되는 풍토가 납득되지 않았다. 또한, 아이들의 순수한 놀이인 축구와 배구도 그룹을 지어 과외를 시켜야 하는 한국적인 교육 시스템이 도저히 용납되지 않았다.

또한, 대학까지 10여 년 동안 영어를 배웠지만, 외국인을 만나면 영어 한 마디 못하는 그런 나 자신이 싫은 자격지심도 마음 한구석에 자리를 잡 고 있었다. 그런저런 이유로 아이에게 유학이란 말은 못하고 내 마음속으 로만 하나하나씩 조기유학을 준비하기 시작하였다. 그때 우리 아이가 초 등학교 3학년 무렵이었다.

우선 영어를 열심히 시켰다. 미국으로 가든 중국으로 가든 영어는 아이 에게 무기라고 생각했기에 초등학교 졸업 때에는 비교적 영어 과목이 우 수하였다. 또한, 한국인으로 살아가야 하기 때문에 외국으로 보내기 전 우리 역사에 대하여 많이 알 수 있도록 책을 읽혔다.

초등학교 3~4학년 때에는 주로 전통 문화지도사인 초빙 강사가 함께 하는 본격적인 한국 역사탐방을 하였다. '한국사 5000년', '고구려 왕조', '조선왕조실록', '명성왕후', '신라의 문화를 찾아서', '호남의 정자권 문화를 찾아서' 등 우리의 역사가 숨 쉬고 있는 곳은 어디든 찾아갔다. 우리 선조들의 뿌리와 샘을 찾아서 2년 동안 학기 중에 많이 다녔다.

다른 나라에 가서도 자랑스럽게 우리의 역사를 대변하고 배울 수 있을 정도로 도와주었다. 그러면서 초등학교 5학년 때부터는 본격적으로 중국과 유럽, 미국 등 여러 나라에 대한 책을 읽히고 또 읽혔다. 우선 이원복 교수님의 저서 『먼 나라 이웃 나라』 전집을 읽게 했다. 아이는 재미있어했고 흥미로워했다. 그리고 그 후에 홍순조 저 『멀고도 가까운 나라』의 중국, 일본, 인도, 싱가포르 등을 읽게 했다. 아이는 호기심과 재미로 세계를 향해 관심을 뻗고 있었다.

아이가 초등학교 5학년 여름방학 때 처음으로 중국 첫 나들이를 혼자서 하게 했다. 아이는 그때 비행기를 처음 타 보는 것이었다. 혼자서 하는 최초의 외국 여행이었기 때문에 아이는 기다리고 또 기다렸다. 중국으로 가기 전에 만화로 된 『삼국지』(60권), 『수호지』(12권) 『서유기』 등 중국에 관한 한 닥치는 대로 책을 반복하여 읽혔다.

외국여행의 첫나들이가 얼마나 좋은지 아이는 매우 좋아서 어찌할 바를 몰라 했고, 중국여행 보내 주어서 고맙다고 볼에 뽀뽀를 하고 또 하였다. 이렇게 해서 아이의 일주일간 중국행 만리장성 여행은 시작되었다.

그 경험을 바탕으로 초등학교 5학년 겨울 방학 때는 캐나다 밴쿠버로 한 달간 홈스테이를 보냈다. 아이는 그 밴쿠버 마마에게서 많은 경험을 하고 돌아왔다. 일요일이면 슈퍼와 주유소, 백화점 등 많은 곳들을 구경시켜 주었다고 한다. 주유소며 슈퍼에는 중국인들이 많다는 것을 아이가 몸소 느꼈으며 세계에서 중국말만 해도 살아갈 수 있다는 것을 아이는 직접 눈으로 보고 왔다. 또한, 중국도 아주 가까운 역사가 깊은 이웃 나라라는 것을 몸소 체험하고 돌아왔다.

그다음 해 아이가 초등학교 6학년 4월에 유럽 여행을 혼자서 13박으로 다녀왔다. 책으로 읽고 난 나라들에 대하여 소중한 추억과 경험들을 몸소 체험하고 돌아왔다.

그때까지 한 번도 아이한테는 조기유학에 대하여 입 밖에 꺼내지 않았다. 내 마음속으로만 하나하나 아이도 모르는 사이에 서서히 홀로서기를 준비시켜 놓았다. 초등학교 2학년 때부터 감기가 걸려 아프면 병원에 한 번만 엄마와 동행을 하고, 다음부터는 엄마도 직장생활을 하기 때문에 혼자서 가야 한다고 일렀고 그대로 하도록 시켰다. 아이는 2학년 때부터 치과도 혼자서 다녔다. 이렇게 해서 나는 아이에게 자립심을 갖도록 알게 모르게 훈련시켰던 것이다.

이렇게 하여 아이가 6학년 여름방학을 시작하기 전인 5월이었다. 미국 명문대학 10개 학교(하버드, 브라운, 예일, 코넬, UC버클리, 프린스턴, 스탠퍼드, 펜실베이니아, 매사추세츠, 콜롬비아) 탐방을 보냈다. 각 대학 캠퍼스를 둘러본 후 한국인 재학생이 그 학교를 들어오게 된 배경과 어떻게 공부했는지, 경험담을 들어보는 프로그램이었다. 모두 다 부모와 아이가 같이 갔는데, 우리는 내가 탐방을 갈 만큼 형편이 넉넉하지 못했고 시간도 안 되었기 때문에 아이 혼자 보내게 되었다. 그때 처음으로 아이에게 조기유학에 대하여 진지한 이야기를 꺼냈다. 이번 미국 명문대 탐방을 하고 난 후 결정하기로 하고 아이는 큰 꿈을 안고 뉴욕행 비행기로 날아갔다.

아이가 귀국하는 날 인천공항에 마중을 나갔다. 아이가 훌쩍 커버린 느낌이었다. 그 다음 날 아이랑 조기유학에 대하여 많은 진지한 이야기를 나누었다. 미국 명문대학 탐방을 마치고 돌아온 아이는 '브라운 대학'

을 가고 싶다고 말했다. 그러면서 아이는 "그런데 어머니, 공통점이 이민 1.5세 내지는 이민 1세대만이 거의 명문대에 합격한다"고 아이는 실망스러운 말투로 이야기를 꺼냈다. 명문대 갈 자신은 없지만 한번 도전해 보겠다고, 미국으로 유학을 가고 싶다고 아이는 말했다.

나는 솔직히 아이를 혼자 미국으로 보낼 자신이 없어 고민을 하기 시작했다. 그리고 나서 미국은 너무 멀고 연고도 없고, 혼자 자란 아이가 적응을 잘할 수 있을지도 관건이고 그래서 조기유학 전초기지로 중국을 추천했다. 중국은 가깝고 현지에서 무슨 일이 있으면 금방 찾아갈 수도 있고, 동양적인 환경도 비슷하여 중국 유학 경험 후 고등학교 때 미국을 보내주기로 약속하였다. 그리고 우리는 중국으로의 유학을 결심하게 되었다.

중국으로 간 일 년은 중국어 환경 적응과 중국어 공부 때문에 다른 과목은 공부할 시간이 없을 것 같아 초등학교 6학년 하반기에는 중1 수학을 마스터 했고, 치아 관리 등 건강 관리를 모두 마치고 아이는 비장한 각오로 중국을 향하여 떠났다. 떠나기 전 우리 모자는 굳게 약속하였다. 지금부터는 어떠한 어려움이 있더라도 절대로 울지 않겠노라고 우리는 약속하고 또 약속하였다.

3) 눈물과 함께한 조기유학 1년 차의 어려움

어느 지역 어느 학교를 선택해야 하는지, 유학원과 인터넷 등 할 수 있는 한 최대한도로 정보를 알아보려고 애썼다. 2개 언어 '영어와 중국어'를 동시에 잡을 수 있는 학교를 선택하다 보니 다롄에 있는 학교를 선택하게 되었다. 아이와 나는 주소지만을 갖고 학교를 찾아갔다. 찾아간 학교의 캠퍼스는 매우 넓고 조용하며 운동장도 우레탄 트랙이었다. 유럽식 전통 건물은 한국 어느 학교에서도 보지 못한 모습이라 감히 놀라지 않을 수 없었다. 외관상으로는 너무나 탁월한 학교였다. 한국 학생들은 별도로 된 기숙사가 따로 있었다. 중국 학생들이 쓰는 기숙사는 우리나라 60년대 철재 캐비닛이 있는 열악한 환경이었다. 그리고 한국 학생들이 쓰는 기숙사를 둘러보았다. 시설은 괜찮아 보였다. 그래서 우리 모자는 이틀을 같이 숙식하며 한국 학생들이 어떤 식으로 공부하는가를 눈여겨 살펴보았다. 기숙사 사감 선생님은 두 분(남자 여자 각각 한 분)이 계셨다. 두 분 다 한족 사감이라 한국어는 전혀 못 했다. 잠시 후 수업이 끝나 저녁 7시 정도가 되었다. 얼굴도 예쁘장하게 생긴 중 2~3학년 정도 되는 여학생이 밖에 나갈 거라고 키를 달라고 사감 선생님에게 말하는 것 같았다. 그러나 사감 선생님이 외출은 안 된다고 하자 그 여학생은 한국말로 대번에 욕을 하는 광경이 내 앞에서 벌어졌다. 사감 선생님은 안 된다고 키를 안 주고 그 여학생은 입에 담을 수도 없는 욕을 계속하고……. 보아하니 그 사감 선생님은 여학생을 통제하는 데는 역부족인 것 같았다. 아이와 나는 어처구니가 없었고 씁쓸한 마음이 들었다.

잠시 후 우리는 이틀 동안 우리 한국 학생들이 있는 기숙사로 배정받았다. 2월이라 겨울 추위가 계속 되었다. 가뜩이나 추위를 많이 타는 나는 도저히 코가 시려워 잠을 잘 수가 없을 만큼 난방이 안 되었다. 그리고 9시에 취침이라 남자 사감은 불을 끄고 아이들이 잠을 자는지 점검하고 있었다. 아무리 취침하라고 사감이 말을 해도 아이들이 들을 리 없었다. 잠을 자지 않고 아이들끼리 기숙사 방에 한데 모여서 떠들고 있었다. 기숙사에서는 공부를 할 수 있는 환경이 못 되었다. 도서관은 24시간 개방을 하냐고 물어보았더니 도서관도 9시면 문을 잠그는 이해가 안 되는 현상이 벌어졌다. 그러면 우리 아이들은 공부하고 싶을 때는 어디에서 해야 하는 것인가? 여러 가지를 고려해 볼 때 이곳은 우리 아이들이 공부할 수 있는 환경이 못 되었다. 또한, 기숙사에 컴퓨터도 없었다. 인터넷이 연결되어 있지 않았다.

식당을 둘러보았다. 위생적이지 못했으며 한참 성장기인 우리 아이들에게 균형적인 식단을 배급하고 있지 않았다. 우리 아이들이 식사하는 모습을 보니 마음이 져렸다. 학습을 도와줄 도우미 선생님도 없었다. 결론적으로 나는 기숙사를 들어가는 조건이라면 이 학교를 입학시키지 않겠다고 했다. 학교 한국 학생 담당자는 자신이 아는 조선족을 연결시켜주었다. 그래서 우리는 6개월간 조선족 집에서 홈스테이를 하기로 결정하였다. 처음에는 홈스테이 조건으로 한 방에 2명씩 기숙하며, 한국 음식을 해주기로 했다. 또한, 총 4명을 넘지 않는 조건이었다. 그렇게 해서 CSL과정을 입학하였다. 그런데 3주일이 지나니 아이가 못 있겠다고 울며 전화를 했다. 아이가 4명이라더니 24평 정도 되는 좁은 방에 한국 학생들만 7~8명씩이라 한다. 도저히 공부할 수 있는 분위기가 아니라고 했다. 그것도 7~8명 되는 아이들이 비슷한 또래가 아니고 대학생, 고등학생 나이가 다 달랐고 그들은 임시 거처로 이용하는 듯했다. 더구나 우리 아이는 혼자 조용하게 자라서 이런 복잡한 분위기에 적응할 수 없었다. 한 달이 지나자 아이는 한국 유학생들을 돈으로만 보는 조선족 아줌마에 대한 믿음이 깨지기 시작하였다. 우리는 조선족 아줌마 몰래 또 다른 홈스테이를 구하고 있었다.

다롄에 아무 연고가 없는 우리는 어디서 홈스테이를 구할 수도 없었고 통역을 구할 수도 없어 난감하기 이를 데 없었다. 아이는 어리지만 영리하였다. 그곳 한국관에서 혼자 한국 음식을 먹으면서 그곳 식당 아줌마에게 홈스테이 도움을 요청하였다. 그리고 한글로 된 일간지에 홈스테이 광고를 보고는 전화번호를 한국에 있는 나에게 몰래 일러주었다. 그 조선족 아줌마가 알면 쫓겨날까 봐 우리는 몰래 007작전을 펴며 홈스테이를 구하였다. 한국에서 나는 인터넷으로 밤새도록 홈스테이를 찾아보았지만 힘들었다. 아이와 내가 유일하게 연결되는 창구는, 아침 일찍 등굣길에 있는 공중전화 부스였다. 그러던 중 며칠이 흘러 고등학교 딸아이를 데리고 캐나다에서 온 한 어머니랑 전화 연결이 되었다. 그 분도 지금 우리 아이가 있는 집주인 조선족을 알고 있었다. 그렇지만 개의치 않고 우리의 어려움을 전적으로 도와주셨다.

▶ 홈스테이 그 어려운 선택

그 분을 통해 홈스테이를 구한다는 집 전화번호를 알게 되었다. 어떤 가정인지는 모르겠지만, 우리 아이를 혼자 데리고 있을 수 있다고 하였다. 구세주를 만난 것 같았다. 그래서 먼저 아이에게 그 아줌마를 만나 보라고 하였다. 아이가 없는 가정이었다. 아이는 그 집에 다녀온 후로는 정말 좋은 환경이라고 좋아했다. 홈스테이 비용은 고액이었지만(월 75만 원) 아이가 공부할 수 있는 환경만 된다면 어떠한 값도 치를 수 있었다.

이렇게 해서 5개월이 지난 뒤, 우리 아이는 다른 홈스테이로 옮길 수 있었다. 나중에 안 사실이지만 한국에서 오는 사람은 거의 학교에서 홈스테이를 소개해주었던 그 조선족 집을 거쳐 갔다. 한국에서 온 유학생 부모들이 그 조선족에게 찍히면 여러 가지로 도움을 받을 수 없기 때문에 우리 같은 어려움을 당해도 다른 홈스테이를 소개시켜 주지 않고 모르는 체 하는 것이었다.

우리 아이는 두 번째 홈스테이 집에서 처음 한 달은 무척 행복했다. 그러나 중국에 사스가 몰아쳐 모두가 기숙사로 들어가야 했다. 기숙사에서는 공부를 제대로 할 수 없는 환경이었다. 도서관은 제대로 운영되지 않았고, 학업 중에 궁금한 것이 있어도 도움을 줄 선생님이 없었다. 이제 처음 중국어를 배우는데 얼마나 모르는 것이 많고 물어볼 것이 많은가. 사스가 와서 그해 두 달 정도는 과외도 할 수 없고 꼼짝없이 기숙사에 매여 있는 몸이 되었다.

나 또한, 그 두 번째 홈스테이 부부에게 진심으로 정성을 다했다. 여름방학 기간 중에도 나는 홈스테이 비용을 75만 원씩 꼬박 계산해 주었다. 아이가 사스 때문에 기숙사에서 생활해도 단 하루도 빠지지 않고 홈스테이 비용을 계산해서 주었다. 아이를 맡긴 부모로서 나는 진정으로 최선을 다했다. 그러나 행복한 두 달이 지나자 그 헬퍼는 나에게 불만을 늘어놓기 시작하였다. 아이 흉을 보면서 국제전화로 30분도 넘게 통화하였다. 나는 그 헬퍼의 전화받기가 서서히 싫어졌지만, 그래도 아이를 제대로 교육을 못시킨 죄로 죄송하다고만 이야기했다. 주로 불만은 아이가 세수를 제대로 안 한다, 화장실 변기통에 물을 제대로 안 내린다 등 들어보면 아이 키워본 엄마들에게는 모두 다 지극히 사소한 일들이었다.

나중에 안 사실이지만, 우리 아이가 남자니깐 두 자매의 홈스테이가 들어올 수 없어서 우리 아이에게 불만이 쌓였던 것이다. 차라리 솔직하게 말을 했으면 나와 아이가 덜 힘들었을 텐데……. 트집 아닌 트집을 잡는 것이었다.

아이는 공부와 홈스테이 헬퍼의 피곤함에 시달렸다. 나는 한국 사람들 끼리 의지하면서 그 외로움을 달래줄 것이라는 생각을 했었다. 그런데 그 것은 나의 착각이었다. 오히려 유학을 보낸 주변 이야기를 들어보면 중국 사람들이 정성껏 잘해 준다고 한다.

지금도 내 가슴을 저리게 했던 가장 아픈 기억이 있다. 어느 가정에서나 다 마찬가지일 것이다. 우리 아이도 집에서 아빠와 엄마에게 스킨십을 하며 자란 아이였다. 우린 아이한테 기쁠 때나 슬플 때나 미안할 때나 언제나 안아주고 포옹하며 애정을 표현하며 지냈었다. 그러기에 우리 아이도 애정 표현을 잘하는 편이었다. 어느 날 아이가 외로움을 느끼고 아저씨랑 거실에서 같이 자자고 할 때가 있었나 보다. 하지만 아줌마는 그것을 불만이라고 늘어놓으며 한동안 그 얘기를 하였다. 나는 수화기를 들고 하염없이 눈물만 흘렸다.

▶ 절대 울지 말자고 우리는 약속했다

유학을 보내면서 아이랑 약속할 때 우린 절대로 그 어떠한 상황이 닥쳐도 울지 않기로 약속했었다. 한국에 있어도 아이는 공부를 잘했을 터인데 왜 이런 고생을 시키는 것인지, 살얼음판을 걷는 하루하루가 흘러 겨울방학이 열흘 남은 시험 기간이 다가왔다. 밤 11시에 아이가 울면서 처음으로 전화를 했다. 아이가 하는 첫마디가 "엄마 그냥 울고 싶어서 전화했어요." 그 말이 떨어지자마자 수화기 속에서 그 아줌마의 목소리가 들렸다. 아이한테 막 큰소리로 뭐라 하는 것이었다. 그래서 나는 전화를 걸어 "시험도 얼마 안 남았는데 무슨 일인지 모르지만, 왜 이 밤중에 그러세요……."라고 말했다. 그러자 당장 아이를 데려가라는 거였다.

나는 그동안 정성껏 베푼 것에 더욱 분이 치밀었다. 아이가 받았을 마음의 상처 때문에 우리 부부는 서로가 아무 말 없이 뜬눈으로 밤을 새웠다. 시험이 열흘밖에 안 남았는데 시험만 치르면 되었는데, 그 집 아저씨가 전화를 해서 내게 사과하지 않으면 아이를 단 하루도 못 보겠다는 통보를 해 왔다. 아이 아빠는 나에게 아이를 잘못 길러서 미안하다고 사과하라고 했다. 그래야 아이가 열흘 동안 밥이라도 얻어먹고 다닐 것이 아니냐고. 아이가 살얼음판을 걷는 집안 분위기 속에서 얼마나 힘들겠냐고. 정말 어처구니가 없었다.

도저히 그 말이 입 밖에 나오지 않았고 내 자존심이 허락하지 않아 하루가 흘렀다. 지금까지 살아오면서 그런 수모를 겪기는 처음이었다. 밤 중에 아이를 데려가라니 그것도 먼 외국 땅에서 한국 사람이 어떻게 그럴 수가 있을까? 아이가 단 하루라도 편하기를 바라며 나는 전화를 걸었다. 내가 자식 교육을 잘못시켜 보내서 미안하다고 말했다.

이렇게 해서 우리는 유학 1년 차 겨울방학을 맞이하였다. 아이가 인천 공항에 도착하기 3일 전부터 나는 보고 싶어서 잠을 이룰 수 없었다. 인천 공항에 아이를 맞이하러 나가며 여러 가지 힘들었던 일들이 하나하나 떠올랐다. 아이는 웃으면서 정말 좋아하는 표정이었다. 그리고 아이는 "엄마! 가족만큼 소중한 사람은 없어요." 하면서 나를 꼭 껴안았다.

4) 기쁨이 함께한 조기유학 2년 차

아이는 한국에서 보내는 겨울방학 15일 동안 신간 베스트셀러 책을 조금 읽고 스키장에서 신 나게 놀았다. 전 학기와 다르게 이제는 중요한 무기가 생겼다. 아이가 의사소통이 되기 때문에 무엇이든 훨씬 적응하기가 쉬웠다. 우리는 과외선생님 조달이 쉬운 곳에다 부동산 중개소에 의뢰하여 아파트를 마련하였다. 그 부동산에서 과외선생님도 소개시켜 주었다. 우리 아이에게는 중학교 1학년 1학기가 시작된 셈이다.

우리는 방학 동안에 초등학교 1학년 교과서부터 6학년 교과서를 차근차근히 공부했다. 맨 처음엔 조선족 선생님이 2시간, 한족 선생님이 1시간 과외를 했다. 풀리지 않는 문제는 조선족 선생님이 도와주었다. 그래서 3개월이 지난 다음에는 조선족 과외선생님을 끊었다. 한족 선생님과 계속하여 과외를 하며 수업을 빨리 따라가려고 애썼다. 한국에서 영어를 열심히 했었기 때문에 영어 점수로 우열반을 가려서 1학년 12개 반에 최고 우수반으로 들어가게 되었다.

그래서 우리 아이는 중학교 1학년 처음부터 중국 아이들과 수업을 같이 듣게 되었다. 평일에는 3시간, 토요일 일요일에는 6시간씩 과외를 했다. 방학기간 중에도 한국으로 들어오지 않고 열심히 공부했다. 그러면서 학교 수업을 열심히 따라가려고 노력했다. 이렇게 해서 우리 아이는 중국어 실력이 날로 늘어 어느덧 중국 아이들과 실력을 겨루어 전교 360명 중 20% 안에 드는 성적을 거두었다.

이곳 인구는 약 700만 명 정도다. 다롄에서는 유치원부터 대학부까지 대대적인 웅변대회를 연다. 여러 관문을 통과해 최종 결선으로 다롄에 있는 힐튼호텔에서 웅변 결선대회가 열렸다. 우리 아이가 그 학교 대표로 중등 부문 결선대회에 나가게 되었다. 나는 아이 학습태도가 어떠한지, 그리고 웅변대회도 볼 겸 결선장인 중국 다롄 힐튼호텔로 직행했다. 각 학교에서 온 참가자 약 600명을 수용할 수 있는 규모가 큰 호화로운 1층

홀에서 웅변대회는 시작되었다.

중고등 대표 부분에서 우리 아이가 웅변을 시작하였다. 아이가 중국어로 웅변을 하는 모습은 처음 보았다. 제스처도 좋았고, 목소리도 쩌렁쩌렁 울렸다. 우리 아이 웅변이 끝나자 관객들로부터 가장 많이 박수갈채를 받은 것 같았다. 아니나 다를까 대상을 호명하는데 그 학생 중에 내 아이 이름을 부르는 것이 아닌가!

아이는 대상을 받았으며 일본 도시바 사장한테 직접 상장과 트로피를 받았다. 이국땅에서 그것도 이런저런 설움을 다 받았는데 우리는 더 할 수 없이 기뻤으며 그동안의 설움들이 한꺼번에 복받쳐 올랐다.

이렇게 해서 아이는 학교의 명예를 빛낸 공부 잘하는 아이로 유명해졌으며 이것이 모티브가 되어 같은 또래 친구들도 많이 생겼다. 모든 선생님의 주목을 받게 되었으며, 한국인의 긍지를 살리는 계기가 되었다. 이렇게 해서 아이의 유학 2년 차는 기쁨의 결실을 거두게 되었다.

5) 정착된 조기유학 3년 차의 또 다른 고민

이제 안정적으로 열심히 공부하는 평온한 환경이 되었다. 우리 아파트에는 학식과 경험이 풍부한 조선족 부부와 픽업 기사, 그리고 과외선생님도 모두 아이가 잘 적응할 수 있도록 적극적인 후원자가 돼주었다. 모두 다 평온하고 공부할 수 있는 환경이 되어 아이의 할머니도 귀국하셨다.

아이는 이제 곧 중학교 2학년 2학기를 마치고 여름방학을 맞는다. 아이는 열심히 공부하여 지난번 시험 때는 전교 10% 안에 드는 좋은 성적을 거두었다. 아이는 학교 과목의 난이도가 점점 높아지자 중국어의 또 다른 어려움에 부딪히게 되었다. 이제 9월이면 중학교 3년 과정이 시작됨과 동시에 중학교 졸업 시험도 치러야 했다. 그리고 이제 시골에서 정착을 했으니 베이징으로 고등학교를 옮겨야 할지 아니면 미국으로 고등학교를 보내야 할지 또 다른 고민에 빠지게 된 것이다.

특히나 중국 유학의 어려움이 많은 것은 앞세대 거울이 없기 때문에 부모가 모르는 만큼 아이가 시행착오를 겪는 다는 데 있다. 어떻게 진로를 결정해야 할지 난관에 부딪힌 느낌이었다. 유학원을 알아보아도 정통한 전문가가 없었다. 그때 눈에 띈 책이 김준봉 교수의 『다시 중국이다』 책이었다. 생생한 경험담이 실려 있었고, 강한 메시지가 전해져 중국에 있는 아이에게도 책을 보냈다.

6) 경험자가 바라본 조기유학의 만족도

나는 아이 유학 3년 차를 맞이하며 3년이란 세월이 이렇게도 길다는 것을 새삼 느꼈다. 그리고 성장기 아이에게 3년이란 세월은 너무도 커다란 변화를 가져올 수도 있다는 것을 깨달았다. 중국에서는 오른쪽에는 우마차가 왼쪽에는 고급 승용차 아우디가 달리는 것을 보면서 자연스럽게 경제 논리에 따른 부의 분배도 깨달았다. 또한, 중국은 아침형 인간이 주목받는 나라다. 저녁에는 우리 아이도 9시나 10시면 일찍 잠자리에 든다. 그리고 아침 5시 30분이면 눈을 뜬다. 또한, 중국 아이들의 영향을 받아서 지극히 검소한 생활을 한다. 물론 아이는 중국에서도 수학이며 물리며 기본적인 학문에도 충실하지만, 한국인으로 살아가야 하기에 아이는 스스로 인터넷 신문을 읽는다. 그리고 한 달에 세 권 정도의 한국 도서들을 시간이 없어도 읽으려고 노력한다.

　나는 학기 중 아이가 수업에 임하는 태도가 어떤지 아이한테 사전 이야기 없이 불시에 중국행 비행기를 타고 학교로 직행한다. 아이가 다니는 학교 캠퍼스는 참으로 조용하고 넓다. 앞에는 바닷가가 보이고 운동장은 잔디 구장이다. 옆에 운동장은 카펫 트랙으로 깔려 있다. 공기도 맑고 깨끗하다. 오로지 들리는 것은 새소리뿐이다.

　반 아이 30명 중에 한국 아이는 우리 아이뿐이다. 어느 날 학교에 문득 찾아갔더니 왼쪽 책상 모퉁이에 조그마한 작은 태극기를 꽂고 수업받는 아이를 보면서 가슴이 찡하게 저려왔다. 아이는 내가 예측하지 못할 만큼 외국에서의 홀로 생활하며 훌쩍 커버렸다. 아이를 남겨두고 인천공항으로 되돌아오는 나의 외로운 마음을 아는지 휴대전화기로 아이가 내게 문자를 날린다.

　'엄마 지금 잠시 민족적 내셔널리즘, 글로벌 내셔널리즘과 인터내셔널리즘에 대하여 생각합니다. 인간의 숨은 재능은 경쟁 압력이 존재할 때 커집니다. 그러기에 나는 커다란 꿈을 안고 외로운 싸움과 외로운 도전을 하는 것입니다. 걱정하지 마세요.'

　나는 부모로서 현재 200%의 만족도를 느낀다. 부모의 만족도가 큰 만큼 아이가 얼마나 힘들었을까 생각하면 아이가 중국 유학에서 느끼는 만족도가 어떤지 미안할 따름이다.

7) 조기유학을 보낸 한국 엄마들의 극단적인 이기심으로
   정보의 공유가 어렵다

나도 실은 너무나도 어렵게 시행착오를 겪었기 때문에 나의 체험기를 보내고 싶지 않았다. 하지만 김준봉 교수님의 진솔하고 투명한 열정에 보탬이 되고자, 다른 사람들은 시행착오가 없기를 바라는 마음으로 한 평범한 조기유학생 부모로서 그동안의 치부와 경험을 솔직하게 써내려 갔다.

어차피 중국에서도 한국 학생들과의 경쟁이기 때문에 자신의 시행착오는 절대로 알려 주지를 않는다. 너도 내가 시행착오를 겪은 것처럼 중국에 와서 돈과 시간을 써 보라는 태도들이다. 시행착오를 알려주면 그만큼 내 자식만 손해를 보기 때문이다.

과외 학습으로 어떻게 해야 빨리 중국어를 배울 수 있는지의 노하우도 결코 알려 주지 않는다. 그리고 과외선생님도 어떤 사람들을 선택해야 하는지 그 누구도 알려주지 않는 극단적인 이기심이 깔려 있었다. 정말로 중요한 것은 본인 경험으로 스스로 찾고 노력해야 한다는 것이다. 이러한 이유들로 조기유학 보낸 엄마들의 정보 공유화가 정말 어려운 게 사실이다. 특히 중국 유학은 앞세대 거울이 없기 때문에 더욱 답답한 게 현실이다. 중국에서는 '행복도 노력과 연습의 소산'이었다. 그렇듯이 경험을 통하여 아이를 리드할 수 있는 사람이 바로 좋은 부모요, 좋은 선생님이며 좋은 친구였다.

8) 부모가 동반하지 않는 조기유학의 어려움과 그 대비책

부모가 동반하지 않는 조기유학의 성공 확률은 극히 저조하다고 생각한다. 대부분 기숙사에 있게 되는데 그럴수록 부모님들끼리 네트워크가 공유되어야 한다고 생각한다. 우리 부모들이 합심하여 학교에 부족한 사항들을 건의해야지, 개인 한 명 한 명의 의견은 관철되기가 어렵기 때문이다.

예를 들면 도서관 24시간 개방이라든지, 기숙사 인터넷 설치라든지, 학습이 부족할 때 과외선생님과의 연계를 주선해 준다든지 하는 등 아이들이 공부하고 싶을 때 자유롭게 언제든지 할 수 있는 학업 분위기를 만들어 주어야 한다고 생각한다. 그렇기 때문에 그러한 문제들을 학교와 같이 상의하려면 한국의 부모들 나름대로 네트워크가 구성되어 있어야 한다.

9) 조기유학을 보내기 전 미처 준비하지 못했던 것들

첫 번째로 나름대로 아이에게 한국의 뿌리와 역사를 심어 주고자 노력했지만 미비했다. 우리나라 역사의 유적지는 크게 17~18곳이면 다 답사할 수 있다고 한다. 전문가 선생님을 동반하여 답사를 하면 효율적이며 또한 우리의 것을 알아야 다른 나라 문화도 연계하여 쉽게 알 수 있음은 자명한 일이다.

두 번째로는 영어 문법은 한 번도 공부하지 않고 보냈다. 영어시험 때에는 문법 문제를 거의 틀리고는 했다. 초등학교 6학년 때 영문법을 공부했으면 좋았을 것을 하는 아쉬운 생각이 든다.

세 번째로 준비하지 못했던 것은 아이에게 어울리는 취미생활이 없었

던 것이다. 자기가 좋아하는 취미생활을 할 수 있도록 미리 찾아 주었다면, 중국에서 덜 외로웠을 것이고 나름대로 스트레스를 극복하는 데에도 도움이 되었을 것이다. 아이는 취미 생활이 없으니 나에게 대신 웃자고 말한다.

'어머니 나는 이 세상에서 세 가지 낙이 있습니다. 금요일 날 가벼운 마음으로 석쇠에 고기를 구워먹는 것, 시험 문제의 답을 속속 알아맞히는 것, 집에 와서 아줌마나 과외선생님과 시사 토론을 벌이는 것, 이 세 가지 낙으로 재미있게 살아갑니다.'

10) 조기유학을 준비하는 부모가 가장 답답하고 어려운 건 현실의 벽이다

우리나라 조기유학을 담당하는 학원에서는 오고 가는 커미션으로 학교를 홍보하는 곳이 많다. 학교 소개부터 졸업까지 관리해 주는 학원이 거의 없다. 또한, 진정으로 아이에게 맞는 맞춤식 학교를 알선해 주는 전문가가 거의 없다고 해도 과언이 아니다. 과대 광고로 현지에 가서 골탕 먹기가 일쑤다. 중국 유학뿐만이 아니라 미국이나 캐나다에서 많은 유학생 부모들을 만난 적이 있다. 그래서 한 번 유학원을 통하여 간 부모들은 더 이상 유학원을 신뢰하지 않는 부분들이 아주 많다. 이에 조기유학을 준비하는 부모들은 어디서부터 어떻게 준비하고 시작해야 하는지 막막하기만 할 것이다.

차세대 리더들과 글로벌 리더들을 양성하는 데 있어 우리 부모들은 이기적인 자세를 버려야 한다. 서로가 도와줄 수 있는 인적 네트워크를 구성해야 한다고 생각한다. 우리나라는 자원이 있는 것도 아니고, 일본처럼 축적된 기술이 있는 것도 아니다. 이런 형편에 우리 아들딸들이 세계 속에서 공부하고 꿈을 펼칠 수 있도록 우수한 인재를 길러내는 길이 우리의 살길이요 희망이다.

중국에까지 건너가서 한국 아이들끼리 경쟁한다는 생각 자체가 잘못된 생각이다. 그것은 우리 모두의 시간과 열정을 소비하는 일이다. 우리 부모들이 먼저 한국 학생들끼리의 경쟁은 무의미하다는 것을 아이들에게 심어주어야 한다. 지금까지도 못 잊는 여러 사람들의 따뜻한 정을 보답하고자 아이는 세상을 밝히는 촛불이 되고자 노력하고 있다.

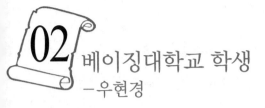

02 베이징대학교 학생
−우현경

●●● 밤귀신 아침이슬

베이징대학교 원배학과(元培学院 자율전공학) 2학년에 재학 중인 우현경이라고 합니다.

중국에서 유학 생활을 해온 지 어느덧 10년이 넘었습니다. 힘들고 어려웠지만, 정말 보람 있었던 유학 생활을 통해 저와 비슷한 길을 걷고자 하는 후배들에게 도움이 되기를 바라는 마음으로 저의 10년 동안의 기록을 간단히 적어보려 합니다.

중국 초등학교 전·입학

2003년 12월 아버지의 회사가 중국에 합자 회사를 설립하게 되어 온 가

Chapter 6

족이 함께 중국에서 생활하게 되었습니다. 저의 부모님은 하나님의 말씀을 따르는 기독교인으로 저희에게 언제나 부모님의 말씀에 순종하는 것이 자녀 된 도리라 하시며, 꿈을 항상 크게 꾸라고 강조하여 말씀하셨습니다. 너무나도 인자하고 성실하신 부모님이시지만, 저의 중국 유학 생활에 대해선 언제나 매우 엄격하셨습니다. 중국 생활이 시작되면서 부모님은 완벽한 중국어를 구사해야 한다고 하시어 중국 초등학교(4학년 2학기)에 편입하게 되었습니다. 베이징 安慧里中心小学(안혜리 중심 초등학교)에서 한국인 유학생은 제가 처음이자 마지막이었습니다. 매일 오전 4시간, 오후 4시간의 8시간 수업을 온종일 학교에 앉아 마칠 때까지 계속해서 참아내며 듣고 또 들었습니다. 교시마다 과목이 달랐고, 엄청난 학습량과 중국 선생님들의 엄격한 교육 방식에 친구들이 왜 웃는지, 선생님이 무엇을 가르쳐주는지 알 수가 없었습니다. 점심시간 때는 처음 먹어보는 입에 맞지 않는 음식이라 먹질 못하여 배고픔이 저한테는 또 다른 도전이었습니다. 무엇보다 단체행동을 할 때 지시 사항을 알아듣지 못하여, 친구들의 움직임을 보고 따라 했기 때문에, 항상 한 박자 느렸고, 특히 주제 토론을 하는 날이면 중국어를 못하는 나에겐, 발언권이 있어도 사용할 수가 없었습니다. 이런 이유들로 중국친구들에게 다가가기에 너무나 두렵기도 미안하기도 하고 저 자신이 한심스럽다 생각한 적도 많았습니다. 한번은 한 친구가 '너는 모르니까 안 해도 돼!'라고 말했는데, 이 한 마디가 너무나 속상하고 억울했습니다. 그 후로도 문화적인 차이, 언어의 차이 등 여러 가지 일로 울기도 많이 울었는데 그럼에도 불구하고 유학생이라고 특별히 봐준다거나 무시하는 경우는 전혀 없었고 이런 것들이 오히려 저에겐 엄청난 자극이 되었습니다.

1년 넘게 공부에 방해되는 컴퓨터, 휴대전화기, TV 등 모든 것을 멀리하고 중국 친구들과의 생활과 중국어 공부에 매진했습니다. 학교에서 들었던, 혹은 새로운 단어나 친구들이 수업 때 사용한 신조어 등, 하루 동안 들었던 모든 문장과 단어를 공책에 적었고, 시간 날 때면 항상 그 필기를 보곤 했습니다. 따로 학원에 다니지도 않았고, 중국어 문법 공부를 따로 하지 않았지만, 친구들에게 계속 물어보고 함께 놀면서 배운 것들은 머릿속에 기억하려 애쓰고 그날 배운 것들은 다시 한 번 필기를 보고 외우려 하였습니다. 그렇게 중국어에 전념하던 어느 날부터 서서히 중국어가 들리기 시작했고, 자신감을 얻었으며 말이 트이기 시작했습니다. 언어가 들리기 시작하면서 서서히 다른 과목 성적에 신경을 쓰게 되었고, 성적은 그때부터 크게 크게 올랐습니다. 중국어로 소통 자체가 안 되었던 제가 2년 만에, 6학년 졸업고사에서 优秀(우수)한 성적으로 졸업하게 되었고, 좋은 중학교에 입학하게 되었습니다. 졸업 성적을 받은 그 날 저는 생각했습니다. "최선을 다하면, 안 되는 것이 없다. 최선을 다하면, 결과는 만족스럽다. 최선을 다하면 나 자신에게 매우 뿌듯하다!!"

중학교 입학·전학 '나만 한국인'

중학교 입학시험 1등 성적으로 실험반(입학 성적순으로 1등부터 35등까지의 학생을 따로 모아 평균보다 높은 수준으로 학습하는 특수한 반)으로 들어가게 되어 정말 기뻤습니다. 그리고 그 반에서 열심히 공부하여 항상 상위권을 유지하였습니다. 하지만 한국 유학생이 많은 학교이기에, 유학생에 대한 안 좋은 이미지가 오랫동안 있었던 학교라 제가 공부하는 데에 유학생이란

타이틀은 저에겐 너무나 많은 걸림돌이 되었습니다. 왜 유학생들은 공부를 안 하고 또 못할 거라 생각하는지, 전 그런 선생님들도 이해가 안 되었고, 그렇게 믿게끔 행동하는 친구들도 너무나 미웠습니다. 학교 교복을 고쳐서 불량스럽게 입고, 화장과 머리스타일은 학교 규정에 어긋나게 하며, 선생님들의 모든 지시는 불평불만으로 이어져가고, 숙제 및 방과 후 과제는 언제나 뒷전…… 수업에 적극적이지 못하고 몰래 휴대전화기와 게임을 즐기는 대부분의 유학생들 때문에, 정말 열심히 최선을 다하는 유학생들마저도 항상 그들과 같이 벌을 받았으며, 그 때문에 중국 친구들을 사귀기도 어려웠습니다. 반 학기 후, 저는 전학을 결심하게 되었고, 한국 유학생이 없는 중국 학교로 전학을 갔습니다.

"五路居第一中学"(오로거, 우루쥐 제1중)은 아버지 회사 근처의 중국 학교로 외국인은 전혀 없었습니다. 비자 문제만 큰 문제가 없으면 학교 입학은 쉬웠고, 역시 중국로컬 학교라 외국인에 대한 다른 혜택이나 차별은 없었습니다. 그 때문에 친구들도 저를 동등한 학생으로 봐주었고, 선생님도 저를 중국친구들과 동일한 학생으로 대해주셨으며, 이러한 것들은 긍정적으로 저에게 힘이 되었습니다. 중국의 교육은 국어(중국어), 수학, 영어 세 과목을 중심적으로 공부하고, 모든 이과 과목을 중요시합니다. 매일 최소 한 시간은 중국어, 영어, 수학과목이 있습니다. 하지만 중국에서 유학하는 많은 외국인 친구들은 중국어와의 전쟁 때문에 물리나 화학 이과 과목까지 신경 쓰지 못하는 게 대부분입니다. 중국 학교의 생활은 한국과 너무나 달랐습니다. 중국은 선생님의 권위가 높고, 학생들은 학교 수업에 집중합니다. 모든 숙제와 수업 내용들이 시험과 관련되어 있고, 학원에 가서 공부한다는 개념이 없었기에 학생들은 학교 수업에 대한 신

뢰와 열정이 대단했습니다. 아침 7시에 시작해 오후 4시에 수업을 마치면 다시 오후 7시까지 자율학습을 해야 했습니다. 중국은 자율학습을 너무나 중요하게 여깁니다. 선생님들의 강의와 친구들과의 토론도 중요하지만, 배운 것을 복습하는 자기만의 주도학습 시간이 어느 때보다도 중요한 시간입니다. 어렸을 때부터 부모님의 꾸준한 메모 습관을 보고 자란 저는 필기하는 습관을 길러왔습니다. 중고등학생 때 저의 보물 1호는 노트였습니다. 시간표를 포함한 저의 모든 과목 노트필기는 그 어느 참고서보

저의 보물 1호 노트

다 저에겐 가장 훌륭한 공부 자료가 되었습니다. 이것은 지금까지 저의
모든 학습 습관이 되었고, 귀한 저의 참고서가 되었습니다. 그러던 어느
날, 저는 물리 선생님의 말씀을 듣고 매우 기뻤습니다. 선생님은 제게 '유
학생이라 못해도 된다고 생각하지 않는다. 나에겐 너는 똑같은 학생이니
까 너 또한, 중국 친구들처럼 열심히 수업을 따라와 주길 바란다.' 이 말은
정말 제가 듣고 싶었던 말이었기에 제게 너무나 큰 힘이 되었고, 선생님
의 가르침으로 인해 친구들과는 물론 다른 선생님들과의 관계도 매우 돈
독해졌습니다. 너무나도 힘들었지만, 중학교생활은 가장 기억에 남고 소
중한 시간들이었습니다. 그리고 같이 공부했던 중학교 중국인 친구들은
저의 친한 친구이며, 선생님들과 현재까지도 자주 안부를 묻는 사제간의
좋은 관계를 지속하고 있습니다. 그렇게 선생님들의 지도와 친구들과의
멋진 꿈을 함께하며 2년 반 후, 중국 베이징 최고 고등학교 北京四中(베이
징 4중)에 입학했습니다.

중화인민공화국 자존심 "北京四中"

北京四中 (베이징 4중) 생활은 하루하루가 큰 도전이었습니다. 베이징
4중 학생들은 천재들이거나 또는 중국 정부 고위 관료들의 자녀들로 뛰
어난 재능과 재주를 지니고 여러 컬러를 가진 친구들로 이루어져 있습니
다. 이곳에서 전 정체성에 대해 다시 깊이 생각하였고, 천재들 사이에서
스스로와의 성적 경쟁, 절대 부와 권력을 지닌 가문의 친구들에 대한 부
담감, 끼 많은 친구들 사이에서의 상대적 평범함에 힘들어하던 차에 고
1이 지날 무렵 큰 시련이 닥쳤습니다. 부모님의 사업체가 중국에서 철수

하게 되어 저를 제외한 모든 가족이 한국으로 돌아간 것입니다. 저도 같이 따라 한국으로 귀국해야 했지만, 지금까지의 시간이 너무 아까웠고, 중국 유학생으로서 제가 가진 꿈을 이루고 싶다는 생각에 부모님을 설득하여 베이징에 남게 되었습니다. 혼자서 해야 하는 유학 생활은 금전적, 정신적, 신체적으로 너무나 괴롭고 힘든 시간이었습니다. 시간이 흘러갈수록 대학입학준비에 대한 부담감은 더해지고, 외롭지만 강해져야 한다는 생각에 항상 강하고 단단하게 저를 포장했습니다. 긍정적인 힘으로 항상 더 웃었습니다. 모든 활동에 항상 긍정적이고 적극적으로 참여하고, 모르면 거침없이 물어보고, 그 누구보다 진심으로 친구들과 선생님들께 다가갔습니다. 고등학교 3년 내내 아침 5시 30분 기상, 1시간 반 동안 지하철로 등교, 오후 4시 수업 끝나면 밤 10시까지 도서관에서 자습, 새벽 1시간 반 학교 버스로 집에 도착, 그대로 기절…… 새벽에 교복을 입고 자다 깨어버린 나를 바라보면 그저 쓴웃음만 나오는 반복되는 생활이지만, 누구에게도 기댈 수 없었기에 오직 하나님께 기도하며 끝까지 참아냈습니다.

고3이 되어서도 저는 똑같은 시간표로 공부했습니다. 고3이란 이유로 공부시간을 더 늘리진 않았습니다. 다만, 아침 쉬는 시간, 점심 기다리는 시간, 그리고 방과 후나 저녁 이후에 남는 시간을 활용했습니다. 영어단어를 외우거나, 제 목소리로 녹음한 꼭 외워야 할 문장들을 수시로 들었습니다. 역시 저의 필기 노트는 저희 반뿐만 아니라, 선생님들께서도 참고 자료로 쓰셨습니다. 저의 오답 노트는 제 성적 발전에 큰 도움이 되었고, 상위권 성적을 유지하는 비결이었습니다. 그리고 전 선생님께 2012년 5월에 있을 베이징대학교 시험 시간과 동일한 시간(제1일: 중국어[오전 9시

~11시 반], 수학[오후 1시 반~3시], 제2일: 영어[오전 9시~11시 반])에 수업 혹은 문제 집 풀이하는 공부를 할 수 있게 해달라고 부탁했고, 다행히도 선생님들의 도움을 받아 우리는 효과적으로 공부할 수 있었습니다. 정말 그 시간 때에 맞춰 공부한 결과, 시험 보는 날에는 더욱 집중력이 높아지는 것 같았습니다.

고3 과정을 거치는 동안 국가가 서로 다른 저희 반 친구들은 지금 현재 각 나라 우수 대표 유학생으로서 서로를 믿어주고 지지해주는 동창 친구가 되었고, 같은 베이징대를 다니는 몇몇 친구들은 저의 끝없는 스폰서이자 진정한 친구들이 되었습니다. 역시나, 진심은 너무나도 다른 우리를 하나로 만들었고, 베이징 4중, 이 특별한 고등학교를 졸업한 특별한 우리는 하버드, 옥스퍼드, 베이징대, 홍콩대 등등 각종 세계 명문대에서 이름을 떨치며, 서로를 챙겨주고, 차세대 리더로서 서로 다른 친구들을 응원해주는 지원자가 되었습니다.

밤늦게까지 오직 공부 공부, 새벽에 깨어 아침 이슬을 맞으며 공부하러 가는 저의 노력은, "밤 귀신 아침 이슬"이란 별명을 얻게 되었고 정말 악으로, 깡으로 입시 준비를 했습니다. 그리고 그 입시 성적은 저 또한 놀랄 만한 결과를 가져다주었습니다.

도전! 베이징대학교, 칭화대학교, 런민대학교
"한국인 최초 고득점 동시 합격"

2012년 6월 저는 베이징대학교 원배학과(자율 전공학), 칭화대-법학과, 런민대-국제금융무역학과 3곳에 동시 합격하였습니다. 10년 동안 그 누구보다 열심히 제 길을 걸어왔기에 반가운 소식을 들을 수 있었습니다. 그리고 부모님은 말씀하셨습니다.

"축하한다. 이제 더 큰 꿈을 꾸어라!! "

원배학과는 베이징대학이 자랑하는 자율전공학과로 글로벌 시대에 맞게 학문적 융합을 통해 더 큰 인재를 양성하도록 기획되어 설립된 베이징대학의 자랑이자 꽃인 학과입니다. 다른 대학도 관심이 있었지만, 저는 제 꿈을 위해 베이징대학교를 선택하였습니다. 대학 입학 후, 여러 학과의 수업을 자율적으로 선택함과 동시에 다양한 교수님들과의 미팅을 통해 저의 오래된 꿈을 더욱 구체화할 수 있는 계기가 되리라 믿었기 때문이며 지금도 그 선택은 옳았다고 생각합니다.

대학생활을 시작하면서 저는 또 하나의 선택을 하게 됩니다. 어느 대학이든 유학생들은 같은 나라 사람들끼리 같이 어울려 공부합니다. 이것이 당연하게 여겨지긴 하지만, 개인의 발전엔 큰 도움이 되질 않았습니다. 특히 우리나라 사람들은 너무나 관계가 끈끈하여, 다른 나라 친구들과의 관계에 큰 걸림돌이 되기도 합니다. 저는 선택했습니다. 편안하고, 따뜻하지만, 이것들이 걸림돌이 되어 큰 발전을 막는다면, 저는 기꺼이 더 넓은 세상을 알아가기 위해 다른 쪽을 선택하겠다고…….

대학교 입학 후, 여전히 저는 새로운 것에 도전합니다. 학교, 미팅, 친구들과의 방과 후 활동과 같은 너무나 평범하게 다가오는 것들보다는 매일매일 또 다른 새로운 것들을 생각하며 도전합니다. 경험해 보지 않았던 새로운 파티문화, 그동안 해보지 못한 운동─골프, 암벽 등반, 테니스, 철인 3종 경기, 서바이벌 사막 탐험, 카누대회, 베이징대학교 수영부 부장, 아르바이트, 학과 공부, 해외 대학교 교류……. 해야 할 일이 그리고 새로운 것이 너무나도 많습니다. 지금은 저의 생활이 정말 즐겁습니다.

꿈* (UN)

저에게 꿈이란, 단지 UN에서 일하게 되는 것이 아닌, 세계 인류 평화를 위해 작게나마 제가 기여할수 있는 것입니다. 이것은 부모님의 바람이었고, 저의 선명한 꿈* 입니다. 어떤 일들이 제 앞에 펼쳐질지 모르지만, 지금까지 저를 인도하신 하나님께서 더 멋지고 아름다운 것으로 채워주실 줄 믿고 기대합니다. 그리고 제 꿈을 더 큰 무대에서 펼쳐나갈 것입니다.

참 소중한 추억들과 함께해온 베이징 유학 생활 10년을 통해 얻은 것은 열심히 하면 안 되는 게 없다는 것과 꿈이 있으면 길은 항상 있다는 것입니다. 전, 여전히 해야 할 공부가, 활동이, 경험이 너무나 많습니다. 이것 또한 행복합니다. 저는 오늘도 도전합니다.

2014. 1. 10

우 현 경

(E-mail 주소 : tanesia_w@163.com)

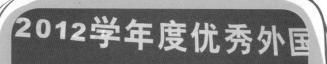

2012学年度优秀外国

京四中外籍学生校友会成立大会

尊敬的北京大学留学生招生办公室：

　　我郑重地向贵校推荐我校国际部优秀学生禹炫京同学。

　　我了解这个学生是从校内多次接待韩国参观团活动开始的，在每次活动中炫京同学都义务地担任翻译，从她略显稚嫩的翻译中看出她是个认真热心的孩子。她以帮助他人为快乐，担任留学生活的班长，是班里公认的大姐。她以志愿者的身份参加中学生的山区支教活动，为山区的孩子上课，她的理想是学成以后，能帮助更多的人。

　　炫京还是个多才多艺的学生，喜欢滑冰、游泳、短跑，尤其喜欢绘画，常常用她的画笔表达出她的心情，她用一切机会体验中国文化，参与各种文化生活，她是校合唱团队员，积极参加中国籍的游学活动，是校联欢会的主持人。

　　炫京的学习刻苦认真，她高中前两年一直在四中的中国班学习，她要克服语言障碍，完成西中的学业是一件很艰难的事情，但她始终乐观努力，是国际部师生公认的优秀学生。

　　　　　　　　　　　　北京四中校长　刘长铭

　　　　　　　　　　　　2012年2月27日

▶ 2012.6.15 강원일보 인물쪽

우현경 씨 中 명문대 세곳 동시 합격

춘천 신남초교 출신

춘천 신남초교 5학년을 마치고 중국으로 유학길에 올랐던 우현경(20·사진) 씨가 중국의 명문대 세 곳에 동시에 합격해 눈길을 끌고 있다. 우 씨는 최근 중국 최고의 명문대로 꼽히는 베이징대 원배학과와 칭화대 법대, 중국인민대 국제경제무역과로부터 연달아 합격통보를 받았다. 지난 2003년 중국 문화부에서 근무하던 아버지 우상훈(도예총 기획사업본부장) 씨를 따라 중국으로 간 우씨는 16개월간 중국어 공부만 한 후 곧 바로 중국인들이 다니는 일반 학교에 입학했다.

신남초 재학실절부터 성적은 물론 스케이트 선수로도 활약했고 수영과 노래, 글쓰기 등에서 탁월한 실력을 뽐냈던 우 씨는 이내 중국 생활에 완벽히 적응

하게 됐고 불과 3년여 만에 중국내 최고 명문고인 베이징 4중고교에 진학해 주위를 놀라게 했다. 우 씨는 최근 베이징대로 진로를 결정했다. 우 씨가 입학을 결정한 베이징대 원배학과(자유전공학)는 중국 전체 대학을 통틀어 최고 평가를 받는 학과로 세계 일류인재 양성을 위해 베이징대가 지난 2007년부터 정책적으로 육성하고 있는 곳이다. 오는 9월 고교졸업식에서 외국인 최우수졸업상도 수상할 예정인 우씨는 "앞으로 금융경영학과 IT계통의 공부를 지속적으로 하고 싶다"며 "제 고향인 강원도는 물론 대한민국에 보탬이 될 수 있는 사람이 될 수 있도록 노력하겠다"고 말했다.

오석기 기자 sgtoh@kwnews.co.kr

北京大学
PEKING UNIVERSITY

注册号: 2012050124
学　号: 1200094606

录 取 通 知 书

　　韩国　**WOO,HYUNKYUNG** 女士:

　　我们高兴地通知您，北京大学接收您于**2012年9月**至**2016年7月**，作为 **本科生**

来我校　**元培学院**　　学习。

　　在华期间，您的一切费用自理，其中学费 **26000** 元人民币/学年。

　　如果您自愿遵守中国的法律、法规和学校的校纪、校规，请您持本《录取通知书》、《外国留学人员来华签证申请表》（JW202表）、相关的体格检查记录及血液化验报告（均为原件），前往中国驻華国大使馆（领事馆）申请来华学习签证，并于 **2012年8月31日** 到我校报到。如因故不能按期报到，必须事先征得我校同意。否则，将视为自动放弃入学资格，本录取通知书失效。

学生本人签字: ＿＿＿＿＿＿＿

　　　　　　　年 月 日

北京大学
2012年06月07日

注意事项:
1.请仔细阅读以上信息并签字确认。如有疑问，请及时与北京大学留学生办公室联系。
2.签于入境前仔细阅读《北京大学外国留学生入学指南》或登录北京大学留学生网站浏览相关新信息（http://www.isd.pku.edu.cn）。
3.X签证（学习签证）在中国境内的有效期为30天。
4.请准备至少六张照片。
5.入境后，请务必根据规定到到北京大学留学生办公室办理整到手续。

中国 北京市 海淀区颐和园路5号 100871

中国人民大学
RENMIN UNIVERSITY OF CHINA

录 取 通 知 书

　　禹炫京（WOO HYUNKYUNG） 同学:

　　我们高兴地通知您，我校已经决定录取您作为本科生进入我校**经济学院**学习**国际经济与贸易**专业，学习期限为 2012 年 9 月至 2016 年 7 月，授课语言为汉语。

　　请您于 2012 年 9 月 6 日来我校留学生办公室报到，地址: 中国人民大学国际文化交流中心 108 室，接待时间: 上午 9: 00-下午 4: 00。如因故不能按时到校，必须事先提交书面申请征得我校同意。否则，将视为放弃入学资格，本录取通知书自动失效。

　　按我校现行有关规定，您每学年应缴纳学费人民币 21500 元。开学报到时，请务必持在北京办理的中国银行的借记卡，刷卡交纳第一学年学费。学校不接受现金支付。

　　根据国家教育管理部门的有关规定，留学生在校学习期间须购买意外伤害、住院医疗和高额医疗保险在内的综合保险。保险费用一年 600 元人民币。

　　如果您自愿遵守中国政府的法律、法规和学校的校纪、校规，请您持本《录取通知书》、《外国留学人员来华签证申请表》（JW202 表）和《外国人体格检查记录》及血液化验报告、X 光结果（均为原件），前往中国大使馆（领事馆）办理来学习（X）签证。

中国人民大学学生办公室
2012 年 6 月 1 日

学生本人签字＿＿＿＿＿＿
　　　　　年 月 日

清華大学
Tsinghua University

国籍:　　韩国
学号:　　2012080372

录 取 通 知 书

　　禹炫京(WOO HYUNKYUNG) 女士:

　　我们高兴地通知，我校决定录取您作为 本科生，自 2012 年 09 月 01 日至 2016 年 07 月 15 日到我校 协和学院 学习 协学 专业。授课语言为汉语。

　　您在中国学习期间的经费为办法为: 自费。

　　如果您承诺遵守中国的法律、法规和学校的校纪、校规，请您持此《录取通知书》、《外国留学人员来华签证申请表》（JW202）、《外国人体检检查表》及血液化验报告（须原件），前往中国驻图大使馆（领事馆）申请来华学习（X字签证）。

　　请于 2012 年 08 月 29 日至 2012 年 08 月 30 日期间，持上述文件到清華大学报到。因故不能按期报到，必须事先征得我校同意，否则，将视为自动放弃入学资格。

学生本人签字: ＿＿＿＿＿＿＿

　　　　年 月 日

清華大学
2012 年 06 月 14 日

1. 请持来华学习（X字）签证入境。
2. 请准备6张正面免冠照片（48mm×33mm，白色背景，带领正装，无边框半身照）。
3. 入境后，请立即到学校办理报到手续，并在入境后30日内在当地公安机关申请居留证件下。

中国 北京市 海淀区清华园1号 100084

중국 인재시장 한국사업팀 팀장의 유학 체험기
－ 김윤희

••• 조기유학에 대한 나의 생각

조기유학은 많은 문제점이 있음에도 불구하고 가장 폭발적으로 증가하고 있다. 아마도 그 이유는 자녀의 불확실한 미래에 대한 대비를 하고 싶어서일 것이다. 외국어를 잘한다는 것은 미래에 대한 확실한 보험을 든 셈이기 때문이다. 좀 다른 이야기처럼 들릴지도 모르나 HR(Human Resource) 일을 하면서 인재를 평가하는 객관적 기준은 첫째 언어 능력, 둘째 컴퓨터 활용 능력, 셋째 관련 분야 경력 등이다. 그러나 세 번째는 일단 취직이 된 후의 일이고, 두 번째 능력의 50%는 언어능력, 50%는 논리력, 창의력이었다. 즉 인터넷 언어의 80% 이상을 차지하는 영어를 자유롭게 활용하고 외국어로 논리적 사고를 할 수 있는 인재가 가장 각광받고 있는 현실이다.

그리고 논리력과 창의력을 가지고 여러 가지 정보에서 필요한 것은 검색하고 유출하여서 필요한 자료를 만들어내는 능력이 중요하다. 만약 이력서를 낸 인재가 '한국어, 중국어, 영어 인터넷 1급 검색사 자격증 있음'이라고 써냈다면 그 이력서는 상위 인재 그룹에 분류할 것이다. 즉 '미국 MBA 과정 마침, 중국어 新 HSK 6급 이상'이라는 이력서는 경쟁이 치열한 미국 사회에서 엘리트 코스를 밟았으며, 장차 가장 큰 시장이 될 중국 시장에서 실력을 발휘할 준비된 인재이므로, 각국의 헤드 헌팅 담당자들이 따로 관리를 한다.

역시 중국인으로서 중국의 대학과 대학원을 졸업하고 '한국어 능력 4급 자격'이면 한국 회사에서는 같은 자격의 직원보다는 2~3배의 높은 급여를 지불하는 것과 같다. 우리나라 인재의 값어치가 높아지는 지점이 바로 이 지점이다.

한국은 유학생 비율 세계 1위 국가이며, 미국 유학생 수 1위, 부모와 함께 가는 유학생 비율 1위, 인터넷 사용 인구 비율 1위의 국가다(총 유학생 수는 중국이 34만 명으로 1위, 인도가 12만 3천 명으로 2위, 한국이 9만 5천 명으로 3위). 즉 우리나라는 조기유학 강국이며 인터넷 강국으로 세계의 헤드헌터들이 주목하는 나라라는 말이다.

UNESCO가 최근 발표한 <2006년 세계교육 개요> 통계에 따르면, 주목할 만한 것은 1999~2004년 전 세계 고등교육 유학생 수가 40% 급증해 175만 명에서 245만 명으로 증가했다는 것이다. 이는 해외 유학이 대학생 위주에서 조기유학으로 확대되어 가고 있다는 것을 의미하며 그 수치는 더욱 증가할 것으로 보인다. 조기유학은 예전에 비해 그 연령이 더욱 낮아져 초등학생의 조기유학까지 확대된 상태다.

세계가 통합되는 추세고, 글로벌한 인재는 계속 요구되므로, 조기유학의 열풍은 계속되리라는 전망이다. 그럼 피할 수 없으면 즐기라는 말처럼 어차피 유학 붐을, 특히 조기유학 붐을 피할 수 없다면 적극적으로 대응하며 즐길 필요가 있다. 그래서 나름대로 바람직한 '조기유학 모델'을 만들어보았다. 아래 내용들은 내 아이를 유학시키기 전 많은 시간을 들여서 자료를 찾고 직접 발로 뛰면서 느낀 것들이다.

1) 조기유학은 반드시 부모와 같이 오자

어느 나라든 마찬가지겠지만, 외국에서 살아갈 때는 많은 위험 요소가 뒤따른다. 부모와 같이 온다는 것은 이런 위험 요소를 70% 이상 없애주는 방패막이 될 것이다. 그리고 사회문제가 되는 기러기 아빠나, 장기 이별로 인해 부부관계의 적신호가 생긴 예 등 숱한 문제점을 우리는 신문의 사회면이나 인터넷뉴스 등에서 심심찮게 볼 수가 있다. 그런 위험을 감수하고 자녀 교육만을 위하여 조기유학을 보내야 하나 고민하지 않을 수 없다. 그러나 나는 조기유학을 다른 관점에서 보고 있다.

조기유학을 아이들만의 유학이 아닌 엄마의 유학, 엄마의 사회진출 준비 기간으로 본 것이다. 사실상 한국의 엄마들은 당시 사회 분위기로는 아무리 우수한 재원이라도 결혼 후 일을 계속하기란 매우 힘들었다. 남자가 군대에서 '좌로 굴러 우로 굴러'만 하고 3년을 보낸다면 아무리 젊은 나이라도 대학으로의 복학이나 사회로의 적응이 얼마나 어려운지는 경험해 본 사람은 알 것이다. 잘나가던 대기업 간부도 IMF 후 집에서 몇 년 쉰다면 다시 회사에 나가 적응하기가 무척 어렵다. 하물며 집에서 아이

출산과 육아로 5년 이상을 쉰다고 상상하여 보라. 이렇게 여자들의 사회 진출은 피눈물 나는 재기의 노력이 없으면 거의 불가능하다.

이제 사회는 여성의 섬세함과 창의력 그리고 언어 능력을 절실히 요구하고 있다. 이 점을 근본으로 하여 아이의 유학 시 엄마도 유학기간을 두고 노력한다면 엄마 역시 고급 인력으로 다시 태어날 수 있을 것이다. 돈을 낭비하는 것만이 낭비가 아니다. 능력을 낭비하는 것 또한 큰 낭비다. 국가적으로도 큰 손실인 것이다.

한국은 자녀 유학 1위 국이기도 하고, 부모 유학 1위 국이기도 하다. 지금 외국의 많은 대학에서 한국인 부모들을 볼 수 있다. 그들은 일반적으로 다른 젊은 유학생에 비하여 실력이나, 열정 면에서 전혀 뒤지지 않는다. 나는 한국의 아빠들에게 기러기 아빠가 되라고 말하고 싶지는 않다. 단지 사랑하는 아내에게 선물을 해 주라고 말하고 싶다. "가족을 위해 헌신했으니 이제 자신을 위해 투자를 해 봐."라고 말이다.

엄마 유학에 아이가 덤으로 끼어도 좋다. 유학 올 나이의 학생이라면 희생하는 엄마를 보는 것보다 자기 계발을 위해 노력하는 엄마를 보는 것이 더 유학의 효과가 좋다는 결과가 있다. 조기유학 때문에 부부가 떨어져 있다고 위험하다고 생각할 필요도 없다. 어차피 한국은 이혼율 1, 2위의 나라다. 이 말은 가치관의 급격한 변화를 겪고 있다는 증거이지 기러기 아빠가 이혼의 전적인 원인이 될 수는 없다는 얘기다.

2) 본인이 원하는 유학이어야 한다

본인이 원해서 오는 유학과 부모에게 등 떠밀려 오는 유학은 성과 면에서 비교할 수 없는 차이를 만들어낸다. 만약 아이가 유학을 가기 싫어한다면 기다려 주는 인내가 필요하다. 부모 욕심만으로 자녀의 동의 없이 보내는 조기유학은 많은 문제를 양산한다.

정확한 통계는 없으나, 상당수의 학생이 부모의 이혼과 맞물려 조기유학을 온다. 어린 학생들은 처음에는 잘할 수 있다는 생각이 있으나 외국 유학이라는 것이 생각만큼 쉽지 않은 법이다. 자국의 언어도 아닌 그 어려운 한자로 공부를 어찌 쉽게 하겠는가.

중국 학생들도 5학년은 6학년 교과서를 읽을 수가 없다. 한자가 그만큼 많고 어렵다는 말이다. 그리고 선생님들도 보통어를 쓰지 않는 선생님이 많을 뿐만 아니라 칠판 글씨도 중국인 학생들조차 알아보지 못할 정도로 흘려서 쓴다. 스스로 원해서 온 학생은 견뎌야 할 과정이라고 결의를 다지지만, 부모가 강제로 보낸 학생들은 핑계를 만들어낸다.

또한, 중국의 많은 학교는 외국 학생을 돈으로만 보는 경향이 있다. 학생이 시간을 낭비하고 따라가지 못하더라도 큰 문제를 일으키지 않는다면 그냥 묵인을 한다. 부모의 방치, 학생의 포기, 학교의 무관심이 삼박자가 맞아서 조기유학 실패자를 양산하는 것이다. 아니다 싶으면 한국으로 다시 돌아가는 결단도 필요하다.

3) 부모가 같이 오지 못한다면 기숙사가 있는 중점학교를 추천한다

중국의 학교는 크게 중점학교와 일반 학교로 나누어진다(물론 International School도 있으나 대부분 기숙사가 없는 학교다). 중국의 중점 학교는 교사로서의 자부심이 대단한 선생님으로 대부분 구성되어 있다.

중국은 교사의 존경 지수가 가장 높은 나라 중 하나다. 그러나 교사에 대한 존경심도 요즘은 많이 떨어지고 있다.

그들은 교사로서의 자부심 때문에 만약 한국 학생이 소수라면 특별히 신경을 쓸 것이다. 또한, 같은 방의 룸메이트가 영어와 중국어를 자유롭게 사용하는 필리핀이나, 대만, 홍콩 등에서 온 우수한 학생이라면 다양한 세계를 경험할 수 있는 기회도 될 것이다.

그러나 중국은 자기 일이 아니면 참견을 하지 않으므로 반드시 한국말로 상담할 수 있는 후견인(guardian)을 정해야 하고 부모가 초기에는 최소 일주일에 한 번씩, 어느 정도 적응이 된 후에는 한 달에 한 번씩 가디언과 학생에게 현재 상황을 듣고 판단할 필요가 있다.

그리고 학교의 말만 듣고 방치해서는 절대 안 된다. 한 학기에 두세 번 이상은 직접 학교를 방문하여 아이를 격려해 주고 또한 체크해야 한다. 중국은 비자를 발급받기도 쉽고 항공료도 그리 비싸지 않으며, 주말을 이용해서도 충분히 다녀올 수 있는 거리이므로 세심한 부모의 관심을 아이에게 아낌없이 보여주도록 하자.

4) 최소한 초등학교 5학년은 마치고 오자

초등학교 저학년 때 중국에 오면 한국어가 확실하지 않으므로 한국인이라는 정체성에 혼란을 가질지도 모른다. 중국의 교육이라는 것이 공산주의식 주입 교육이 많기 때문이다. 공산당에 대한 맹목적인 신뢰와 충성을 맹세하는 중국식 교육을 너무 어린 나이에 노출하면 한국인도 중국인도 아닌 애매한 가치관을 가질 수 있다. 또한 모국어가 확실하지 않으면 다른 언어도 힘들다는 것은 많은 학자들의 연구에서도 밝혀진 바다.

초등학교 5학년은 한국뿐 아니라 다른 나라들에도 특별한 의미를 갖게 되는 학년이다. 이 시기는 본격적으로 논리적인 사고가 시작되는 시점이다. 아무리 많은 언어를 할 줄 알아도 모국어는 하나일 뿐이다. 모국어로 논리적인 사고를 할 수 있게 연습할 필요가 있는 것이다. 가능한 한 경시대회도 참가하고, 논리력의 깊이도 훈련하여 유학을 오면 훨씬 수월한 유학 생활을 보낼 수 있다.

초등학교 5학년 이전에 나 홀로 유학을 온 학생들은 초등학교 졸업 후 "너의 나라가 어디냐?" 하고 물으면 "워스 중꾸어런－나는 중국인입니다"라고 말할 수밖에 없는 곳이 중국의 교육이다. 중국의 공산주의 교육은 추측보다 훨씬 그 강도가 세다. 미국에 사는 미국 영주권자나 시민권자들은 거의가 다 김치를 먹고 한국말을 쓰기에 본인이 미국의 영주권자임에도 불구하고 한국인이라 말한다. 그러나 중국은 다르다. 한국말 잘하고 김치를 잘 먹는 조선족들은 그들이 비록 조선족 초·중·고등학교를 다녔다 할지라도 모두 다 하나같이 자기는 한국인이 아니라 중국인이라고 자신 있게 말하고 있다. 한국인으로서 정체성을 잃으면 중국인과 경쟁할 수 없고 중국인은 더 이상 한국인에게 호감을 갖지 않는다.

5) 최소 1년 전부터 유학 준비를 하자

유학은 "인문계 고등학교도 떨어졌으니까" "이 성적으로는 대학도 못 가니까" 하면서 보내는 도피처가 아니다. 미래를 결정하는 중요한 발걸음이다.

유학 준비는 최소 1년의 기간이 필요하다. 가고자 하는 나라에 대하여 좀 더 알아보고, 언어 준비도 하고 관련 책도 읽어 보면서 그 나라에 대해서 알고 가는 것이 실패 요인을 많이 줄일 수 있다. 즉 최소 1년간은 가고자 하는 나라에 대하여 열병을 앓도록 해야 한다. 많이 움츠린 개구리가 더 높이 뛰듯이, 많이 준비하고 애태우는 동안 그것이 바탕이 되어 유학 생활 시 발생할 수 있는 힘든 상황들을 극복할 수 있다.

유학 오기 전 칭화대 정문 앞에서 찍은 눈빛이 초롱초롱한 한 장의 사진은 중국과 한국을 잇는 세계인이 되겠다는 결의이며, 힘들 때 자신을 추스를 수 있는 용기를 준다. 오기 전에 6개월의 준비는 유학 와서 6년을 좌우한다.

6) 중국어가 먼저다

참으로 당황스럽게도 중국에 있으면서 영어만 할 줄 알고 중국어를 못하는 학생도 상당수다. 물론 영어도 중국어도 못하는 학생에 비하면 낫겠지만, 기왕 중국으로 유학을 왔고 미래의 경제 대국 중국을 알고자 왔다면 현지 언어인 중국어를 못한다는 것은 가장 큰 프리미엄을 포기하는 일일 것이다.

일단 중국으로 유학을 왔으면 중국어의 바다에 빠져볼 일이다. 대부분의 조기유학생들은 6개월이면 간단한 의사소통에는 문제가 없다. 아이들이라서 빨리 배우는 경향도 있지만, 한국어가 한자 문화권이기 때문이기도 하다. 한국인, 일본인이 중국어를 배우는 것은 영어를 할 줄 아는 사람이 독어, 불어를 배우는 것처럼 70%는 본인에게 이득이다.

또한, 13세 이전의 학생에게는 언어습득장치(LAD)가 작동을 하므로 완전히 자신의 언어로 습득이 가능하고 사용을 하지 않을 때에도 잊어버렸다가도 조금만 자극을 주면 다시 완벽히 재현해내는 언어의 습성이 있다. 12~13세 이전에 서울로 이사를 한 학생은 완벽한 표준어를 구사하지만, 그 이후에 이사를 한 학생은 사투리가 남아 있는 우리의 경험을 생각해 보라. 이것이 바로 언어 습득의 한계 시기를 알려주는 경우이다. 그리고 나이가 어릴수록 언어를 가르쳐 주면서 대가를 바라지 않고 순수하게 같이 놀 수 있는 친구들이 주위에 있게 마련이다.

언어습득장치 이론 즉 LAD(Language Acquisition Device Theory)란 미국의 언어학자 촘스키(Chomsky) 교수가 주장한 이론으로 사람의 언어습득 장치는 타고날 때부터 보편적 문법지식(변형생성 문법)이 미리 프로그램되어 있어 어린이가 언어입력(Language Input)을 접하게 되면 자동적으로 단시일 내에 언어를 습득하게 된다는 이론이다.

중국어 사용에 아무런 문제가 없고, 학교에서 정상적으로 적응을 한다면 그다음은 영어를 고려해 볼 만하다. 중국에 유학 온 많은 한국 학생들이 영어로 공부하기 위하여 국제학교를 들어간다. 사실 한국에서 국제학교에 다니는 비용을 생각하면 연 $30,000~$40,000 정도는 이곳 국제학교가 싼 편이라고 생각할지도 모른다. 그러나 한국인들이 선호하는 호주나 필리핀, 캐나다 등 영어로 수업하는 국제학교는 이미 한국 학생들로 넘쳐나고 있다. 3년을 기다려야 입학할 수 있을 정도로 학생이 넘치는 상황이다.

그러면 외국인만 다니는 국제학교만이 영어로 수업하는 유일한 학교인가? 물론 아니다. 베이징에만 해도 영어로 수업을 하는 귀족학교들이 많다. 이들 학교는 대부분 베이징의 외곽에 위치한 고급 사립학교들로 베이징의 상류층 자녀들이 다니고 있고, 이들의 대부분은 외국으로 유학을 간다. 이러한 학교의 학비는 한 학기에 $2,000 내외이다.

중국과 같이 관계가 중요시되고, 4－2－1로 이어지는 아이에게 모든 것을 바치는 사회에서 중국인의 입학이 금지된 필리핀, 호주, 캐나다 국제학교에 다니는 것보다 청소년 시기에 중국의 중요 상류층과 긴밀한 관계를 맺어주는 것은 중국통으로 자랄 아이에게 좋은 친구를 만들어 주는 것 이상의 무언가를 기대할 수도 있는 일이다.

7) 영어, 수학은 만국 공통이다

중국에 유학 온 학생 중 실패한 경우는 많은 변수가 있으니 생략하기로 하고 중국에서 학업에 실패하는 경우를 살펴보기로 하자. 학업에 실패하는 가장 큰 원인은 영어와 수학은 제쳐놓고 중국어만 공부하는 경우다. 전 세계 공용의 중요 과목이기 때문에 영어 수학은 같이 공부해야 한다. 이 과목들은 공부하지 않으면 잊어버리는 속도가 빠르다.

즉 2년 동안 영어와 수학을 전혀 공부하지 않고, 중국어와 HSK만 열심히 해서 어느 정도 수준에 도달했다고 하면, 잊어버리는 속도는 2년 곱하기 3이 되어서 6년 동안 공부한 것을 대부분 잊어버린 상태가 되는 것이다. 고 3 입시를 앞두고 잊어버린 것을 다시 재생해내기란 매우 힘들다. 즉 호미로 막을 것을 가래로도 막지 못하는 경우가 생기는 것이다.

중국 대학에 입학할 경우 한어 실력과 HSK 점수가 당장 발등의 불인 것은 확실하다. 그러나 중국어를 모르는 상태에서도 한국어로 영어, 수학은 보충을 해주는 것이 매우 중요하다. 최소 일주일에 1시간 정도의 보충은 한어와 다른 중요 과목의 균등한 실력 향상을 위하여 꼭 필요하다.

8) 전학을 하게 될 경우에는 반드시 학기 시작 후에 하자

중국 학교는 외국 학생들을 그냥 돈으로 볼 뿐 귀찮아하는 경향이 많다. 왜냐하면, 학급 성적이 안 좋을 경우 교사의 인사고과에 지장을 주므로 그냥 수업 방해만 안 한다면 자든지 상관을 하지 않는다. 그리고 중국어를 몰라서 시험 점수가 안 좋은 경우 아예 시험지를 내지 말라고 한다. 그러다가 교사가 참을 수 없을 경우에는 학생을 전학시키는 방법을 사용한다. 사실상 학기마다 학교를 섭렵하면서 문제를 일으키는 학생이 베이징에는 꽤 많은 실정이다. 그러나 이 일은 학교와 학생과 학부모가 쉬쉬하면서 새로운 학생을 소개하는 유학원만 돈을 벌게 하는 이상한 현상만 부추기는 것이다.

가장 심각한 문제는 한 학교를 그만두고, 다른 학교로 옮기기 전 소속이 없을 때 주로 발생한다는 데 그 문제의 심각성이 있다. 아무도 간섭하지 않는 외국에서 소속이 없는 방학 동안 그들은 동거, 혼숙 등 온갖 문제를 발생시키고 아무도 책임을 지지 않는다.

학교를 옮겨야 할 상황이면 학생을 알고 있는 학교에서 방학 동안 책임을 지게 하고 학기 시작 후에 옮기도록 해야 한다. 그리고 방학 때마다 학교를 옮기며 시간을 낭비할 바에야 과감히 정리하고 한국에서 다시 시작하는 방법도 좋을 것이다. 어영부영 시간 낭비를 하다 보면 꼭 필요한 시기를 놓칠 수도 있기 때문이다.

9) 처음 6달이 그다음 6년을 좌우한다

중국에서 중국어를 공부하려면 반드시 한국인이 없는 곳을 가라는 말이 있다. 맞는 말이다. 한국인과 같이 모여서 한국말만 사용하는데 무슨 중국어가 늘겠는가. 그러나 한국인이 하나도 없는 중국인 학교와 중국인 마을에 중국어를 모르는 학생을 혼자 두는 것은 중국어 공부 이상의 심각한 부작용을 발생시키기도 한다. 한마디로 중국어 정복이 달걀로 바위 치기처럼 무모하고 힘들다는 말이다.

중국어는 모든 외국어가 마찬가지겠지만, 처음에는 반드시 한국어와 중국어를 모두 아는, 한국인을 가르친 경험이 있는 선생님께 배우는 것이 좋다. 그런 선생님들은 한국인 밀집 지역, 즉 베이징으로 치면 왕징과 우다코우에 많이 계신다. 실제로 한국인이 없는 지역에 집을 얻었다가 중국어 공부를 위하여 매일 4시간씩 왕징으로 출퇴근하는 사람도 있다. 즉 중국어 공부를 위해서는 한국인 밀집 지역에서 배워야 하며 한국인을 만나지 말아야 한다는 결론이다. 여기서 처음 6달이 그다음 6년을 좌우한다.

중국에 처음 왔다면 언어에 '올인'해야 한다. 한국에서 한두 달 정도 중국어를 배운 경험이 전부라면, 3달간 일대일 학습을 권장한다(일반적으로 $2,000~$4,000 내외). 일대일 학습기간 동안은 6시간은 정식 수업을 6시간은 복습시간으로 정하여 중국어의 바다에 빠질 필요가 있다.

당일 배운 것을 숙제로 복습하고, 가까운 시장을 둘러본다거나 은행을 가거나 차를 타는 등 현장 체험을 복습해 본다. 그리고 한류열풍의 DVD 시청을 권한다. 한국어 자막과 중국어 자막, 한국어 발음과 중국어 발음을 번갈아 들으면서 중국어 노래의 성조를 익히고 한자를 외우도록 한다. 다른 한국인 학생과의 만남을 최대한 자제하고 힘들고 외롭지만, 언어를 배우는 환경을 만들도록 적극 노력해야 한다.

처음 한 달은 한국어와 중국어를 모두 잘하는 선생님께 배우는 것이 좋다. 물론 이 시기에도 영어, 수학에 손을 놓아서는 안 된다. 두 달째는 한족 선생님의 비율을 50%, 석 달째는 한족 선생님 비율을 70%까지 높이는 것이 좋다. 단, 정기적으로 시험을 쳐서 시험 내용이 처음부터 배운 데까지가 되도록 해서 배운 것은 반드시 기억하는 형태가 되도록 해야 한다.

4개월~6개월까지 오전에는 중국 학생과 같이 공부하고 오후에는 일대일 학습을 병행하는 것이 좋다. 3개월간 배운 것을 학교에서 아는 한도에서 사전을 동원하여 사용해 보는 것이 좋다. 6개월 이후부터는 정식 과정으로 중국인과 같이 공부하면서 견디고 이겨내야 한다. 학교 수업 후 2시간 정도의 예·복습은 필수다. 한국에서 학년을 마치고 중국으로 와서 3월에 시작하여서 중국 학기가 시작되는 9월까지는 배수진을 치고 중국어를 공부하면 가능할 것이다.

10) 반드시 중국 학생과 같이 공부하고 경쟁하자

다른 나라에는 없는 중국 한인사회의 독특함이 한국 국제부라는 새로운 형태를 만들어냈다. 즉 수업을 따라가기 힘든 외국인(거의 대부분이 한국인)을 위하여 건물을 따로 하고 교재도 쉬운 것으로 따로 하고, 시험도 쉽게 쳐서 한국인들이 중국 학교에 쉽게 적응하도록 한다는 것이 중국 학교의 설명이다.

실제로 베이징에는 200~300명 이상의 한국인이 다니는 국제부가 있는 학교가 몇 있다. 그러나 내막을 들여다보면 수업 태도도 안 좋고 못 알아듣는 한국인을 격리하여 중국 학생들의 면학 분위기를 해치지 않으면서 돈을 벌고자 하는 중국 학교의 계산임을 쉽게 알 수 있다.

물론 HSK 6급이 되면 중국인 로컬반으로 옮겨준다고 하나 한국 학생만으로 이루어진 국제부에서 공부하여 HSK 6급을 따고 로컬반으로 옮기기란 지극히 힘든 일이다. 갈수록 한국국제부는 학교 내의 또 다른 섬처럼 따로 움직이고 그들은 중국 학생과 경쟁 한 번 제대로 하지 못하고 시간을 낭비한다. 중국 유학 6년째인데도 국제부에 있으면서 HSK 6급이 거의 없다는 것은 이러한 사실을 증명해 준다.

앞에서 언급하였듯이 어차피 외국에 나왔으면 고생할 각오를 해야 한다. 쓴맛을 견뎌내야 결실의 달콤함을 맛볼 수 있다. 한국 학생만 모여 있는 곳에서 3개월을 지냈다면 이미 몸은 익숙해질 대로 익숙해져 있을 것이다. 중국어를 몰라도 한국어만 사용해도 살 수 있다는 것을 이미 몸이 알아버린 상태에서 절박감을 가지고 다시 공부하기란 엄청난 노력을 요구할 것이다.

한국인과 격리된 상태에서 일대일 스파르타식 교육과 현실 적응교육을 한 후 무조건 로컬반에서 견뎌내야 한다. 그것을 견디지 못하여 다시 한국 국제부로 돌아가는 한이 있더라도 일단은 사자 우리에 들어가 봐야

Chapter

6

진정한 중국 유학이라고 말할 수 있다. 외국에 와서 한국인만 모여 공부하는 형태는 전 세계 어디에도 없는 형태다. 죽을 만큼 힘든 시기를 넘어서서 중국 학생과 경쟁하여 당당히 승리한 자랑스러운 한국 학생도 많이 볼 수 있다.

이제 진정한 조기유학은 부모와 학생이 진지하게 대화하고 좀 더 많이 현장을 알아보고 결정해야 한다. 유학원의 말은 그냥 참고만 하고 스스로 결정을 내리고 책임을 지는 분위기로 나가야 한다. 자녀의 조기유학은 곧 어머니 자신의 제2의 인생 출발점이 될 수도 있기 때문이다.

04 세 아이의 중국 유학 체험기
－김준봉 교수 가족

●●● 세 아이 모두가 유치원부터 대학까지 중국에서 다녀야 했다

나의 아이들은 세 명 모두 중국에서 학교를 다녔다. 막내는 유치원부터, 둘째는 초등학교 4학년 때부터 큰애는 중3 때부터였다. 사실 자녀 교육은 부모들의 영원한 주제이자 관심사며, 해외 생활을 하는 한국인 부모들에게도 예외가 아니다. 아니 어쩌면 고국에서의 공교육 붕괴와 대학입시 위주의 파행적 교육시스템을 비판하면서도, 역설적으로는 일반적인 자녀 교육의 절차와 제도에서 벗어나 있다는 엄연한 현실 앞에 더 두려울 때도 있었다. 이렇게 중국에 살고 있는 한국 교포들은 모두 자녀 교육이 첫 번째 고민거리다.

첫째는 연변에서 중학교 3학년으로 한족학교를 다녔고 둘째는 초등학

Chapter 6

교 4학년으로 한국국제학교에, 막내는 국제유치원을 다녔다. 이후 큰아들은 톈진 남개대학 부속 중학교를 졸업하고 베이징 55 중학(한국의 고등학교) 국제부를 졸업하고 지금은 베이징 런민대학 3학년생이다. 지금은 휴학하고 군 복무 중이다(중국에 있어도 남자들의 경우는 군 복무에 신경을 써야 한다). 큰딸은 연변에서 한국 초등학교를 졸업한 후 베이징의 현지 한족학교에서 중학교를 졸업하고 베이징 80 중학(베이징 현지의 중국 명문고교)을 1년간 다니다가 지금은 베이징 한국국제학교 고3인데 이미 한국 한동대학교에 수시 1차로 합격한 상태로 베이징에서 즐거운 마지막 고3 시절을 보내고 있다. 막내 역시 베이징 한국국제학교 초등학교에 다니다가 한국의 분당중학교 1학년을 마치고 현재는 본인 의사에 따라 베이징 한국국제학교 중학교 2학년에 다니고 있다.

해외에서의 자녀 교육은 어떻게 하는 것이 가장 합리적이고 최선의 선택일까? 어느 누구도 감히 '이 길이 정답이다!'라고 단언할 수는 없겠지만, 끊임없이 해답을 모색하고 더 나은 대안을 찾고자 노력하는 것이 우리 부모 세대들에게 주어진 과제가 아닐까 한다. '그가 받은 교육이 그의 미래를 결정한다.'는 플라톤의 교훈이 진리처럼 여겨진다면 말이다.

••• 중국 조기유학 떠나기 전에 중국 교육의 특징을 꿰뚫어보자

나의 아이들을 보면서 중국 조기교육 열풍에 대하여 첨부하고자 한다. 처음에는 무언지도 모르고 조선족학교를 보내기도 하고 한족학교를 보내다가 한국국제학교를 보내는 등 수없이 옮겨 다니기도 한다. 하지만 그 어디에도 정답은 없다. 특히 요즈음은 조기유학 열풍으로 중국도 그 소용돌이의 중심에 있어 내가 살고 있는 베이징의 경우도 전문적으로 조기유학생들을 취급하는 하숙이 수없이 많다. 그러나 이와 같이 대책 없는 중국 조기유학은 천만 위험한 일이다. 우선 중국 교육의 특징을 알아야 한다.

중국에는 공산·사회주의 사상교육에 치중한다. 대학생들이나 중·고등학생이나 초등학생 모두 예외 없이 사상교육을 심하게 받는다. 사상품성과(思想品性科)라 하여 덕육(德育)—우리의 반공 도덕이나 바른 생활과 유사함—과 공산당 혁명사, 마르크스주의 이론, 덩샤오핑 이론, 마오쩌둥 사상 등이 필수 과목이고 그것도 토론보다는 주로 주입식이고 암기식 교육을 받는다.

물론 한국인만 따로 모아 교육하는 국제반에서는 사상교육을 면제해 주고 있지만, 중국인들과 같이 교육받지 않고 모든 과목을 따로 교육받는다면, 중국 친구를 사귈 수 있는 기회는 원천적으로 박탈당하고 마는 것이다. 그렇게 되면 중국 유학의 의미를 어디에서 찾아야 할까? 물론 한국인 유학생들은 누구나 중국인들이 묵는 기숙사에는 절대 들어갈 수 없고 외국인들이 묵는 숙소에 비싼 돈을 내고 따로 격리되어야 한다. 그것은 외국인들을 보호해야 한다는 허울 좋은 명목 때문이지만 결국은 외국인을 금전적으로 환산하여 보는 그들의 상술이 저변에 깔려 있음은 물론이다.

특히 중국의 유치원은 그야말로 탁아소 시설 못지않은 형태로 거의 종일반을 운영하고 있으며 커리큘럼 또한 기계적으로 아이들을 가르친다. 물론 영어나 한어(중국어) 두 가지 언어를 교육하고 있고, 특별활동이나 특기지도 등 전문적인 다양한 교육을 시키고 있는 것도 사실이다.

중국의 유치원은 그 종류가 사실 천차만별이다. 가격도 비쌀 경우는 우리 돈으로 월 50~100만 원, 저렴할 경우에는 5~10만 원 정도 된다. 유치원에서도 사회주의 교육은 기본이고 집단 수용시설을 기본으로 하기에 집단적인 취침시간이 있어서 유치원에 침대 시설을 모두 구비해야 하는 것이 기본이다. 물론 침실전용 방이 따로 있어야 하는 것도 필수고, 오후에는 어김없이 취침시간이 2시간이나 있어 모든 원생들은 간이 기숙사 같은 2층, 3층 침대를 두고 자야 한다.

그것은 중국에서는 여성이 일찍 해방되었고 사회 진출에 있어서 모든 남성과 동등하다는 데에서 기인한다. 그렇게 되기까지는 육아에서의 해방이 절대적으로 필수 불가결하다. 중국의 사회는 이 육아 문제를 근본적으로 일찍 해결한 것이다.

이런 환경에 우리 아이들을 맡겨 중국인과 같이 사회주의 인격을 갖춘 공산주의자로 키울 것인가? 그렇다면 물질주의와 무신론에 입각한 유물사관이 투철한 중국인이 될지언정 한반도의 정서를 간직한 한민족 전통의 민주주의 사회를 살아가는 참 세계인은 될 수 없을 것이 자명하다.

••• 아내의 글

저는 세 아이의 엄마입니다. 1998년 지린 성 연변조선족자치주의 수도인 옌지시로 들어갔죠. 그때 큰아들이 중3, 둘째 딸이 초4, 막내딸이 유치원생이었죠. 그 당시 옌지는 가족끼리 많이 들어와 있었습니다.

무식이 용감하다고 중3이었던 큰아들이 사춘기가 시작되었는데 그걸 별로 중요하게 생각 안 했죠. 그냥 내성적이라 생각하고 중국 학교에 입학시켰습니다. 한 몇 개월 고생하면 되니깐 좀 참으라 했죠. 아예 한국 사람이 없다면 힘들었겠지만, 학교 밖을 나가면 한국말이 통용되고, 또 한국 아이들을 만날 수 있으니 좀 안심은 됐습니다. 그러나 언어 습득이 매우 느렸습니다. 사실상 당사자가 결정한 것이 아니고 부모를 따라왔으니 공부나 언어의 중요성을 못 느끼는 것 같았습니다. 학교에서도 외국 아이에 대한 관리를 하지 않았습니다. 학습을 못 알아들으니 숙제는 대충하고, 시험은 아예 보지 말라고 했습니다. 우리 아이 수업료는 본국 아이 열 명분에 해당합니다. 학교는 경제적 충당을 목적으로 한국의 유학생을 받고 있었습니다.

연변에서 톈진으로

하도 아이가 힘들어해서 일 년 후 톈진으로 갔습니다. 자신이 원하고, 삼촌이 톈진 대학에 다니고 있어서 같이 보냈습니다. 그러나 그곳에서는 더 힘들어했습니다. 톈진은 주로 중국어만 하는데 거의 말을 못해 고생이 이만저만이 아니었습니다. 이곳에서 조금 언어가 늘었지만, 여전히 공부를 따라 잡기는 힘들었죠. 다행히 교회 선생님들이 많이 챙겨주셔서 힘이 되었던 것 같습니다. 일 년 후 베이징으로 갔습니다. 그곳에서는 혼자서 생활하며 자신을 극복하는 시기였습니다. 중국어를 못한다고 창피도 많이 당하고 공부도 못한다고 구박도 많이 받았습니다. 그래서 큰아이는 공부를 하게 되었죠. '나도 한번 해보자'라는 심정으로 공부했다고 합니다. 이처럼 본인이 결심하지 않는다면 아무것도 할 수 없습니다. 언어도 되고 성적도 올라가서 매우 고마웠죠. 혼자서 얼마나 힘들었을까 생각하면 지금도 눈시울이 뜨거워집니다. 말을 못해 약국을 가지 못하고 잇몸이 부어 아무것도 못 먹고 몇 주를 고생한 적도 있었습니다. 길을 몰라 낯선 곳에서 헤매는 일은 부지기수였죠. 그러던 큰아이가 지금은 거의 정착하여 베이징의 런민대학 3학년에 재학 중입니다.

이번에 한동대학 수시에 합격한 둘째 딸 희진이, DBU(Dallas Babtist University)에 입학한 막내딸 희람이

둘째 딸은 엔지에서 한국 학교를 재미있게 다녔고, 4년 반 후에는 식구 모두가 베이징으로 옮기게 되었습니다. 모두 중국어가 급하게 되었죠. 여기서는 중국 학교 중3으로 들어가게 되었습니다. 언어는 곧 적응이 됐지만 공부가 힘들었죠. 또 베이징에서는 한국 학생들을 노골적으로 싫어합니다. 너무 불량하고, 학습 분위기를 흐린다 하여 입학할 때 교장 선생님으로부터 말은 많이 들었죠. 딸아이는 여기서 열심히 했습니다. 친구도 많이 사귀고, 선생님 칭찬도 많이 받고, 공부도 따라가기 위해서 잠은 4시간 정도만 자고, 과외와 숙제에 매진했죠. 중국은 학원이 없고, 모두 학교에서 문제지를 내주어 과목마다 연습을 많이 시킵니다. 저랑 같이 한국 책과 병행해서 하느라 쉴 시간이 없었죠.

그래서 중3을 잘 마치고 고등학교는 집에서 비교적 가깝고 베이징의 명문 학교인 80중에 들어갔습니다. 국제반이 아닌 본과 반으로 들어갔죠. 중국 아이와 같이 배우는 반입니다. 이곳은 장난이 아닙니다. 전국에서 뽑혀온 아이들이 모여 있는 학교로 중국에서도 손꼽히는 학교였습니다.

공부벌레들만 모여 있었습니다. 친구끼리 속삭이는 것도 없고 점심시간 쉬는 시간 모두 공부만 합니다. 모두가 기숙사 생활이고, 이들은 '내가 살 길은 공부만이다'라는 신념으로 공부합니다. 학교 시설은 좋지만 모두 교실에서 공부하느라 교실과 기숙사만 왔다 갔다 할 뿐 곁눈질 한 번 주지 않습니다.

중국의 역사교육은 한국을 무시하는 교육이다

역사 시간에는 한국인인 자기가 있는데도 대놓고 한국을 무시하고 중국의 위대성을 강조한답니다. 딸아이는 이것이 제일 힘들었다고 합니다. 내가 한국인인데 이 학교에 들어와 중국인들과 동화되어서 따라가야 하나 혼란스럽다고 하더군요. 그러나 우리는 가족이 같이 있었기에 서로가 힘을 북돋워 주고 계속적으로 한국인으로서의 자부심을 갖게 하고, 한국 역사를 가르쳤습니다.

그러나 이때 아이가 혼자였다면 이 역경을 어떻게 헤쳐나갔을까요? 또 너무 어릴 때 중국에 와서 모든 것을 배우지 않고 왔다면 자연스럽게 중국의 역사관을 받아들일 것입니다. 이들이 자라나 성인이 된다면 어떤 일이 벌어질지 상상도 하고 싶지 않은 일입니다. 그러면 조선족과 다를 바가 없다고 생각합니다. 조선족은 중국에 속해 있으면서 중국인도 아니고 한국인도 아닌 유랑민으로 생각하는 사람들이 많습니다. 외국에 나와 보면 애국자가 절로 됩니다. 내 나라가 존재해야 내가 존재하니까요. 고1학생에게 나는 大국민, 너는 小국민이라고 가르친 다음 서로가 친구와 같은 평등한 관계를 기대할 수 있을까요? 선생님들도 그렇게 가르치고 책에도 그렇게 씌어 있습니다.

나 홀로 조기유학 다시 한 번 생각하자

요즘 초등학교 때부터 유학을 보내는데 다시 한 번 생각해 봤으면 합니다. 제가 처음 옌지에 왔을 때 남편이 바빠서 저와 세 아이만 남기고 한국으로 떠났을 때는 참으로 무서웠습니다. 도움의 손길이 있어도 저 혼자 낭떠러지에 서 있는 기분이었습니다. 하물며 아직 부모 품에 있어야 하는 아이가 조기유학을 왔다면 얼마나 무섭고 떨리겠습니까? 선생님이 있고 기숙사에 살아도 모든 것이 긴장의 연속입니다. 이것을 탈피하기 위해 아이들끼리 모이고 자연히 노는 대로 빠지게 됩니다. 그렇지 않고 혼자 있게 되면 우울증에 걸리기도 합니다. 중국어가 필요하면 방학마다 연수를 보내는 것도 좋다고 생각합니다. 베이징 교육국에 계시는 분이 칼럼을 썼는데 한국 부모들에게 제발 아이들을 혼자 보내지 말라고 간곡히 부탁을 하면서 방학 어학연수만이라도 열심히 하면 언어구사에는 문제없다고 합니다. 어떤 길이 우리 아이들을 위한 길일까요?

••• 경험자의 조기유학 이정표

1) 초등학생은 바로 원 학년으로 입학하는 것이 좋다

선생님보다는 또래 집단과 놀이를 통해 중국어를 배우는 것이 더 빠르고 더 재미있다. 그런 다음 방과 후에 후다오(개인 과외)를 통해서 중국어 체계를 가르친다. 이때 자격 미달인 후다오가 많음에 주의해야 한다.

2) 중학생은 6개월의 현지 적응 기간을 갖는 것이 좋다

중학생은 부끄러워할 줄 아는 나이다. 처음부터 부담을 주면 쉽게 포기할 것이다. 따라서 먼저 유학해 있는 또래 친구들이 어떻게 공부하는지, 또 자기보다 상위 학년의 언니, 오빠들은 어떻게 공부하고 있는지, 같은 또래 중국 친구들은 어떻게 일과를 보내는지, 학습 분위기를 파악할 수 있도록 많은 기회를 제공해 주어야 한다. 조기유학은 마라톤이기에 현지 적응을 위한 시간이 필요할 뿐만 아니라 장기적인 안목을 갖고 준비해야 한다.

3) 중국어 공부에 재미와 자신감을 심어 주어야 한다.

실내에서 배운 한마디의 중국어라도 실제 생활에서 사용해 볼 수 있고, 들어볼 수 있는 기회를 제공하는 것이 자신감을 갖게 하는 좋은 방법이다. 또한, 중국친구를 소개하여 주말이면 함께 놀 수 있도록 그들만의 공간과 세계를 만들어 주는 것이 좋다. 스케이트장이든, 놀이동산이든 중국 친구와 함께 놀 수 있다면 쉽게 그들과 섞여 중국문화에 동화될 수 있다.

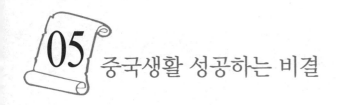

05 중국생활 성공하는 비결

안정된 중국생활 따라잡기

중국은 아마 전 세계에서 비자(visa, 사증) 받기가 가장 쉬운 나라다. 아무나 비자 비용 35,000원만 주면 어김없이 중국 여행 비자가 나온다. 하지만 비자를 얻어 중국에 오기는 쉽지만, 중국에서 계속 머물기는 생각보다 그리 쉽지가 않다. 이민을 받아주지 않을뿐더러 1년을 초과하여 체류할 수 있는 '장기거류증'도 거의 주지 않는다. 최근에 들어서야 중국에 일정 금액을 투자한 사람한테는 2년씩 주기도 하지만, 여전히 4~5년 머무는 비자를 받는 경우는 거의 없다. 보통 미국이나 호주 등 비교적 비자를 얻기 힘든 나라라 할지라도 일정한 자격이 되면 장기적으로 매년 비자를 갱신하지 않아도 머무는 것이 그리 어렵지 않다. 그러나 중국은 매년 비자를 갱신하거나 연장하도록 요구하기 때문에 특별히 추방하지 않아도 비자를 갱신하지 않으면 자연히 나가야만 하는 것이다.

멋모르는 한국인들이 중국에 올 때 초청비자나 사업비자 등 특정 비자를 요구하는데 이는 중국을 전혀 모르고 다른 외국과 비교하여 생각하는 어리석은 일이다. 여행비자나 방문비자가 아닌 특정 비자 즉 유학비자, 공무비자, 초청비자 등은 비용도 많이 들고 잘 나오지도 않고 일하기가 매우 불편하고 중국에서 보면 도대체가 불필요한 것이다.

필자도 중국에 1993년부터 오가면서도 중국은 여전히 힘든 나라로 여겨진다. 특히 교수로서 이곳에 머문다는 것은 보통의 경우는 거의 기적 같은 일이라 할 정도로 힘든 일이다. 왜냐하면, 중국에는 외국에서 온 교수가 많지만 대부분 자기 나라 언어에 관련된 분야이거나 문화에 관련되어, 와 있으면서 본국의 지원을 받고 있는 경우가 대부분이다. 그래서 대부분 1~2년 단기로 머물다가 돌아가는 경우가 보통이다. 필자처럼 장기적으로 중국에 거주하면서 일반적인 전공인 건축이나 도시 분야에서 교수로 있기란 여러 가지로 어려움이 많다. 실력은 기본이지만 대우는 별로 좋지 않다. 중국 교수의 월급은 아직도 5,000~8,000위안 정도로 한화로 환산하면 80~100만 원 정도의 수입이다. 외국인이 베이징이나 대도시에서 생활하는 비용으로는 거의 불가능한 액수다.

중국에서 자리를 잡기 위해서는 어느 분야에서든지 능동적으로 사람을 사귀어야 한다. 즉 실력, 경제력과 사교성 이 세 가지는 필수 항목인 것이다.

아침을 여유 있게 시작하라

중국의 아침은 정말 이르다. 아침을 여유 있게 시작하라. 일찍 일어나 운동도 하고 이웃과의 대화도 나눠라. 중국에서 사업에 성공하려면 중국인들의 새벽 습관을 모르고서는 안 된다. 새벽에 중국인들이 무얼 먹고 어떤 운동을 하며 인생을 즐기고 살아가는지를 알아야 장기적으로 그들을 이해하고 그들과 동고동락할 수 있다. 새벽 공원에 가보라 거기에는 많은 중국인들이 중국을 움직이고 있다.

물론 중국인들은 저녁에도 '양꺼(秧歌)'라고 하여 모여서 춤추고 운동하며 노는 것을 흔히 볼 수 있다.

중국은 은행이나 쉬운 관공서 일도 하루 일이고, 비행기 표를 끊거나 기차표를 사는 일도 반나절 일이다. 일에 우선순위를 정하고 하라. 중요하고 긴급한 일부터 처리하라. 중국 일의 특징은 항상 내일 해도 된다는 사고다. 오늘 해도 되지만 내일 해도 된다는 것이다. 우선순위를 철저히 두지 않으면 일은 줄지 않고 미결된 일이 계속 쌓이고 금세 지치게 된다. 중요한 일과 긴급한 일을 잘 구별하여 일과를 짜자. 할 일(To do list)을 계속 적고 틈이 나는 대로 일을 해치우지 않으면 중국에서의 하루해는 정말 짧다. 중국인은 일을 대충 처리하는 듯해도 나중 결과는 제대로 하고 있다는 것을 알 수 있다. 일을 완전무결하게 처리할 욕심은 버려라. 중국에서 모든 일을 완벽하게 처리하는 것은 불가능한 일이다. 완벽의 기준이 전혀 다르기 때문이다. 완벽과 완전의 기준은 본인을 힘들게 할 뿐이다. 우리가 보는 결과와 중국인이 보는 결과에 대한 평가는 다르다.

중국인은 휴식과 식사를 많이 즐긴다. 충분한 휴식 없이는 그들의 체력을 이겨낼 수 없다. 휴식 시간에는 온전히 쉰다. 인생은 장기전이다. 수입이 늘지 않으면 무리하게 수입을 늘리려고 애쓰지 말자. 비용을 줄여도 수입을 늘리는 효과가 나타나는 것이다. 휴식은 낭비하는 시간이 아니다 재충전하는 투자 시간이다. 체력을 관리하지 않는 사람은 결코 오래가지 못한다. 건강한 생활의 3대 원칙인 충분한 수면, 규칙적인 운동, 균형잡힌 식사를 생활화한다. 그들과 같이 먹으면 그들만큼의 휴식을 취해야 한다.

중국인은 보통 목소리가 크다. 동북지방 사람들은 특히 그렇다. 억울하고 불쾌한 감정은 낮은 목소리로 반드시 표현한다. 상대방을 설득하거나 감화시키는 것은 목소리의 크기가 아니다. 낮은 소리로 호소력 있게 진지하게 말하는 것이 그들에게는 훨씬 더 효과적이다.

중국인은 휴대폰 받는 것을 그리 좋아하지 않는다. 알릴 일은 가능하면 그 사람이 있는 사무실로 전화해야 한다. 중국의 휴대폰은 전화를 받는 사람에게도 요금이 부과된다. 중요한 약속이나 일 등은 반드시 수첩에 기록해 놓고 미리 그 사람이 있는 곳의 일반 전화로 하는 습관을 기르자. 빗나간 약속들이 나중에 큰 스트레스를 줄 수 있다. 약속이 밀리면 전화해서 반드시 양해를 구하라. 전화와 메모를 충분히 이용하면 충분히 많은 양의 일을 처리할 수 있다.

Chapter

7

부록

01 한국인을 위한 중국어 발음과 회화의 기본 요령

1) 권설음의 발음 요령

중국어를 배우다 보면 권설음(혀를 마는 음)이 가장 난해한 발음인데 기본적인 발음 방법에 밀착시키는 곳에서 멈추고, 한국어의 위치는 치아(齒牙)의 안쪽 약 1~2mm에서 멈추는 것이 요령이듯, 중국어는 치아(齒牙)에서 약 2cm쯤 떨어진 안쪽에 자리를 잡는다. 즉 이름과는 다르게 혀를 마는 것이 아니고 혀를 뭉치는 것이다.

2) 복합모음의 발음 요령

중국어는 기본적으로 일본어와 같이 기본 모음이 ㅏ, ㅣ, ㅜ, ㅔ, ㅗ로 형성되어 있으나 일본어보다 풍부한 발음이 구사되는 것은 복합 모음의

응용이다. 즉 아오, 아이, 오우, 이에, 우이 등이 이것인데 이를 한국어처럼 외, 위, 예, 와 등으로 발음하면 안 되고 펼친 음으로 발음해야 한다. 다시 말하면, 중국어는 하나의 자음에 한 개나 두 개 또는 그 이상의 모음이 붙어서 이루어진다. 예를 들어 right를 뜻하는 중국어 '對'는 뛔, 뛰, 등으로 표현되면 안 되며 '뚜에~이'로 발음되어야 한다.

3) 성조의 발음 요령

중국어는 평균 16개의 글자가 발음이 같고 이를 4개의 성조로 나눈다 하여도 기본적으로 평균 4개의 글자가 발음과 성조까지 동일하다. 성조는 중국어에 있어서 상당히 중요한 부분이기도 하지만, 이를 하나하나 일일이 외워야만 한다면 중국어는 외국인으로서는 영원히 일정 단계 이상은 습득할 수 없는 특수어에 불과할 뿐이다. 일반적인 중국어 교육의 문제점이 여기에 있는데, 성조의 발음 요령은 정상적이며 일반적인 경우 한 단어를 발음할 때 그 단어의 마지막 글자의 성조가 뜻 전달의 가장 중요한 역할을 한다는 것이다. 즉, 상대적으로 말한다면 한 단어에 있어서 마지막 글자를 제외한 나머지의 글자의 성조는 크게 중요하지 않다. 물론 고유명사는 예외이며 이것의 성조는 외우는 수밖에 없다.

4) 기본 문장 구성

표음문자가 아니고 뜻글자인 중국어를 글로서 표현한다면 그 뜻의 전달이 명확하지만 말로서 표현할 때는 상기한 대로 동음이어(同音異語)가 상당수 존재하는 특성으로 단순한 한 단어의 표현은 그 뜻 전달의 혼란만

야기시킬 뿐이다. 그러므로 올바른 뜻을 전달하기 위해서는 짧더라도 동사 또는 형용사가 붙는 문장으로 표현해야 한다.

5) 연음이 없는 중국어 발음법

중국어는 영어 또는 한국어와는 다르게 연음이 전혀 없다. 동음이어 투성이의 중국어가 연음까지 된다면 전달 능력으로의 언어적 기능을 포기할 수밖에 없다. 중국에서의 영어교육을 보면 예를 들어 I like you를 '아일~라이~큐'로 발음하지 못하고 '아이, 라이크, 유'로 발음하는 등의 현상을 종종 보게 된다. 이것은 중국어가 연음이 전혀 없어 이와 같은 훈련이 되어있지 않기 때문이다. 따라서 중국어의 발음은 글자마다 철저히 분리된 독립적인 발음을 해 주어야 한다. 예를 들어 '환영'의 중국식 발음은 'huanying'인데 이것을 '화~닝'으로 발음해서는 안 된다. 이것은 '환~잉'으로 발음해야 하는데 중국식 발음에서 'n'과 'ng'는 거의 동일한 발음이며 혀의 위치가 위에 설명한 권설음의 위치일 때만 이와 같은 발음이 가능해진다.

6) 어순이 중요하다(조사 또는 어미의 변화가 없는 중국어)

또한 중국어는 영어와 같은 어미의 변화나 한국어, 일본어와 같은 조사가 존재하지 않는다. 따라서 시제, 방향, 소유격, 목적격 등이 정확하지 않다. 특히 한국 사람에게서 많이 나타나는 현상으로, 어순이 잘못되면 엉뚱한 말이 될 수 있다. 예를 들어 "선생님이 당신을 기다리신다(老師等

你:lao shi deng ni)."라는 말을 한국식의 문법처럼 '老師你等'으로 표현하면 "선생님! 좀 기다리세요."라는 엉뚱한 말이 되어 버린다.

7) 발음의 속도와 글자 수가 많아져도 동일하다

이것은 다른 외국어도 마찬가지이지만, 많은 사람들이 쉽게 느끼지 못하는 부분이다. 예를 들어 huo che(기차)와 huo che zhan(기차역)은 글자 수가 다르나 한 단어를 발음하는 시간은 동일하다. 즉, 글자 수가 많아지면 성음의 속도가 빨라진다는 것인데 이것은 한국어나 영어 등에 있어서도 마찬가지로 나타나는 현상이며, 외국어를 배우는 많은 사람들이 간과하기 쉬운 부분이고 그 결과는 의사소통에 심각한 방해물로 작용할 수 있다.

■ 유익한 중국어 회화

성조(높낮이) 때문에 잘못 알아듣는 경우가 많지만, 두세 번 반
복하면 들린다. 계속 반복하시라. 언어는 습관이 아닌가.

▶ 기초 회화

그렇습니다<스 是>

아닙니다<부 스 不是>

있습니다<요우 有>

없습니다<메이요우 沒有>

맞습니다<뚜이 对>

틀립니다<부 뚜이 不对>

계십니다<짜이 在>

안 계십니다<부 짜이 不在>

알겠습니다<즈다오 러 知道了>

모릅니다<부 즈다오 不知道>

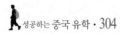

좋습니다<하오 러 好了>
좋습니다<싱 行>
안 됩니다<뿌 싱 不行>

▶ 인 사

안녕하세요<니 하오>또는<니 하오 마>
아침인사<자오샹 하오>또는<자오 안>
저녁인사<완상 하오>
아주 좋습니다<팅 하오>
다시 뵙겠습니다/안녕히 계세요<짜이 지엔>
내일 뵙겠습니다<밍티엔 지엔>
안녕히 주무세요<완 안>

▶ 감 사

감사합니다<씨에 씨에>
도와주셔서 감사합니다<쎄쎄 니 더 빵주>
수고하셨습니다<신쿠 러>
괜찮습니다<부 세>
사양하지 마세요<비에 커치>
뭐라 감사를 드려야 할지<뿌 즈다오 쩐머 간세 니 차이 하오>

▶ 소 개

처음 뵙겠습니다<추 츠 찌엔미엔>

당신 성함은?<닌 꾸이 싱>

나는 000입니다<워 스 000>

만나게 되어 기쁩니다<지엔 따오 니 헌 까오싱>

자주 연락합시다<칭 리엔시 바>

▶ 축 하

축하합니다<쭈허 니>

축하합니다<꽁시 꽁시>

성공하시길 기원합니다<주니 청공>

모두를 위하여 건배합시다<웨이 따자 깐 베이>

▶ 사죄

죄송합니다<뚜이부치>

미안합니다<헌 바오치엔>

폐를 끼치게 됐습니다<마판 니 러>

별 거 아닙니다<메이 원티>

괜찮습니다<메이 설>

▶ 물건 사기

이것은 무엇입니까?<쩌 스 선머?>

얼마입니까?<뚜어 샤오 치엔?>

너무 비쌉니다<타이 꾸이 러>

싼 것 있습니까?<요우 메이요우 피엔이 더?>

좀 싸게 해 주십시오 <짜이 피엔 이덜 바>

하나 더 주십시오 <나 이 거>

새 거 있습니까? <요우 신 더 마?>

필요없습니다 <부 야오>

마음에 들지 않습니다 <뿌 시환>

좀 깨끗하지가 못 하군요 <요우덜 부 깐싱>

▶ 전 화

여보세요? <웨이?>

왕 선생님 계십니까? <왕 시엔성 짜이 마?>

계십니다—안 계십니다 <짜이—부 짜이>

여기는 한국입니다 <워 스 한궈 더>

뭐라 말씀 하셨습니까? <니 슈어 선머?>

누구시죠? <니 스 나 웨이?>

통화중입니다 <잔시엔>

기다려주세요 <덩 이샤>

▶ 일상생활

올해 몇 살입니까? <니 찐니엔 뚜어따?>

어디에서 사십니까? <니 주 짜이 날?>

몇 개 입니까? <지 거?>

몇 시 입니까? <지 디엔?>

무엇을 좋아합니까? <니 시환 선머?>

▶ 숫 자

1—이 11—쉬이

2—얼 12—쉬얼

3—싼 13—쉬싼

4—쓰 20—얼쉬

5—우 30—싼쉬

6—류 31—싼쉬이

7—치 100—이바이

8—빠 200—얼바이

9—치우 300—싼바이

10—쉬 1000—치엔

▶ 중국 화폐 단위

1각<角>—지아오—10펀(전), 우리나라 돈 13원

(각은 최소, 단위 주로 공중화장실 등 사용시 이용)

1원<元>—위안—10각, 우리나라 돈 160~180원

02 중국 내 조기유학 학교 정보

중국 내 한국 학교

중국에 소재하는 다음 전일제 한국 학교는 대한민국 교육인적자원부
와 중국 교육부 등 양국 교육 당국으로부터 설립 인가를 받은 학교로서,
국제화 시대에 부응하여 대한민국 초·중등학교 교육과정에 의한 교과 이
외에 영어 및 중국어 등 외국어 교육에도 중점을 두고 있다.

■ 전일제 학교

학교명	주소 및 연락처	홈페이지
베이징 한국국제학교	北京市 朝陽區 望京西路 11號 (100102) 전 화: (86-10) 5134-8588 팩 스: (86-10) 5134-8594	http://www.kisb.net
톈진한국국제학교	天津市 河西區 西院道 18號 (300061) 전 화: (86-22) 8829-7330 팩 스: (86-22) 8829-7329	http://www.kist.org.cn
칭다오청운한국학교	山东省 青岛市 城阳區 天河路 1号 전 화: (86-532) 6696-8686 팩 스: (86-532) 6696-8680	http://qchwn.org

학교명	주소 및 연락처	홈페이지
우시한국학교	江苏省 无锡市 新區 錫士路 전 화: (86-510) 8549-9222 팩 스: (86-510) 8548-9338	http://www.wxks.kr
연변한국국제학교	吉林省 延吉市 朝陽街 222號 (133000) 전 화: (86-433) 291-2745 팩 스: (86-433) 291-2733	http://www.kisy.org
연대한국학교	山東省 煙台市 芝罘區 解放路 69號 (264001) 전 화: (86-535) 621-5018 팩 스: (86-535) 620-9895	http://www.koreaschool.org
상하이한국학교	上海市 閔行區 華漕鎭 聯友路 355號 (郵) 201107 전 화: (86-21) 6493-9500 팩 스: (86-21) 6493-9600	http://www.skoschool.com
다롄한국국제학교	遼寧省 大連市 開發區 遼河西路 01號 전 화: (86-411) 8753-6030 팩 스: (86-411) 8753-6033	http://www.dkischool.com
홍콩한국국제학교	55, Lei King Road, Sai Wan Ho, HongKong Korean International School 전 화: (852) 2569-5500 팩 스: (862) 2560-5699	http://www.kis.edu.hk
선양(심양)한국국제학교	沈阳市和平區民族北街24號 전 화: (86-24) 6250-3817 팩 스: (86-24) 6250-3830	http://www.sykis.org

■ 한글학교(주말학교)

관할공관	학교명	소재지	전화/팩스
주 중국대사관	北京한글학교	北京市	T (010) 8072-4531 F (010) 8072-4528
	北京해전한글학교	北京市	T (010) 8237-1067 F (010) 8242-9538
	北京주원한글학교	北京市	T (010) 6470-2100 F (010) 8470-8889
	天津한글학교	天津市	T (022) 8829-9333 F (022) 8829-7329
	西安한글학교	陝西省 西安市	T (029) 8540-8574 F (029) 8533-6812
	烏魯大齊한글학교	新疆維吾爾自治區 烏魯大 齊市	T (0991) 855-7093

관할공관	학교명	소재지	전화/팩스
주 상하이총영사관	武漢한국주말학교	湖北省 武漢市	T (027) 8752－8020 F (027) 8759－2115
	上海한국주말학교	上海市	T 133－9118－4771 F (021) 6493－8010
	南京한글학교	江蘇省 南京市	T (025) 8679－1961 F (025) 8979－196
	義烏한글학교	浙江省 義烏市	T (0579) 538－3105 F (0579) 521－3437
	蘇州한글학교	江蘇省 蘇州市	T 133－8217－0515 F (0512) 6807－0720
	無錫한글학교	江蘇省 無錫市	T 139－1248－0325 F (0510) 246－4300
주 칭다오총영사관	靑島한글학교	山東省 靑島市	T (0532) 8766－8815 F (0532) 8766－8815
	威海한글학교	山東省 威海市	T 1330－631－8932 F (0631) 854－5177
	烟臺한글학교	山東省 煙臺市	T (0535) 661－1947 F (0535) 661－9997
	濟南한글학교	山東省 濟南市	T (0531) 8858－0733 F (0531) 8858－0733
	膠州한글학교	山東省 膠州市	T (0532) 8728－3021 F (0532) 8728－302
	膠南한글학교	山東省 膠南市	T (0532) 8617－8002 F (0532) 8617－8002
	黃島한글학교	山東省 靑島市	T (0532) 8688－1446 F (0532) 8688－1446
	乳山한글학교	山東省 乳山市	T (0631) 696－1004 F (0631) 660－3232
주 셴양총영사관	沈陽한글학교	遼寧省 沈陽市	T (024) 2346－0329 F (024) 2346－5240
	大連한글학교	遼寧省 大連市	T (0411) 8265－1257 F (0411) 8259－0605
	丹東한글학교	遼寧省 丹東市	T (0415) 313－5500 F (0415) 313－5501
	長春한글학교	吉林省 長春市	T (0431) 563－5242 F (0431) 565－4319
	哈爾濱한글학교	黑龍江省 哈爾濱	T (0451) 8635－3350 F (0451) 8635－3350
	한국기업인재배훈중심	黑龍江省 哈爾濱	T (0451) 8486－4545 F (0451) 8486－4540

관할공관	학교명	소재지	전화/팩스
주 광저우총영사관	廣州한글학교	廣東省 廣州市	T (020) 8520−1798 F (020) 8520−1796
	深圳한글주말학교	廣東省 深圳市	T (0755) 2692−1539 F (0755) 2690−8654
	東莞한글학교	廣東省 東莞市	T (0769) 276−4100 F (0769) 276−4101
	惠州한글주말학교	廣東省 惠州市	T (0752) 210−2137 F (0752) 210−1553
	廈門한글학교	福建省 廈門市	T (0592) 559−6263 F (0592) 559−6263
주 청두총영사관	成都주말한글학교	四川省 成都市	T (028) 8526−0792 F (028) 8526−0792
	重慶지구촌한글학교	重慶市	T (023) 6753−2154 F (023) 6763−1752
	昆明한글학교	云南省 昆明市	T (0871) 542−2229 F (0871) 825−7003

1) 재외국민 한국 학교 명단

국가별	관할공관	한국 학교
		학교명
일 본	주 일대사관	동경한국대학
	주 오사카총영사관	교토국제대학
		오사카금강대학
		오사카건국대학
중 국	주 중대사관	베이징한국국제대학
		텐진한국국제대학
	주 상하이총영사관	상하이한국학교
		우시한국학교
	주 칭다오총영사관	연대한국학교
		칭다오청운한국학교

국가별	관할공관	한국 학교
		학교명
중 국	주 선양총영사관	다롄한국국제학교
		선양한국국제학교
		연변한국학교
	주 홍콩총영사관	홍콩한국국제학교
대만	주 타이베이대표부	타이뻬이한국학교
		까오슝한국학교
베트남	주 베트남대사관	하노이한국학교
	주 호찌민총영사관	호찌민(시)한국국제학교
사우디아라비아	주 젯다총영사관	젯다한국학교
	주 사우디아라비아대사관	리야드한국학교
인도네시아	주 인도네시아대사관	자카르타한국국제학교
싱가포르	주 싱가포르대사관	싱가포르한국학교
타이	주 타이대사관	방콕한국국제학교
필리핀	주 필리핀대사관	필리핀한국학교
파라과이	주 파라과이대사관	파라과이한국학교
아르헨티나	주 아르헨티나대사관	아르헨티나한국학교
브라질	주 상파울루총영사관	브라질한국학교
러시아	주 러시아대사관	모스크바한국학교
이란	주 이란대사관	테헤란한국학교
이집트	주 이집트대사관	카이로한국학교
15개국		30개 한국학교

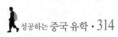

2) 베이징대학교 등 주요 대학의 예과반(입시 예비반)

   본과 입학시험 정보

베이징대학교 예과반(예과반은 해당 대학을 입학하기 위한 입시 예비반)

* 신청 자격: 고졸 이상 학력자(성적 우수자), 내신 1등급, 新 HSK5급 이상

* 신청 시기: 매년 6~9월(선착순 접수 마감)

* 신청 장소: 베이징대학 유학생 사무실(샤오위안 3호루)

* 신청 서류

  1. 베이징대학 예과 모집요강과 입학신청표와 신체검사서를 가져간
     뒤 작성

  2. 최종학교 졸업증명서, 성적증명서(영문으로 공증요함)

  3. HSK 3급 이상 증명서나 1년 이상 중국어 학습성적증명서

  4. 추천서 1부(중국어 교수님이나 선생님의 추천서)

  5. 경제 담보인의 증명 자료(담보인의 직업, 전화번호, 주소)

  6. 중국에 거주하는 사무 담보인의 편지(내용에 성명, 직장, 전화번호, 주소
     포함)

* 신청비: 50$

* 학비: 2,600$/연

* 기숙사

  2인실(6, 5$/일) — 개인화장실, 개인욕실, 전화, TV

  1인실(11$/일) — 개인화장실, 개인욕실, 전화, TV, 에어컨

* 예과반 커리큘럼

  필수과목 — 회화, 듣기, 독해, 작문

  보충수업 — 중국어, 영어, 역사, 수학

대외경제무역대학 어학반

* 신청 자격: 고졸 이상 학력자(성적 우수자)

* 신청 시기: 매년 5월 초까지

* 신청 장소: 대외경제무역대학 유학생 사무처

* 신청 서류

  1. 최종학교 졸업증명서(영문 1통), 성적증명서(영문 1통)

  2. HSK 3급 이상 증명서

  3. 여권 복사본

* 신청비: 80$

* 학비: 3,000$/연

* 예과반 커리큘럼

  필수과목: 회화, 듣기, 독해, 작문

  보충수업: 중국어, 기초영어, 수학

* 참고 사항

  예과반 입학 시 면접시험을 보며 2주 내에 유학생 부서에서 입학 결과를 통지한다. 예과반에서 1년 학습기간 동안 HSK 6급 이상을 취득한 성적우수자는 담임선생님의 추천으로 본과 무시험 입학이 가능하다.

베이징대학교 본과 입학시험 정보

*중국어 시험

HSK와는 전혀 다른 형식이고 대부분 고사성어 중 틀린 글자 찾아내기라든지, 다음자(多音字) 구분하기, 동의어 반의어 구분하기, 독해(지문에 나와 있는 단어를 사전적인 의미가 아닌 문장 내에서 내포하는 의미 서술하기), 작문(600자 이상, 주제는 까다로운 편임). 본과 한어 시험은 수험생의 어문 이해, 분석 능력 및 어문의 종합운영 능력, 정독과 작문이 중점이며 정독은 현대한어(백화문)가 주(主)가 되며, 작문은 600자 내외를 요구한다.

시험 유형은 주관식 75%, 객관식 25%로 내용상 한어 지식 및 운용 25%, 현대문 정독 35%, 작문 40%로 이루어져 있다. 중국어 교재는 학교에서 책을 준비해 주며 매년 3월부터 열리는 후다오반에서 페이지를 정해주고 책의 내용은 문제 해설이 주를 이룬다. 시험문제는 모두 중국어로 되어 있어 암기해야 할 것이 많으며, 문제는 보충교재에서 모두 나오는 것이 아니므로 중국 학생들이 풀고 있는 한어 책을 보는 것도 좋으며 작문의 경우 600자 이상을 써야 하며 10글자가 모자라면 1점 정도 감점이 되므로 유의해야 한다.

*영어 시험

문법구조가 많이 나오고 예를 들어 동명사 구분법 등 고등학교를 무사히 마친 사람이면 한 번 훑어봐도 그리 어렵지는 않을 듯하다. 독해도 나오는데 수준은 우리나라 수능보다 약간 어렵다. 영어시험 중엔 작문도 있는데 200자 이상. 그림을 보고 말을 만들어내는 정도다. 영어의 시험 범위는 발음, 어휘, 어법, 읽기의 4개 부분이며 어법과 읽기를 측정하는 데 중점은 두고 있다. 시험은 기억과 이해 양 방면을 다 측정하며 문제 유형은 주관식 35%, 객관식 65%. 시험내용은 발음, 어휘, 어법, 읽기, 공간 채우기, 작문, 번역으로 구성되어 있다.

칭화대학교 본과 입학시험 정보
*수학
— 방정식, 부등식
— 함수, 역함수, 지수함수, 대수함수, 삼각함수, 반 삼각 함수
— 이항식 정리, 조합배열, 수열, 극한
— 기하 평면 해석: 직선, 원, 타원, 쌍곡선, 포물선, 극좌표, 매개변수, 방
  정식
*물리
— 역학: 등속직선운동, 자유낙하운동과 등속원주율운동, 힘의 합성
  과 분해, 뉴턴의 운동 법칙, 운동량과 운동량보존, 운동량과 기계량
  보존
— 기계전동과 기계파: 단현 운동, 단진파
— 열학: 기체의 상태 매개변수, 이상기체의 상태방정식
— 전자학: 정전장, 직류전로, 자기장, 전자반응
— 광(光)학과 원자물리학: 빛의 반사와 굴절, 전반사, 렌즈(lens) 및 상성,
  보어의 원자모형, 방사성동위원소
*화학
— 화학 기본 개념과 원리: 원자구조, 원쑤저우기율, 물질량, 전해질 용
  액, 산화와 환원

－ 원소 화합물의 이해: 염기성 원소계열(할로겐), 산성 원소계열, 질소 원소계열, 알칼리 금속, 철(Fe), 구리(Cu), 알루미늄(Al), 유기 화합물

3) 편입학 자료

한국 대학 → 중국 대학 편입 시 주의할 점

한국에서 중국 대학으로 편입할 시에는 동일 전공밖에 편입이 되지 않는다. 동일 전공의 범위도 극히 제한적이며 한국의 중국어 관련학과(중문과, 중국어과, 중어중문학과, 관광중국어과 등)에서 중국의 중국어 관련학과(대외한어과, 중문과)로밖에 편입이 안 된다.

예) 한국 대학의 경영학과 → 중국 대학의 중문과나 대외한어과(편입 불가)

한국 대학의 중국어과 → 중국 대학의 중문과 대외한어과(편입 가능)

예외) 중국의 일부 대학에서는 경제계열(한국) → 경제계열(중국)이나 어문계열(한국) → 어문계열(중국) 등의 동일 전공의 편입이 가능한 대학들이 있다.

중국 대학 → 한국 대학 편입 시 주의할 점

중국 대학에서 한국 대학으로 편입이 가능한 경우는 동일 학과로 편입이 가능하며, 편입 지원 자격은 외국 대학에 2년 이상 수업 과정을 거치며 졸업 학점의 절반 이상 학점을 이수해야 하며 학점이 좋아야 하고 전공과목에 관한 편입 시험을 봐야 한다(대외한어과생이나 중문과생 모두 지원 가능).

매년 결원이 생기면 편입 시험이 열리며 한국의 각 대학 교학처로 문의하면 된다. 참고로 편입 시에는 전공과목의 시험을 보게 되는데 최소한

新 HSK 5급 이상이 되어야 응시해볼 만하다.

(※ 중국의 입학 기준은 급격한 한국 유학생의 유입 때문에 매년 변하고 있다. 그때그때 직접 문의하여 확인하지 않으면 낭패를 당할 수 있다. 그리고 입학 기준에 100% 적용하지 않고 여러 가지 변수를 차등 적용하기 때문에 더욱 혼선을 가져올 수 있다. 현지 경험이 있는 학부모의 의견을 최우선으로 하는 것이 제일 좋다.)

03 중국 유학을 전문가에게 듣는다

●●● 한·중 교육 교류 10년과 오늘날 중국 유학의 현주소

(주중대한민국 대사관 교육부 임대호 교육관과의 대담, 2006)

2006년 김진표 부총리 겸 교육인적자원부 장관이 중국을 방문해 중국 교육부의 저우지 교육부 부장과 '한·중 교육교류와 협력에 관한 회담 요록'에 서명하고 한·중 간 교육교류와 관련된 5개 사항에 합의했다. 또한 양국의 고급 인력 양성에 도움이 될 수 있도록 유학생 교류확대를 위한 정책 개발과 학력, 학위 상호인정에 대한 전문가들의 연구와 토론을 갖기로 했다는 발표가 있었다. 중국 교육부의 공식 초청으로 이루어진 2006년 교육부 총리의 방중은 지난 1995년 '한·중 교육교류 약정'이 체결된 이래 10년 만의 공식 방문이라는 점에서 그 의미가 대단히 크다. 또한 그만큼 한·중 양국 교육교류의 비중이 높아졌다고 볼 수도 있을 것이다. 이러한 때에 주중대한민국대사관 교육부 임대호 교육관을 만나 주중한국대사관 교육부에서는 어떤 일을 하는지, 현재 한국국제학교의 현황은 어떠한지, 한중 교육교류 및 중국 유학의 현주소와 한국 유학생들의 실태 등 중국 유학 전반에 대해 의견을 들어보았다. 다음은 그와 나눈 일문일답이다.

▶ 현재 대사관 교육부에서 이루어지는 주된 업무는

대외적인 업무로는 '한·중 교육교류 약정'에 따른 양국 학생교류, 학자 상호 초청교류, 시·도 교육위원회 간의 교류 등을 주관하고 있으며, 한국 학생을 대상으로 국비 장학생을 선발해 중국에 유학을 주선하며, 그 외 외국인을 대상으로 하는 '한국어 능력시험'을 주관하고 있다. 한국인을 위한 주된 업무로는 현재 중국 내에 있는 6개의 한국국제학교와 관련된 모든 교육 현안들을 총괄하고 있다. 예를 들면, 한국국제학교의 교사 인사관리, 교육예산 지원, 교과서 지원, 모국어 교육을 위한 주말 한글학교 지원과 그외에도 이곳에서 유학하고 있는 한국인 유학생들에 관한 행정적인 업무들이 있고 기타 교육과 관련된 여러 가지 업무들이 있는데, 때로는 교육문제에 관해 학부모들에게 상담을 해주기도 하고, 교육문제 관련 세미나를 열기도 한다.

▶ 한·중 교육교류에 관해 좀 더 구체적으로 이야기하면

지난 1995년 '한·중 교육교류 약정'이 체결된 이래 매년 40명씩 석·박

사 과정에 있는 학생들을 선별해 양국에 교환학생으로 3년간 보내 교류하는 일을 말한다. 이 밖에도 한국 학생을 대상으로 국비 유학생을 선발해 중국으로 유학을 보내는 일도 있다. 지금까지 양국 간 교육교류를 통해 여러 가지 성과들이 있었는데, 한국의 경우 제2외국어로 중국어를 선택하는 학교 수가 급격히 늘고 있고, 이와 관련해 중국의 원어민 교사들의 초청도 활발히 이루어지고 있다. 또한 대학 간의 교류뿐 아니라 시도교육위원회간의 교류와 교육행정분야 교류도 점차 그 범위가 넓어지고 있다. 중국 대학에서도 한국어과가 현재 31개로 늘어났으며, 재학생 수도 6,000여 명에 이르고 있다. 결국 이런 교육교류를 통해 사회에 배출되는 많은 학생들은 양국의 경제, 사회, 문화 전반에 걸쳐 가교 역할을 해줄 것으로 기대한다.

▶ 날로 증가하는 중국 유학에 관하여

적어도 유학을 결정하기 전에 충분한 자료들을 검증해보고 오라는 말을 하고 싶다. 특히 유학을 보내는 부모들에게 이 말을 하고 싶은데, 자식의 현재 상황이나 처한 현실을 제대로 알고 유학을 결정해야 실패하지 않는다는 것이다. 때때로 많은 부모들이 "적어도 중국에서 몇 년 살면 중국어 하나쯤은 잘하겠지……" 라는 막연한 기대를 가지고 유학을 보내는 경우가 있는데, 이럴 때가 가장 안타깝다. 언어는 시간이 지난다고 저절로 습득되는 것도 아니고 그 언어 수준의 밑바탕에는 모국어에 대한 언어 능력이 매우 중요한 역할을 한다는 것이다. 자라나는 아이들에게 언어는 논리력과 사고력을 키워줄 뿐만 아니라 모든 발달 능력의 기초가 된다.

그러므로 일정 단계까지는 오히려 외국어 습득이 제대로 된 모국어의 발달을 저해하는 방해요소로 작용할 수 있다는 것이다. 모국어에 대한 튼튼한 기초 없이는 어느 언어도 그 언어의 수준이 고급으로 갈 수는 없다. 단순히 일상생활을 하는 언어 정도야 누구나 할 수 있지 않은가. 부모들의 무모함이 오히려 자식에게 해를 끼칠 수도 있음을 유념했으면 좋겠다.

▶ 중국 정부 인가 학교와 비인가 학교의 차이는

많은 학부모들이 가장 혼란스러워하는 문제가 바로 이것이다. 아무리 홍보를 하고 얘기를 해도 잘 이해하지 못하는데 좀더 이해하기 쉽게 설명하면 이렇다. 이를테면 국제부가 있느냐 없느냐에 상관없이 오로지 유학을 목적으로 부모와 함께 온 아이들의 경우 이곳에 체류하기 위해서는 비자문제가 우선적으로 해결되어야 한다. 그런데 비준학교는 바로 그 학교의 학생이 되는 자격을 합법적으로 인정할 수 있는 자격을 갖춘 학교로, 이곳에서는 학생뿐만 아니라 학부모도 양육자로 인정해 정식으로 유학목적 체류비자를 발급 받을 수 있다. 그렇기 때문에 교육비가 다소 비싼편이다. 하지만 중국에 개인적인 사업체가 있거나 주재원으로 온 사람이라면(Z비자 소유자) 굳이 인가받은 학교를 따질 필요가 없다. 중국 교육위원회의 법령에 의하면 집 주변에 있는 어떤 학교에서든 누구나 입학이 가능하도록 되어 있고, 이곳에서 정상적으로 제대로 된 절차를 거쳐 졸업을 하게 되면 모든 학력을 인정받을 수 있다.

▶ 중국 유학 중 한국 학생이 겪는 행정적인 난제는

개인이 해결하기 가장 어려운 문제는 남학생의 경우 군 복무와 관련된 휴학의 문제이다. 중국의 현실과 우리의 현실이 다르기 때문에 장기간 군 복무를 위해 학기 중에 휴학한다는 것을 중국 대학들이 전반적으로 이해하지 못하고 있다. 베이징의 경우, 겨우 몇 개 대학이 2년의 휴학을 인정해 주고 있는데, 이 경우에도 학기가 제대로 맞지 않아 현실적으로는 3년의 휴학 인정 기간이 필요한 셈이다. 현재 이러한 한국적인 특수상황을 중국 교육부와 협의 중에 있으며, 이 일은 남은 임기 동안 꼭 해결하고 싶은 과제 중 하나이다.

▶ 교육관으로 일하면서 애로사항은

무엇보다 인력 부족이 가장 힘들다. 중국 전체를 한 사람의 교육관이 커버하기에는 무리가 있다. 특히 교과서 통관이 쉽지 않아 매번 학기가 시작 될 때마다 무척 애를 태운다. 상하이를 제외한 5개 국제학교의 교과서 외에 주말 한글학교의 교과서까지 약 20여 개 학교의 교과서가 톈진 항에 도착하면 보통 통관에 10일 정도가 소요된다. 베이징으로 운반해 와서도 창고에서 재분류 작업을 해야 하는데, 약 4만 권 정도의 교과서를 학교별, 학년별, 교과목별로 세분화해서 분류해야 하기 때문에 약 10일 정도 걸린다. 그리고 분류된 책들은 다시 포장해서 탁송하기까지 대략 20일이 넘게 소요된다. 그런데 그 모든 일을 사람을 사서 혼자 하다 보면 제시간을 맞추기가 여간 어려운 일이 아니다. 때로는 교과서를 만드는 출판사에서 출판이 늦어져 책이 늦게 도착하기도 하는데 각 학교에서는 새 학기가 시작되고도 책을 못 받아 공부를 못하는 경우도 있어 이럴 때는 정말 속이 타

들어간다. 이런 어려운 상황들을 한국 정부에서도 잘 알고 있기 때문에 조만간 인력 보충이 이루어져 보다 신속한 서비스가 이루어질 것으로 예상한다.

▶ 중국생활에서 보람과 아쉬움이 있다면

1998년 9월 1일 58명의 학생을 시작으로 개교한 베이징 한국국제학교가 7년이 지난 지금 전교생 650여 명의 학교로 발전했다. 학교 건물이 없어 중국 학교를 빌려 쓰고, 한국인들의 생활 구역에서도 한 시간가량이나 떨어진 시 외곽에 위치해 있음에도 현재 입학 대기 중인 학생이 수십 명에 이르고 있는 현실을 볼 때 안타까운 마음이다. 물론 이것은 그만큼 한국국제학교가 양적으로나 질적으로 성장했음을 의미하는 것이기도 하지만, 그것보다 아이들에게 보다 나은 교육 환경을 마련해주지 못하는 것이 아쉽다. 곧 왕징 지역에 한국 학교 건물이 완공될 예정이지만, 이것 역시 면적이 그다지 넓지 못해 아쉬움이 남는다. 한국 학교야말로 이곳 한인사회에서는 구심점이 되는 곳이므로 좀 더 넓은 공간이 확보되었다면 한인회 건물을 이곳에 짓거나 강당을 크게 지어 교민들의 각종 활동 공간으로 사용되었으면 좋을 것이라는 생각을 해 본다.

▶ 한국 유학생들에게 당부하고 싶은 말

많은 한국 학생들이 어려운 여건 속에서도 열심히 공부하고 있다는 걸 잘 알고 있다. 하지만 일부 학생들의 경우 때로 늦은 시간까지 술을 마시고 큰 소리로 떠들고 노래하는 바람에 일찍 잠자리에 드는 중국인들의 생활에까지 피해를 주는 사례들이 종종 발생한다. 또 술을 마시고 자제력을 잃은 일부 학생들은 사소한 시비가 폭력으로까지 이어져 공안국에 불려가는 경우도 있다. 그런데 이런 일의 경우 이것은 어느 한 개인의 실수로 끝나 버리는 것이 아니라 중국인들에게는 한국인들의 행동으로 통칭되어 매도된다. 외국에 나와 있는 우리는 한 개인을 넘어 나라를 대표하는 사람들이다.

외국인으로서 중국인들에게 예의를 지켜야 함은 물론 아름다운 한국인의 이미지를 심어주어 한국의 위상을 높이는 데 일조한다는 의식을 가졌으면 하는 바람이다.

••• 베이징시 교육위원회가 바라본 한국 유학생
(베이징시 교육위원회 대외합작교류처 쑹리쥔 처장)

현재 매년 중국으로 유입되는 외국유학생의 수가 장·단기 어학연수생을 포함해 3만 명을 넘어서고 있다. 이 중 한국 유학생이 절반 이상을 차지하고 있다. 이러한 현상 이면에는 지리적으로 가깝고 유럽에 비해 유학의 부담이 상대적으로 덜하다는 이유도 있겠지만, 그보다는 중국의 국제적 위상이 날로 높아지고 있고 한·중 양국이 교육을 비롯해 경제적인 면에 이르기까지 다양하게 밀착되어 있기 때문이 아닐까 싶다. 이러한 상황에 비추어 베이징시 교육위원회에서 외국유학생에 관한 모든 교육교류와 행정적인 실무를 담당하고 있는 대외합작교류처의 송 처장을 만나 현재 유학하고 있는 외국 유학생의 현황과 외국 유학생을 바라보는 중국 교육부의 입장은 어떤지 들어 보았다.

▶ 현재 중국에서 유학 중인 외국 유학생 현황은

상하이를 비롯한 지방도시에서도 외국 유학생을 받고 있지만, 베이징은 중국의 수도이자 교육과 문화를 비롯한 모든 분야의 중심지다. 특히 베이징은 중국 교육의 심장부로서 77개의 명문대학이 집중되어 있다. 그 중에서 현재 65개 대학교에서 규모를 갖추고 유학생을 받고 있는데, 10여 개 학교가 1,000명 이상 외국 유학생을 수용하고 있다. 2001년을 기준으로 비교해 보면 2001년 145개 국가에서 대략 2만 명 정도의 학생이 다녀 갔고, 2005년 현재 172개국으로 늘어났다. 2004년 통계에 의하면 총 3만 5천 명 정도의 유학생이 다녀갔는데, 그중 장기 유학생이 2만 3천 명 정도이고 겨울방학과 여름방학을 이용해 오는 단기 어학연수생이 1만 2천 명 정도다. 칭화대학교의 경우 단기 어학연수생의 수만 하더라도 1년에 2천 명 정도가 된다. 그 외 교육교류 차원의 교환학생, 교환교수들이 매년 각 나라에서 오고 있다. 그러나 이것은 정확한 수치가 아니고 18세 이상의 외국 유학생을 기준으로 분류한 대략적인 수치이다. 이중 한국 휴학생의 비중은 절대다수를 차지한다. 중·고등학교 조기유학생의 경우 60여 개 학교(이외에도 외국인 장기 거주자의 경우 공식적으로 모든 학교 입학 가능)에서 2,700명 정도의 유학생이 있는데, 이 중 2,000명 이상이 한국인이다.

▶ 해마다 외국 유학생이 늘고 있다는데

현재 중국은 한국 학생뿐만 아니라 세계 여러 나라에서 많은 유학생들이 오고 있다. 우리는 세계 각국에서 밀려드는 유학생들을 통해 중국 학생들의 다양한 문화 체험이 가능하고, 반대로 중국을 세계에 널리 알린다는 점에서 유학생이 많이 오는 것을 환영한다. 그래서 앞으로도 더 많은 유학생들이 중국에 와서 중국의 문화와 교육을 체험하고 배우기를 희망한다. 이러한 중국 정부의 의지를 뒷받침하기 위해 정부에서는 올해 인민폐 3,000만 원을 투자해 더 많은 국가에서 실력 있는 외국 유학생들을 유치하려 힘쓰고 있다.

▶ 중국 공교육의 목적과 특징은

중국은 넓기 때문에 사회·경제적으로 고르게 발전하기가 쉽지 않다. 하지만 우리는 이런 현실적인 여건을 인재 양성을 통해 균형 잡힌 발전을 도모하면서 극복하고자 한다. 또한 덩샤오핑의 교육이념에 걸맞게 중국 문화에만 국한하지 않고 세계와 하나 될 수 있는 인재육성을 목표로 '德·知·體·美'가 겸비된 전인교육을 추구한다. 중국사회의 가장 큰 장점은 남녀 평등사상이 사회 전반에 폭넓게 자리 잡고 있다는 점이다. 세계 20여 개 나라를 다녀봐도 중국만큼 남녀평등이 사회 전반에 골고루 실현된 나라는 없었다. 이러한 남녀평등 사상이야말로 중국을 지탱해가는 원동력이다.

▶ 교육에 관한 개인적인 생각은

교육은 먼저 자녀를 이해하는 것이 가장 우선이라고 생각한다. 또한 자녀의 부족한 점을 이해하고 개인의 능력에 맞게 교육하는 것이 필요하다. 원래 아이들을 좋아해서 소학교 선생을 시작으로 중학교와 대학교에 이르기까지 20여 년 동안 오직 교육자로서 교육에 관한 일만을 해왔기 때문에 개인적인 생각이란 있을 수 없다. 다만 교육을 통한 국가 간의 교류가 중요하다고 생각하는 이유는 평화적인 방법으로 서로의 생각이나 입장을 이해할 수 있고 자연스럽게 각 나라의 문화 교류가 가능해지기 때문이다. 개인적으로 세상에서 사람을 키우는 일만큼 행복한 일은 없다고 생각한다.

▶ 한국과 한국 유학생에 대하여

현재 중국과 한국 양국에는 두 개의 한류가 존재한다. 하나는 한국에서 중국으로 건너오는 문화적 한류이고 다른 하나의 한류는 중국으로 한어를 배우기 위해 오는 한류이다. 1998년 한국을 방문한 적이 있는데, 그때 한국인은 분투 정신이 강하고 민족심, 애국심이 투철해 보여 인상적이었다. 7일 방문에 6일은 여행을 하고 마지막 하루는 특별히 한국어를 배웠는데, 한국어 발음이 무척 인상에 남았다. 이곳에 와 있는 한국 유학생들을 직접 가르쳐 본 적은 없지만, 외국 유학생들을 위한 행사를 주최하다 보면 한국 유학생들의 일면을 볼 수 있는 기회가 많다. 한국 유학생들의 경우 단결심이 강한 반면 지나치게 술을 좋아하고, 때론 폭력적인 면도 강해 보인다. 가끔 술 먹은 학생들이 오토바이를 타고 다니는 모습은 중국인이 이해하기 힘든 모습이다. 유학생 중 자살한 학생도 몇몇 있었는데, 그것은 내성적인 성격 탓도 있겠지만, 외국유학생으로서의 어려움 때문이 아닐까 여겨진다.

▶ 한국 유학생의 남학생 군 복무 휴학 문제에 대해

군대 문제가 한국 남학생들이 안고 있는 특수한 상황이라는 걸 잘 몰랐다. 얘기를 듣고 보니 한국의 특수한 사정으로 모든 남학생이 군 복무를 의무적으로 해야 한다면, 이에 대한 학교 측의 충분한 배려가 필요하다고 본다. 유학생 중에서도 가장 많은 비중을 차지하는 학생들이 한국 학생들이므로 교육부와 협의해 행정에 적극 반영하도록 노력해 보겠다.

▶ 조기유학의 경우 학교마다 다른 학비 규정에 대해

대학의 경우 이미 나름대로 규정이 세워져 있고 중·고등학교의 경우에도 현재 6~7개의 협회에서 협의를 거치는 중이므로 오는 새 학기 때에는 조기 유학생에 대한 규정이 정비될 것으로 본다.

Chapter 7

에필로그

변하는 중국, 변함없는 한국인의 중국 유학

아래는 중국 유학생을 둔 한 학부모의 글이다. 이 글을 읽고 『중국 유학』 책을 내게 되었다.

"현재 가족과 함께 중국의 중소도시에 거주하고 있다. 가족과 함께 온 아이들은 체계적인 과외를 통해서 종종 중국 아이들을 압도하기도 한다. 문제는 달랑 아이만 유학을 보낸 경우다. 두 가지 유형으로 나눌 수가 있는데 그 하나는 중국인(한족, 혹은 조선족) 홈스테이에 맡긴 경우이고 또 하나는 에이전트를 통해서 학교에서 운영하는 기숙사에서 생활하는 경우이다. 두 경우 다 문제가 되는데, 홈스테이의 경우, 한국 아이들이 중국인 집주인들을 우습게 보는 경향이 있어 통제가 안 되는 수가 허다하다.

아이들은 제멋대로 밤새 인터넷이나 게임으로 밤을 새우기도 하고 학교를 결석하기도 한다. 그것은 대책도 없이 외국어 교실에 학생들을 밀어 넣어놓은 부작용 때문인데, 대개 홈스테이하는 집엔 한국 아이들이 서너 명, 많게는 15명이 넘는 경우도 있어 중국인 친구를 만날 필요도, 기회도 없기 때문에 중국어는 절대로 늘지 않는다. 도대체 무슨 말인지 알아먹지도 못할 중국반 수업을 무슨 수로 따라가겠는가? 학교 기숙사에서 생활하는 아이들도 대동소이하다. 기숙사를 한번 방문해봤는데, 관리 교사의 하소연대로 돼지우리 저리가라였다. 학교는 학교대로 말도 안 통할 뿐만 아니라, 외국인임을 내세워 통제가 안 되는 아이들에게 신경을 써줄 마음도 능력도 없었다. 그저 그들은 돈이었을 뿐이다.

수업은 국제반(즉, 한국 아이들끼리 모인 반)에서 기초 중국어를 배우는데, 그 나이에 맞는 기타학문, 영어, 수학, 과학 등을 배울 기회는 전무했다. 한마디로 바보(중국어로 번단) 만들기 위해 부모들이 돈 들여 보냈다는 생각이 들 정도였다. 말이 좀 과격했다면 용서하시기 바란다. 그러나 이게 현실이다. 아이를 중국에 보냈으면, 아이 말이나 에이전트 말만 듣지 말고 그 지역에 터 잡고 살고 있는 한국인들을 한번 만나라고 권하고 싶다. 특히 가족과 함께 와서 아이들을 가르치고 있는 학부모를 만나면 그 실상을 확실하게 알 수가 있다. 그 지역 한인회나 한글 학교, 혹은 한인 교회와 같은 종교 단체도 믿을 만하다. 제발 돈 쓰고 애 버리는 바보 같은 짓은 그만했으면 좋겠다. 정말 심각한 문제다. "

위의 글은 일부 학부모의 심정이라기보다는 대다수 학부모의 심정이라 할 수 있다.

세 아이를 중국에서 키운 경험과 중국 학교에서 학생들을 가르치는 경험을 토대로『중국 유학 - 성공을 위한 13가지 열쇠』책을 낸 때가 2008년이니 벌써 6년이 훌쩍 지났다. 처음 중국에 처음 발을 디딘 1993년을 생각하면 격세지감을 느낀다. 막내가 만 두 살이 안 되어서 비행기를 공짜(?)로 타고 왔는데 벌써 대학교 4학년이 되었으니 강산이 바뀌어도 두 번 이상이나 바뀐 셈이다. 당시 G2로 부상하는 중국에 대해서 이야기할 때는 그때가 언제 오나 했는데 이제는 미국과 더불어 G2로서 중국을 의심하는 사람은 아무도 없다. 필자는 1992년 중국과 수교를 한 다음 해에 처음 중국에 온 이후 연변과학기술대학 건설공학부 교수, 칭화대학 건축과 연구교수, 베이징건축대학 초빙교수를 거쳐 2004년 베이징공업대학 건축도시학부 박사생도사(중국에서 대학원 석사 박사 지도교수를 이렇게 부른다) 교수로서 11년째 근무를 계속하고 있다.

중국은 변해도 너무 많이 변했다. 중국에 유학 오는 학생들에게 질적으로나 양적으로나 많은 변화가 있었다. 당시에 썼던 수치와 기록들은 이제 모두 달라졌다. 당시에 발간된 책을 손질하여 새로운 책을 내야겠다는 생각이 들었던 차에 외국의 한국 학생들을 위한 교육의 풍부한 경험을 가진 대학 후배와 함께 작업을 하게 되었다. 김성준 선생은 대학에서 줄곧 일한 필자와는 다르게 자타가 공인하는 대학입학 컨설팅 전문가다. 중국에 있는 중고등학생들을 위한 한국과 중국 그리고 대학입학에 관련된 최신 알짜 정보들을 대거 보충하였다. 칭화대학교와 베이징대학교, 런민대학교 등에 대한 자세한 최신 입시 요강은 물론 재외 한인들의 '12년 특별전형' 같은 한국 대학 입학 전형 준비에 대한 소상한 내용을 넣었다.

중국에 와보지 않은 한국 사람은 별로 없다. 그러나 중국에 관한 이야기는 각양각색이다. 언제 중국에 와봤는지, 어느 지역을 갔는지, 그리고 누구의 안내로 중국을 보았는지에 따라서 중국에 대한 정보는 천양지차다. 이번에 새로이 낸 『(성공하는) 중국 유학』책을 통하여 중국 유학에 대한 바른 정보로 충분히 대비하여 부디 좋은 성과를 내기 바란다.

외국인들은 다 아는데 한국인들이 모르는 세 가지가 있다. 첫째는 한국이 얼마나 잘 먹고 잘사는지를 모른다는 것이고, 둘째는 한국이 얼마나 위험한 국제 정세 속에 있는지를 모르는 것이고 셋째로 한국이 미국, 중국, 러시아, 일본, 그리고 북한 등 열강에 쌓여 얼마나 잘 버티고 있는 줄을 모른다는 것이다. 한국인의 저력과 교육열은 감히 따를 자가 없다. 그러나 '지피지기면 백전백승'이라 하지 않았던가. 이 책을 통하여 중국을 잘 이해하고 또한 나를 이해하여 성공적인 중국 유학 생활이 되기를 바라 마지않는다.

2014년 5월 28일
베이징공업대학 평락원 연구실에서
김준봉

kimjunebong@hanmail.net
www.kjbchina.com

성공하는
중국유학

초판 1쇄 발행일 2014년 8월 12일

지은이 김준봉, 김성준
펴낸이 박영희
편집 배정옥·유태선
디자인 김미령·박희경
인쇄·제본 AP프린팅
펴낸곳 도서출판 어문학사
　　　　서울특별시 도봉구 쌍문동 523-21 나너울 카운티 1층
　　　　대표전화: 02-998-0094/ 편집부1: 02-998-2267, 편집부2: 02-998-2269
　　　　홈페이지: www.amhbook.com
　　　　트위터: @with_amhbook
　　　　블로그: 네이버 http://blog.naver.com/amhbook
　　　　다음 http://blog.daum.net/amhbook
　　　　e-mail: am@amhbook.com
　　　　등록: 2004년 4월 6일 제7-276호

ISBN 978-89-6184-344-7 03980
정가 16,000원

이 도서의 국립중앙도서관 출판시도서목록(CIP)은 e-CIP홈페이지(http://www.nl.go.kr/ecip)와
국가자료공동목록시스템(http://www.nl.go.kr/kolisnet)에서 이용하실 수 있습니다.
(CIP제어번호: CIP2014021581)